国家社科基金后期资助项目研究成果

中国近代书刊形态变迁研究

沈　珉　著

U0271342

国家图书馆出版社

图书在版编目(CIP)数据

中国近代书刊形态变迁研究/沈珉著. —北京:国家图书馆出版社,2019.11
ISBN 978 - 7 - 5013 - 6775 - 7

Ⅰ. ①中… Ⅱ. ①沈… Ⅲ. ①书籍装帧—设计—研究—中国—近代 ②期刊—装帧—设计—研究—中国—近代 Ⅳ. ①TS881

中国版本图书馆 CIP 数据核字(2019)第 099657 号

书　　名　中国近代书刊形态变迁研究
著　　者　沈　珉　著
责任编辑　王炳乾　张　颀
封面设计　耕者设计工作室

出版发行　国家图书馆出版社(北京市西城区文津街 7 号　100034)
　　　　　(原书目文献出版社　北京图书馆出版社)
　　　　　010 - 66114536　63802249　nlcpress@ nlc. cn(邮购)
网　　址　http://www. nlcpress. com
排　　版　凡华(北京)文化传播有限公司
印　　装　北京鲁汇荣彩印刷有限公司
版次印次　2019 年 11 月第 1 版　2019 年 11 月第 1 次印刷

开　　本　710 × 1000(毫米)　1/16
印　　张　20. 25
字　　数　320 千字
书　　号　ISBN 978 - 7 - 5013 - 6775 - 7
定　　价　80. 00 元

版权所有　侵权必究
本书如有印装质量问题,请与读者服务部(010 - 66126156)联系调换。

国家社科基金后期资助项目
出版说明

后期资助项目是国家社科基金设立的一类重要项目,旨在鼓励广大社科研究者潜心治学,支持基础研究多出优秀成果。它是经过严格评审,从接近完成的科研成果中遴选立项的。为扩大后期资助项目的影响,更好地推动学术发展,促进成果转化,全国哲学社会科学工作办公室按照"统一设计、统一标识、统一版式、形成系列"的总体要求,组织出版国家社科基金后期资助项目成果。

全国哲学社会科学工作办公室

序

去年年终岁末时,沈珉老师寄来书稿《中国近代书刊形态变迁研究》,嘱我写序。慨然允诺之后,我才发现力所不逮。虽说她的研究也可算在中国现代编辑出版史的研究范围内,但立足于符号学对现代书刊形态的审视,我虽很有兴趣,却十分陌生。拖延许久,也只能说点隔靴搔痒的话。

作者在本书中,是将书刊形态作为视觉符号来对待。按照罗兰·巴特的说法,符号是产生意义的形式。毫无疑问,中国古代的书籍形态是传达自己独特意义的,而受到西方文化冲击,近代以降中国书刊形态的赓续与变迁、特殊和多元,更是呈现出新的历史轨辙和时代面貌。作者将书刊形态视为"文化观念的有策划性的表达",并试图在符号学框架中找到以往研究的薄弱环节,紧紧围绕"变迁"(涉及"视觉""设计风格""类征方式与表征""设计理念"和"设计民族性的探索与认识")做文章,从一个特殊的角度拓展和深化了中国近代书刊史的研究,这种尝试我认为是值得充分肯定的,也获得了成功。

在我看来,沈珉老师的探索其实也是对当下出版学研究方法论讨论的一个呼应,是对近年来中国新闻传播史、编辑出版史学术范式转换的一个具体实践。近些年来,随着中国出版史研究的逐渐成熟,我们应该关注如何在出版史研究与新出版史学的相关层面,深入探讨出版史研究在研究视角、理论思维、范式突破等方面对新出版史学建构的学术意义,其重点则是研究范式的转换问题。范式(paradigm)这一术语是 20 世纪 60 年代初期美国科学史家托马斯·库恩在《科学革命的结构》一书中提出的。他本人并没有给"范式"一个明确的界定。我们依据他对"范式"在科学革命中作用的阐释,大致可以将其理解为某一学科群体在一定时期内基本认同并在研究中加以遵循的学术基础和原则体系,它通常包括

1

一门学科中被公认的某种理论、方法,共同的对事务的看法以及共同的世界观。具体到出版史研究,我们理解为这种研究范式是研究者进行相关研究时所共同遵循的模式与框架。它是由特有的观察角度、基本假设、概念范畴体系和研究方法等构成,它体现了研究者看待和阐释研究对象的基本方式。

按照库恩的观点,在科学发展的某一时期,总有一种主导范式,当这种主导范式不能解释的"异例"积累到一定程度时,就无法再将该范式视为理所当然,并转而寻求更具包容性的新范式,这一新范式既能解释支持旧范式的论据,又能说明用旧范式无法解释的论据,此时科学革命就发生了。范式转换是对科学进步的精辟概括,经典的例子是从古典物理学到爱因斯坦相对论的转换。中国近现代史领域的专家、新闻史学界的朋友其实早就注意到这个问题,并进行了积极探索,如复旦大学黄旦教授及其团队的新报刊(媒介)史研究。

和新闻史一样,过去的出版史研究主要是革命史的范式,还有现代化范式。近些年这一局面开始有所改变,一些中青年学者开展了大胆而有效的探索。何朝晖的《对象、问题与方法:中国古代出版史研究的范式转换》一文,回顾和梳理了中国古代出版史研究历程,分析和评估了已有的各种研究范式,进而重点探讨了社会文化史语境下中国古代出版史在研究对象、研究材料、研究角度和研究方法等方面的新突破,指出出版文化史的书写将成为未来中国古代出版史研究的重点所在。此外,杨军、王鹏飞等人也在出版文化、编辑学等领域下探究过研究范式转换问题。我和诸位同人一起开展的中国近现代出版企业制度史、中国近现代出版生活史专题的探究,都有试验的意义,也得到了张人凤、洪九来等同道的积极呼应。出版史研究范式的转换在一定程度上也意味着视野的开阔、领域的拓展、思维的创新。显而易见,沈珉老师的中国近代书刊形态研究无疑是属于出版史研究新方法的尝试、新范式的探索。因为有了符号学的框架,作者便能将近现代编辑出版史上书刊形态方面繁乱、琐碎的材料整理出线索,概括出规律,给人启发,十分难能可贵。

多年来,沈珉老师从事中国传统图像与出版图像研究,数年前就出版有专著《现代性的另一幅面孔——晚清至民国的书刊形态研究》,发表了许多篇相关论文,一方面努力运用新方法,尝试新范式,探索新问题;另一方面又努力形成自己的研究风格,建立自己的"学术根据地",取得了可喜的成就。作者正值"人间四月天",生机勃发,充满学术激情,我们有理由期待她在坚守中突破,在创新中拓展,在"出版图像"这个值得深耕的领域继续开掘。

范 军

2018 年 4 月 17 日

目　　录

绪　言

书刊形态不是没有意义的。从设计学角度来看,书刊形态设计要符合美学的要求,览之令人赏心悦目;从心理学角度,书刊形态要抓住读者心理,使之产生购买欲望;从审美学角度,书刊形态表现了设计者的美学思想,从而激起观看者情绪波动以引起共鸣。本书将书刊形态作为视觉符号进行研究。

按照罗兰·巴特的说法,符号是产生意义的形式。中国传统书籍形态也是传达某种意义的符号:从卷轴、册页、蝴蝶装到线装,在清中期已经形成完善的中式形态,并且给了版面各部分以拟人化的称谓:天头、地脚、书耳、象鼻、鱼尾等。这一系列称呼不仅是天人合一观念在书刊中的体现,也与中国"三不朽"的情怀相关——这里书刊形态指向文化印象整体。这就是说,基于符号的分析能够引向更深层面的文化。近代以降,中国文化受到西方文化的撞击,书刊形态产生巨大变化,其符号生成方式更为多样,赋予的含义也更为复杂。只有解读符号的文化含义,才能知晓设计并不是元素的简单放置,也才能知道民族性设计绝不是几个传统纹样的机械使用。

本书是近代书刊形态研究史的补充研究,写作目的不是为详尽描述近代书刊出版史对应的形态发展,而是试图在符号学框架中找到以往研究没有重视的地方,提供一些能推进此论题的看法。

在本书阐释之前,想先说明如下几个问题。

一、符号学角度对书刊形态的审视

罗兰·巴特(Roland Barthes,1915—1980)的符号学突破了索绪尔的直接意指,建立了二级意指学说,将符号与社会文化联系起来。在他的二级意指系统模式中,含蓄意指层 ERC2[①] 是非常抽象的观念阐释,这里我们引申为某种与文化相关的观念。这一符号的能指是一级系统的 ERC1,所指 C2 即某种观念图式。直接意指层中,能指 C1 是肉眼可见的形体与色彩,R1 是意义传达的模式,E1 就是外延的描述。在笔者看来,书刊形态的塑造也是把一种意义转化为一种形式的过程。符号学有助于我们理解从书刊形态引申到文化的过程。比如 20 世纪 30 年代一本封面印着影后周璇照片的《良友》刊物。直接意指层是"纪实方式展现的影像",其能指 C1 是"光影色块堆积的形状",其所指 E1 是"周璇影像";而"纪实方式展现的时代影像"构成了含蓄意指层的能指 ERC1,其所指就是 C2"时尚生活的图式",而这两者合成符号 ERC2"都市生活的文本主义理想"。

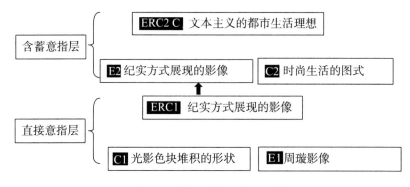

图 0-1　符号学解释书刊形态

　　这样,被用于设计的元素就因其所赋予的意义而被引向了抽象的文化。

　　具体来说,直接意指层的能指是通过物质材料与印刷技术呈现出来的,我们称之为设计符号,即 C1。在书刊形态中,视觉类符号还包括较为抽象的版面指示符号,比如安放的位置、先后的次序等,但总而言之,这类符号是作用于我们的眼睛的。正如巴特自己也意识到的,作为直接意指层的结果 ERC1 也不可能不含有符码信息。史蒂夫·巴克维护了巴特分析工具的纯洁性,但是他也知道事实上任何符码都含有信息。我们在视觉的元素符号中实际上已经加入了文化的内涵。比如在讲印刷字体的开发时,不同种类的字体不是因为文字的所指一致而具有相同的

---

① 巴特解释,一切意指系统都包含了一个表达平面 E,一个内容平面 C,而意指作用 R 相当于两个平面之间的关系。

能指,能指在这里也有意义,在"国人的软体字情愫"以及"汉文正楷的家国情怀"两节(详见第一章第三节)中特地提到了这点。同样,在版面结构变迁中,特别是"横排的实践"与"标点的使用"(详见第一章第三节)也不只是技术的使然,版面规范性的过程同样体现着文化的力量。

从符号学角度来看,设计风格是直接意指层与蓄意意指层产生关系的方式,设计风格可被理解为"意图传达的能指方式",并将设计手段与文本联系起来。因此,设计风格就不再是悬浮于内容之外空洞的艺术手段了。

巴特"纵聚合"与"横组合"的概念也可以用于表明文化类征的形成。所谓"纵聚合",就是指同样结构位置上替换元素的关系集合。所谓"横组合",是指相继出现的符号要素的关系。"纵聚合"是类征的横向拓展,"横组合"是历时变化的固定模式。回到上例,"周璇"只是一个符号,我们关注的不是其形象,而是其存在的意图。实际上,周璇可以被其他影星替代,比如胡蝶。但这一替换并不改变表达的结构,也就是说在"纵聚合"中的更替中并不改变这一意义表述。这是因为,在图像的"横组合"中已经决定了某种倾向性的表征。"横组合"的形成样态我们称为"类征"。"类征"划定了书刊的性质,但"类征"不是瞬时形成的,它需要时间打造,也需要在与其他形态的差异中得到证明。如果周璇的照片被一张手绘的女性图像替换,那么它就改变了设定的类征,引起了内涵的变动。因为一张手绘的女性图像与女明星照片的组合意义是不一样的,这就是对既有类征方式的故意修正或者违反。比如 20 世纪 30 年代《大众画报》的封面,就故意突出了手绘的效果而不像其他流行刊物一样使用照片,那么这一形态所传达的意思就不再是服务于"文本主义的都市理想"的展现,而是"对妇女生活的关注"。

可见,"类征"引向更为抽象的观念。"类征"是符号"范式化"编制的结果。"范式"在这里指流程与规范。在符号学中,"范式"相当于巴特解读的"常识"。本书所关注的是近代文化所具有的文化特殊性,也就是要掌握这类"常识",并且关注此种"常识"的生成及其与图像修辞的关系。

二、本书的结构

既然书刊形态能被视为是"对文化观念有策划性的表达",即符号学框架能够适用于书刊形态的解读,那么我们可以探讨本书各个章节与符号学分析的对应关系。

应该看到的是,符号学可以用来分析图像的文化内涵,但是不太适用于史学著作的撰写。符号学分析采用的方式,显然也不符合本书阐释的要求。本书需要在结构上暗合符号分析的要求而又不失为史学的论著。而本书也偏向于史学角度梳理,因此符号学的引入并不那么顺畅。因此本书的结构设想是把几个重要的符号学要素列为专题论述的中心,同时又使用出版史与设计史中常见的词汇来替换符号学的专用术语。

因此,本书关注的是书刊形态符号的操作与符号理论的探索两个方面。在前一个方面,主要分析符号的生成与意义的生成,分析符号编码的理念与符号探索的意义。前一方面有几个重点的节点:直接意指层能指的生产、含蓄意指层能指的生成、横组合与纵聚合的意义。后一方面指向于符号解读的"常识生成"以及符号的意义探索。这样就得到一个对应的关系,这几个部分在显性的结构上,就是技术、设计、文化、观念以及现代性探索几个层面的分析。

另外,设计的现代性依然是本书关注的重点。近代书刊形态设计是在近代文化的大背景下开始的,而近代文化是带有明显外来文化影响的"杂种文化"①,中国"改革的内倾性"自觉地将书刊形态进行"归化"与"调整",使其成为世界书刊形态的组成部分。这一结果的意义究竟是什么?这也是本书想要探索的。

下面简单地说下本书各章的内容。

第一章是技术角度的讨论。将技术更新与主体情怀作为形态形成的归因,从更宽阔的视野里勾勒字体开发中体现的家国情怀以及形态塑造中呈现的主体意识。书中指明书刊形态不是出版的附庸。作为思想与文化的产物,书刊形态同样有其内在的发展脉络。"新质"的产生并非只源自出版内部的发展,更是社会文化合力的结果。

第二章是设计角度的讨论。设计风格是"意图传达的能指方式"。书中总结了四种设计风格:装饰主义是最传统的装饰风格。由于近代新闻传播的发展,写实主义插图将"以图辅文"的传统引向社会现场。新文化运动兴起后,为了避免人物画被卷入以传统"雅俗"论调来评判的旧圈,新文化书刊图像策略是对现实描绘的规避以及对表征意义的寻求,象征主义的修辞方法得到完善。20世纪20年代末,西方现代艺术流派

---

① 参见:王一川. 中国现代学引论[M].北京:北京大学出版社,2009.

涌入中国,都市文化趋新的追求使得未来主义、构成主义等设计风格在先锋书刊上得到体现:抽象的线条不仅是封面表现的元素,也是版面切割的方式,更是文化的自我标榜手段。本书基本上概括了意图传达的模式,旨在为设计学提供帮助。

第三章是对中国近代文化性质在书刊形态投射上的实验性探索。本书认同中国近代文化是"一种后古典远缘杂种文化",其四个主要分析维度都必须放在中外文化撞击的背景下展开:革命主义的内在逻辑是"创新",在书刊图像上的表征则是自我标榜、宣扬与引导,是对西方图式的不断引入与阐释;审美主义是在"美育代宗教"大前提下展开的,唯美主义的引入是精英现代性审美的表征,这与通俗文化的感性审美拉开了距离;文化主义表现为对自我身份意识的拷问,在时空的坐标里表征显得意味深长;而先锋主义是公共知识分子与艺术家努力将艺术切入生活的结果。这里,类征是作为"客体性质的显性表达"来理解的,图像表征也并不是纯粹从图像学角度进行阐释,而是重新回到设计主体的立场,作为"形态展现的策略"来理解,这样就打通了"接受之维"与"传达之维"的隔膜,对近代的文化特质有了更深的理解。

第四章是从设计理念角度开始的分析。本书对近代有关书刊形态的本质、功能、实践讨论等专题进行了梳理,并对书刊形态的附属性质进行挖掘,认为近代书刊形态设计发现了市场与读者,并在不同的历史阶段对不同的读者进行了分析。本章对三种图像:仕女图像、漫画图像与木刻画图像的运用及理念进行了拷问。仕女图像的采用表现了近代雅俗观念的变更,也反映了男性在观望女性中立场的差异。漫画有三个构成渊源,在近代书刊使用中均得到展现,但总体上漫画的深刻性失落在纯粹的揭露与批判之中。随着宣传作用的加强,漫画反而退回到了狭小的表意空间之内。木刻画的引入过程中有故意的误读与片面的扩张,从而具有意识形态的色彩,图像与文本的解说关系有效遏制了其在书刊形态中的泛滥。正像伽达默尔所说,当代人在理解历史时并没有将自己中性化,而是将自己的"偏见"带入到认识之中。书中认为这很容易将过去经过艰苦探索得到的结论视为天经地义的前提,从而遮蔽了对历史的真实洞察。本书对历史现场的重新梳理有助于理解形态"纵横组合"的生成脉络。

第五章是设计现代性探索。书中强调近代的书刊形态探索成果就

是得出"民族性是现代性的必然结果"这一结论。无论哪个阶层引领的
文化转型,都是对符号表意进行反思之后的重构。包天笑的"兴味说"、
周瘦鹃的"盆景说"、鲁迅的"超越说"、闻一多的"化合说"、丰子恺的"神
韵说"、陈之佛的"表现图案法"以及张光宇的"造型说"都是对民族性设
计的思考。从符号学角度来说,民族性设计不是传统纹样的简单挪用,
民族性设计是在动态中对传统资源开展符合世界艺术趋势的改造,是对
符号纵聚合的另一角度认知。

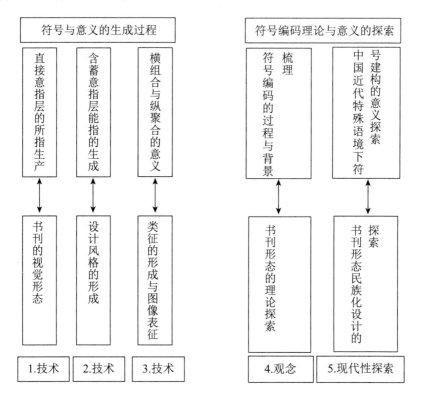

图0-2　符号学框架下书刊形态研究的内容

三、"变迁"研究

"变迁"是本书描述的重点。"变迁"是个时间向度的描述词。本书
中,"变迁"被理解为是"横组合"模式的形成基础以及"纵聚合"差异的
基础。

既然讲"变迁",就要框定本书内容的上下限时间。本书研究的是近
代装帧史。一般将1840年作为近代的开端,1949年作为近代的结束。
但书中只摘取了其中一段时间(1895—1937年,全面抗战爆发前)作为

考察的时间区间。这是参考了出版史、设计史与社会发展史后做出的决定。

1895—1937 年在时间上属于晚清民国时期。龚书铎把 1840 年至 1949 年的历史纳入了近代史的范畴,但在具体阐述中他回避了对时间的精细定位,而以政治力量的较量与重大事件为主轴将近代史分成北洋军阀的统治与新民主主义革命的开始,国民革命与北洋军阀的末路;国民党在全国统治的建立与工农武装革命的开展;日本帝国主义的武装侵略与由国内战争向抗日战争的过渡;抗日战争;国民党政权的崩溃与新民主主义革命的胜利等六个时期①。

出版史的划分也多参考社会与革命史的划分方法,比如张召奎将现代出版业的开始定为五四运动的发生,他认为:"'五四'以前,我国历代的官办、民办出版机构,其企业所有权都是属于封建统治者以及地主资产阶级和小私有者个人。五四运动以后,特别是 1921 年中国共产党成立后,人民才开始有了自己的出版发行机构。这是我国出版事业史上破天荒的大事,它标志着我国出版印刷业在所有制性质上的根本改变。""这个时期,大体可分为五个阶段:从五四运动到中国共产党成立,为现代出版业转变阶段;从 1921 年到 1927 年,为现代出版业蓬勃发展阶段;从'四一二'反革命政变到'七七'事变,为国共两党在出版阵地上的激烈争夺阶段;从卢沟桥事变到日本帝国主义投降,为民族出版业的发展壮大阶段;从重庆谈判到新中国成立,为现代出版业全面变革阶段。"②周葱秀、涂明将期刊的发展分成五期:1980—1917 年定为社会转型时期,1917—1927 年为文化革命时期,1927—1937 年为革命深入时期,1937—1945 年是抗日救亡时期,1945—1949 年为黑暗交替时期③。

但是,依附于史学的出版史分期不能完全表现出书刊内部的发展,因为书刊的发展既受到外部的影响,也有内部发展的规律。近年来撰写的出版史较关注出版内部发展脉络的陈述,比如肖东发在其《中国编辑出版史》中虽然还是主要依据历史时期对出版做相应的展开,但其展开方式已不是封闭的切割,而是提炼年代特征,在此时期内进行纵向的陈

①　参见:龚书铎.中国近代史[M].北京:中华书局,2010.
②　张召奎.中国出版史概要[M].太原:山西人民出版社,1985:215.
③　参见:周葱秀,涂明.中国近现代方期刊史[M].太原:山西教育出版社,1999.

述①。吴永贵先生在其撰写的《中国出版史》中打通近现代的界限,将之统一为近现代印刷技术引进及应用时代,并分成几个阶段,即新印刷技术的引进与应用时期、晚清时期出版业的近代化转型以及民国时期出版业的发展历程来进行表述,这一做法可以避免政治事件的影响②。吴永贵在其《民国出版史》中则将出版史分为晚清时期出版业转型与民国时期出版业的发展两个时间段,在后一时间段里又分成"五四"前后、"黄金十年"、抗战时期以及战后时期③。对期刊出版的时间划分也有了一些变化,如李频将之分成初创期(1815 年至戊戌变法前)、发展期(1896—1914 年)、壮大繁荣期(1915—1937 年)、艰难发展期(1937—1949 年)四个时期④,将政治运动隐入期刊发展的背景之中,突出了期刊本身的发展过程。

从设计史的角度来说,赵农撰写的《中国艺术设计史》将近现代的含义从 1911 年推至当下,而将设计的载体作为展开的主轴,并在讨论主题中标注时间并加以说明⑤。郭慈恩等编写的《中国现代设计的诞生》以现代为陈述对象,他把近代时间往前移至 1842 年,又划分为几个阶段:1842—1895 年,中国现代意识之展开;1896—1918 年,民营工商业迅速发展下设计工业的萌芽;1919—1926 年,设计师在追求科学与民主的时代抬头;1927—1936 年,与世界接轨、现代主义风格在中国;1937—1949 年,中国设计工业新方向。注重了外部与设计互动的结果⑥。

具体到书籍装帧。邱陵把书籍装帧放在革命背景之下加以说明,分成了"五四"到抗战前的装帧与抗战后到新中国成立前的书籍装帧⑦。李明君则以现代书装的标题总结了晚清到民国的装帧,以此展开技术、特点、创作主体等各主题的论述⑧。

以上是历史学、出版史与设计史关于近代的时间划分,从中可见现代概念折射入不同的学科理论之中带来的一些影响。历史与政治事件是书刊形态发生演变的动力与原因,但书刊设计内部的变化并不与之完

① 参见:肖东发.中国编辑出版史[M].沈阳:辽海出版社,2002.
② 参见:吴永贵.中国出版史:下[M].长沙:湖南大学出版社,2008.
③ 参见:吴永贵.民国出版史[M].福州:福建人民出版社,2011.
④ 参见:李频.大众期刊运作[M].北京:中国大百科全书出版社,2003.
⑤ 参见:赵农.中国艺术设计史[M].西安:陕西人民美术出版社,2004.
⑥ 参见:郭恩慈.中国现代设计的诞生[M].上海:东方出版中心,2008.
⑦ 参见:邱陵.书籍装帧艺术简史[M].哈尔滨:黑龙江美术出版社,1984.
⑧ 参见:李明君.历代书籍装帧艺术[M].北京:文物出版社,2009.

全对应。笔者认为,1840年后西方对中国的入侵,使中国的独立受了严重威胁,1842年的《南京条约》,则让中国社会的性质发生了变化,中国的图像前现代时期也就此开始。这一过程从1840年延续到19世纪末。中日甲午战争对中国人的影响超过之前任何一次外强的侵略:一个"东夷小国"给自命"天朝上国"的中华帝国造成重创,这一事件无论在感情上还是在实际后果上都是让中国人难以接受。有学者认为,甲午战争使国人认识到中外之间的区别并非只在地理意义上中外的差距,同样也是时间意义上古今的差距,这双重坐标的设置奠定了近代中国观望世界的两个尺度。1898年《点石斋画报》的停刊以及张之洞《劝学篇》的完成,标志着视觉图像由前现代过渡至现代,随之而来的是近代的文化启蒙。现代书籍设计以放弃传统为代价,采用印刷机械,完全使用铅活字、新式装订,采用纸型、分色技术,使用橡皮版胶印等。1903年,在戢翼翚①的推动下,《东语正规》出版,这是中国人第一本采用两面印刷、西式装订的图书,同时开始用西方形式的版权页②。现代印刷技术的采用,使得现代书刊装帧变得必要,由此开始了现代书刊装帧的探索时期。这一时期主要解决视觉符号的技术实现问题。1915年以《新青年》为代表的新文化刊物出版之后,图像的表意功能也得到了发展。伴随着新旧文化的交锋,图像的民族性讨论具有了意识形态的意义。

可以说,书刊形态的复杂性变化主要集中在1895年至1936年之间,而且书刊形态与文化转型相关。但是在考察中必须关注到出版与社会变革不是同步的,它有变革滞后的现象,即市场必须有一定酝酿期,才能体现前期变革的结果与意义。因此,笔者主要依据文化转型,并参考吴永贵与李频的书刊时期划分,并参照设计史的划分,将考察时间区间细分成几个阶段:

第一阶段是启蒙文化时期,大致从1895年至1915年。读者空间想象初步完成,印刷文化得到初步发展。这一期间,启蒙文化是出版主流,普及与启蒙成为出版的两个方向。商业美术师群体形成,书刊的结构大致完善设计进入初步发展期。

① 戢翼翚(1878—1908):字元丞,湖北郧阳府房县人。近人刘禺生《世载堂杂忆》中有《述戢翼翚生平》一文,提到戢翼翚是中国留日学生第一人、发刊革命杂志第一人。戢翼翚后来还在上海与日本著名女教育家下田歌子(1854—1936)合作开办了一家名为作新社的出版社,专门出版洋装书。因此戢氏被称为"中国书刊洋装化之父"。

② 商务印书馆在1904年开始采用双面印刷。

　　第二个阶段是新文化运动兴起及新文化书刊渐形成影响时期,时间大致从 1916 年至 1926 年。这一阶段,新兴的精英文化争夺话语权并且试图通过印刷形态创造新的视觉样式。新文化设计人员出现;形态革新与图像细化成为发展的趋势;对西方资源的引入加强。

　　第三个阶段为都市文化形成与发展期,时间为 1927 年至 1936 年。这一时期,新文化资源成为共享资源;随着与世界的接轨,现代主义大量引入;图像出版兴起;设计进一步分化。

　　抗日战争的全面爆发中止了出版业的繁荣,这时期处于战乱与艰难时期,由于物质材料贫乏,印刷设备更新的力度低于前期,更由于创作条件的艰苦,在视觉上形成了单一趋势。

　　书刊形态发展过程中并无重大的标志性事件可以作为划分界限的强有力证据,且出版活动具有连贯性,所以在节点的描述上可能略显含糊,比如 1915—1917 年间启蒙文化虽然还是主流,但已处于衰退期,文化的品格在降低,而新文化读物《新青年》虽然已产生,但是形态上还没有发生本质性变化。《新青年》采用标点是在 1918 年,但是在叙述中还是将 1915 年作为起点。另外,新文化出版的迅速扩散与都市文化的形成实际上是并行的,1925 年即出现了《三日画报》,但为了突出新文化的贡献,还是将上海被定为"特别市"的 1927 年作为都市文化的起始时间。

　　另外,书刊形态与文化转型关系最近,但并不意味转型后原先的文化形态就不存在,比如通俗文化出现最早,在新文化运动时期依然得到发展,在都市文化同化之下进行了分流,其最原始的书刊形态照样存在。因此,书刊形态的发展如同树枝一般,有不同枝干一起生长,也有单独一根枝干发叉生长的情况。本书中,笔者尽量按照出版物的属性归纳,笼统地描述为早期(通俗文化时期)、中期(新文化运动时期)、后期(都市文化时期),以便读者有一个大致的时间概念,并将书刊形态的特征镶嵌其中。

　　书刊形态的发展是树状的,当一种新的图式产生之后,并不意味旧图式就消失了,它们很大程度上是相安无事地共存发展着的。如果要宏观地展示发展全景,那必然要分出笔墨对旧图式的承继做出相应的描述,但这就不在"变迁"的考察范围之内。本书回避了这一做法,而主要将关注点放在"变迁"的实质之上,着重勾勒不同时期的书刊形态特质。

　　本书是近代书刊形态的补充性研究,这并不是为表明自己有自知之明而采取的防御性策略,而是想表明笔者不是想写一部近代书刊发展的断代史,而是想在对书刊形态不同侧面的阐释中尽可能展现近代书刊形态的复杂性与特殊性。这也意味着,虽然笔者也是以时间流程作为每章的主要线索,但是主要还是选择一些重要的节点来分析形态发展过程中有意思的变化以及背后的文化内涵。"变迁研究"以霍尔(Stuart Hall,1932—2014)与布列逊(Norman Bryson,1949—　)等其他学者的学说作为辅助,在"时间与空间系列"中提炼意义,寻找差异。

作为结论,本书制作了《近代书刊形态变迁示意图》,将变迁的时间节点做了大致的勾勒,具体请参见附录。

这一工作对笔者而言非常具有挑战性。笔者希望能够书写带有史学偏向,但同时具有问题意识,并且能够将符号的阐释作为隐形结构的著作。

第一章　中国近代书刊形态视觉变迁

罗兰·巴特认为,任何事物都可以是文本,都可以在符号学的意义上得到解释。事物的任何要素都可以被赋予某种意义。符号学的前提就是,任何事物不再是其本身,必须依靠社会与文化来滋养才能获得意义。符号的能指也只有在用于分析时才被设定为具有非符码信息。史蒂夫·巴克维护了这一说法,并强调无符码信息的能指只在被视作分析工具时才有效。在近代书刊的视觉符号生成中,不只是技术催生了物质化的设计元素,文化也是催生设计元素生成的主体。如,早期传教士刊物视觉的"汉化"以及后来刊物视觉的"西化"都是文化所起的作用。

本章的内容是对从形制、外观到版面、元素这样一个由宏观到微观的视觉符号变迁过程的梳理。书刊报分离是传播的需要。但在传统观念之中,书籍是最为正规的出版物,因此早期版面上的页码设置方式还留有"书籍正统"思想的遗痕。开本的出现与机械印刷的技术相适应,但开本的选择有更多的主观性——开本成为"类征"的符号。封面的变迁体现了从中国画的构图方式转向版面分割的西方版面方式。版面中的视觉流程变化是对传统线性阅读的突破,同时也呼应了图像的混版;"横排"与"标点"的使用则体现了文化的进步。在字体的研发中,中国人的传统情怀对于改革字体有推进的作用。在视觉表情丰富的背后,符号的表意性也被激发了出来。

第一节　中国近代书刊开本及装订形式变迁

一、"报章时代"的到来与近代书刊报形态的分流

伊尼斯(Harold A. Innis,1894—1952)认为,早期的媒介偏向于时间

传播,而印刷文化偏向于空间传播。在机械印刷之前的中国雕版印刷,是准机械的复制方式:虽然脱离了工艺性生产阶段,但是仿制的复本不多,且生产内容有限。与近代传播方式相伴的是"高频率短篇幅"生产的出现,那就是报刊。

中国早期的报纸如宋代邸报,形若书籍,是装订成册的。中国早期的期刊称为"丛谈"或者"统志",形制上也与书籍相差不远。这些形制表现出的观念是:事毕记录、看完装订以便收藏,并没有现代报刊的观念,即定时、定性地报告新闻、书写内容。自1860年开埠之后的几十年间,虽然空间传动型历史渐渐与时间传递型的历史并行发展,但是上海的"华""夷"还是并置于一个空间之内。葛元煦的《沪游杂记》将"租界"与"上海交界里数"并置于卷之开首颇能表现出将"洋场"内转成为固有存在形式的思想逻辑,杂记内文中夷华并陈的条目关系也能表现出以"归化"效应来填平华夷巨大文化差异带来的情感落差的倾向。这一思想也反映在1895年前的书刊形态想竭力保持中国出版物"纯正"面目的努力上。最直接的证据是李善兰在引进西方数学著作时并没有使用阿拉伯数字,仍用中国记数之法,这表现文化转型过程中知识分子的复杂心态以及做出的折中方案。

如果说普及性的西方出版是建立在19世纪末西方国家初等教育制度的建立以及铁路运输业快速发展这两个基础之上的话,那么在晚清时期的中国,密集性政治事件的发生则将国人带入前所未有的时空体验与文化体验之中,如1894年的甲午战争、1897年的戊戌变法、1900年的庚子事变、1905年废除科举、1911年之前的清末新政以及1911年的辛亥革命等。书刊从知识的积累、介入到对社会现象的评析以及满足群体发言的需要,其功能产生了转移。

传统出版格局的"四套马车"中,西方宗教机构出版慢慢衰落,并由于其内部的调整而退出中国市场。中国的官方与准官方出版,替政府实施对信息的把控,但不能适应信息快速流通的要求。民间出版虽不能保证政府信息的有效传达,却提供了信息能够到达多数对象的可能,补充了官方的出版力量。这一期间出版出现的新气象体现在民营出版机构自觉采用新式印刷机械的尝试。

这一时期,雕版印刷还有一定优越性:在控制印数以及减少成本方面胜于活版印刷。因为纯粹用经济的眼光来看,木版雕工便宜,且一次可以按需印刷,再次使用时调出刻板印刷即可。活版印刷缺乏可以传递版面结果的板型,因此只有估高印刷数量,才可拆版。如一版文字有错,或者发行不畅,则书籍堆积无用①。发行处于整个出版链的最下端,但起最主导的作用。这就是为什么活版印刷出版在中国出现很早,却得不到实质性发展的原因。我们假设印刷技术的更新是成本投入与产出之间的博弈,那么民营出版机构采用新式印刷机械的自信,即来自于出版物投放市场的产出足以抵销出版成本从而获得利润的现实。

此外制约书刊发行的原因还有交通与通讯的不畅以及阅读能力的问题。阅读能力的差距存在于城市与乡村之间,也存在于同一地域的不同阶层之间②。

这一状况在晚清得到了改变。1896年中国有了邮政局,替代了早先的信局征订报刊。随着出版的发展,各出版机构各自设代理处。在经济发达的区域,甚至日本出版物也有代邮处与代销处。在知识空间的打造上,知识分子的汇聚打造出三个文化中心:北京、上海与广州。从出版目标上,两种出版行为急剧发展:一类是梯级化的教育读物的印刷,配合政府进行有计划的启蒙教育与社会职业教育;一类是通俗读物的兴起,达到大众启蒙的目的。

前者必然要与政府达成某种程度上的合意,以辅助和推动教育的实施。在洋务运动与戊戌变法中开设的西式学堂并没有带来出版事业的繁荣,因为这些学堂的录取方式以及教学方式与民众日常生活有相当的疏离感,国人对西方知识的渴求并不强烈③。机械化也并没有改变出版本身,出版只关注读者和市场。甲午战争之后,大众对西方知识的渴求井喷式爆发。复制日本教材成为获得西方科技知识的便捷方式,由此,国外的教科书被引入中国。英语学习成为另一种强大的需要,辞典与普及性的外语教材作为长销书在这一时期得到了发展。1905年的废科举、开学堂,使得推行机械出版获得了更为有利的条件。

---

① 《书籍的社会史》的作者周绍明与傅兰雅的看法一致,钱存训在考察活版之后皆有此说。
② 巴比耶认为,传统阅读是集体进行或独自小声地朗读,而安静地个人阅读是现代性的阅读;精读是对极少数书籍长期反复的阅读,而泛读是对更多书的阅读,相比与前者,后者更有现代性。这两种方式对书刊需求量的内容要求不同。(巴比耶. 书籍的历史[M]. 桂林:广西师范大学出版社,2005:281.)
③ 参见:唐德刚. 晚清七十年[M]. 台北:远流出版社,2000—2009.

后者则关注民众的精神需要,以贴近社会的姿态开展大众引导。在此过程中,信息传播密集程度也超过了以往。时效性、短暂性的内容发布势必要改变出版的思路。社会精英自觉利用报刊发出自己的声音,并且通过新闻报道将运动合法化、声势扩大化,以此来影响公众,完成中国政治由王朝政治向公众政治的转型。早期的《洋务报》《民立报》《民呼报》《民吁报》都在此时创办。同时,出版与传播也打造了多样式的发言机制。1900年的义和团运动展示了运动与印刷结合的宣传技术,打造了从无主流传播到主题提炼的现象重聚方式。政治势力的结合及民间话语偏激的取向,这两者相互交织,确定了舆论的走向——这种由民间阐述异端一变而成为正统建构方式成为以后主体身份阐释的起源之一,而出版在这一过程中则起到重要的作用。在1905年的"抵制美货"运动中,传媒出版的表现可以视为五四新文化运动以及其后群众性运动的预演。社会精英自觉利用报刊影响公众,如潘达微[①]的漫画正是通过报刊才产生巨大的影响力;其他如书籍、传单等,也帮助增加了抵制运动的可信度,成为社会运动的有效催化剂。

出版与传播机构纷纷在上海创办,形成三个较新的书刊出版方向:教科书[②]、小说与社政书籍的出版。以出版教材为主业的有商务印书馆、中华图书馆、文明书局、宏文馆以及民国后成立的中华书局等;以引进译书为主的有强学会、大同译书局、广智书店、作新社、国学社、徐氏书店、小说林社、金粟译书馆等;以通俗读物面市的有正书局、锦章图书馆[③]、审美书馆等[④]。在报刊界线尚不分明的情况下,既有报刊社涉足书籍出版的情况,也有出版社涉及报刊出版的情况。比如,商务印书馆以出版书籍为主,也创办了《东方杂志》《小说月报》;而由报纸介入书籍出版的出版机构,如有正书局,既有画集面世,也有《小说时报》《妇女时报》等刊物出版。

---

① 潘达微(1881—1929),广东番禺人,中国近代民主革命家,参与创办《时事画报》,创作过漫画,同时是摄影家。
② 参见:潘耀昌.中国近现代美术教育史[M].杭州:中国美术学院出版社,2002.
③ 锦章图书局以印售线装经史子集、医书、通俗小说等为主。据郑振铎《西谛书目》载,该书局曾出版石印绣像通俗小说多种,并于1914年创办《繁华杂志》。
④ 杨寿清认为1911年前有新办出版机构40家左右。新出版物中,以教科书与实科书占大多数,文法之书则极少,惟翻印古书及书画碑帖之风则颇盛,因为其时中国人仍以授受古籍及临摹碑帖作为学者的主要功课。(杨寿清.中国出版界简史[M].上海:永祥出版社,1946:21.)

之所以有必要对这书籍与报纸两种出版类型加以厘清,是因为不同出版物对于市场的设想与社会的切入方式会有某些不同:前者注重内容传递的纵向深度设置,形成系列规模化的内容生产,后者则注重内容截面性的展现,重视信息的投放量与时效性。比如,商务印书馆以出版书籍为主,也创办刊物,但刊物在其出版结构中并不占主要部分,此种情形也适用于小说林社①与后来的中华书局,因此在对形态的追求中,前者更加追求内容线型化与逻辑化的体现,技术创新胜于艺术创新。而由报纸介入刊物的出版机构,较注意图像与技术的结合,注意图像与现实的结合,如有正书局旗下有《时报》,也有《小说丛报》《妇女时报》等刊物,而民声旬报社有《民声旬报》,也有《民呼画报》等,刊物自觉地沿用图像启迪民众的传统,早期的漫画家均在此类刊物上发表作品。

按近代西方的出版规律,文学作品先在报刊上连载,次出三卷本,然后出精装本,最后再出简装本。连载不仅是对市场的测试,也是出于成本的考虑。次出三卷本,以方便图书馆之流通。出精装本与简装本,是在时间与定价上满足不同层面读者的需要。中国的出版机构基本上也是按照这样的规则对待原创作品。

"印刷事业"与"新闻事业"的发达②,以及俗文学形式的突然繁荣,促成章回体小说的再次兴起;同时西方故事与中国笔记小说的结合产生了叙事性文学;内容的更新与写作的职业化相结合,标志着"报章时代"的到来。

中国传统的图书结构是依据内容的逻辑进行排列的,但是在报刊中,版面划分为不同版块,不同种类的文章并置于一个空间内。故事的叙事模式随之发生变化,语言与表达也因之变化。

开始读者尚不习惯这种连载。徐枕亚的《玉梨魂》连载刊出后,读者纷纷向作者去函询问下文。徐枕亚回复:"日阅一页,恰到好处。"③颇具文学笔法的回答掩盖了作者无法控制这种出版方式的事实。早期对于连载的使用是草率的:版面的篇幅或长或短,有时甚至字句不完整也戛然而止。梁启超创办《新小说》时规定:"本报所登各书,其属长篇者,每

---

① 据郑逸梅介绍,晚清出版小说最多的出版单位为商务印书馆与小说林社,其他则有作新社等。
② 阿英在《晚清小说史》中提到了小说繁荣的三个原因,除"印刷事业"与"新闻事业"的发达,还有智识阶层认识到了小说的重要性,以及清室屡受外挫、政治穷败之故。
③ 徐枕亚.答函索《玉梨魂》者[J].上海:民权素,1914(2):11-12.

号或登一回二三回不等。惟必每号全回完结,非如前者《清议报》登《佳人奇遇》之例,将就钉装,语气未完,戛然中止也。"①但是这种摸索只是编辑个人化的探索,李伯元主编《绣像小说》开始时就没有注意这一细节;1909 年,陈冷血、包天笑编《小说时报》时,就充分考虑到了载期过长不易阅读的问题,开创了长篇小说一期或分两期刊完的先例。

从形式上看,出版周期的加快改变了作者的写作方式,写作职业化的要求是写作节奏与出版周期合拍,短篇和随笔的出现正是这一时代的特色。包天笑在担任《时报》编辑时,还为《小说林》《小说时报》撰写稿件,如果不是连载的方式,这种劳动强度是无法让人承受的。当然,这种方式也有弊端,即一旦刊物停办,连载文字极有可能有始无终。《孽海花》②的拖拉以及《碧血幕》③的无疾而终都是这样的例子。这时,文学作者的写作选择载体依次为报纸副刊—刊物—书籍。

即便如此,书刊报形态的最后分离还有待观念的变化。在国人眼里,书籍是正统出版形式,而刊物则属于消遣性的读物,刊物的结构形态还是与书籍相近。版面结构中出的复式页码或者卷—页码同标的排列方式,便是这种思维方式的具体例证。这样的设计,能够在每期的阅读之后,把相应的单篇或者单栏剪辑下来,装订成册,就能够成为一本完整的读物。20 世纪 20 年代,单页码的方式才得以确认。至此,书与刊的最终分离才得以完成。

二、开本的出现与变迁

1. 开本的出现

中国古籍并无开本的概念,也没有选择外形尺寸的自由,倚借的是手工纸的版面尺寸以及雕版尺寸的大小。在向现代形态过渡的过程中,书刊大小与当代 32 开本相近,晚清"四大小说"、20 世纪初在日本印刷的留学生刊物《浙江潮》等均如是。由于是对原有版面的借鉴,内文字号在 4 号字左右,所以一般都较厚,翻看时不易摊平。1891 年(光绪十七年)李鸿章在上海设立纶章造纸厂提供印刷用纸。由于出版业的发展,纸张的供量大大不足,因此还需大量使用国外的廉价有光纸与白报纸。

---

① 新小说报社.中国唯一之文学报新小说[J].日本:新民丛报,1902(14):广告.
② 《孽海花》,曾孟朴著,在《小说林》上刊出,时常衍期交稿.
③ 《碧血幕》,包天笑著,在《小说林》上刊出两回后无果.

随着机械纸的采用,开本的概念开始出现。一张纸,通过不同的折叠,可以呈现不同的人小。版面空间更加自由了。

20 世纪 10 年代中期,书与刊的开本开始有了区别。杂志的开本一般较大,这样可以显得轻薄些。此一时期的杂志,如《小说新报》等都采取 16 开本;《小说月报》也从之前 32 开本加大到 16 开本,字号从原先的 4 号调到 5 号字体。出版界对此并无定章,每个机构的开本都千奇百怪,小型如 34 开、35 开,中型有 23、25、26、27、28、29、30 开本,再大些有 8 开、9 开等。究其原因,一个是装订折手确有差异,另一个也是出版机构的纸型大小有异。商务印书馆注意到了这种混乱的情形,希望能够统一开本的尺寸,但一直未能如意。直到 1927 年,商务印书馆开始采用滚筒印刷技术,开本才向 32 开与 16 开本集中。其他出版机构纷纷仿效,才使开本的尺寸大小趋于一致。

2. 开本作为表述语言的运用

开本是读者观看书刊时产生的第一印象,因此开本也有一定表述意义的功能。当时对于开本的一些使用偏好到现在已成惯例,比如教材采用 16 开本或 32 开本,杂志为 16 开本,而文艺书则取常规的 23 或 25 开本等。

但是文艺书中也有追新追奇者,比如周瘦鹃总是变换开本大小让读者有耳目一新之感:1921 年复刊的《礼拜六》为 32 开本;《半月》为狭 16 开本;1922 年《紫兰花片》第一卷是竖 64 开本,而第二卷又变成了横 64 开本;1925 创刊的《紫罗兰》是 20 开本,第 3 卷则是 30 开本。周瘦鹃颇以开本之变化为荣。

新文学书刊对开本及印刷物料的选择更有一番新意。以北新社为例,《春水》《梦》等诗歌集采用 64 开本,《呐喊》等小说等文集采用 32 开本,《月夜》等散文集用狭长的 30 开本。

鲁迅对刊物的开本也颇留意,他编辑的《莽原》《朝花旬刊》为 32 开本,《朝花周刊》《前哨》为 16 开本,《奔流》《萌芽》《文艺研究》为 25 开本,《译文》为 23 开本。他出版的书籍中,《毁灭》《铁流》为 23 开本,《朝花夕拾》为长 40 开本。

徐志摩、邵洵美、闻一多等出版的《新月》在形态与风格上借鉴《黄面志》,以简洁清晰的 20 开本素色封面作为这一出版团体的格调表征。

图文书刊的兴起,促使大型开本出现。毕倚虹的《上海画报》是 8 开

4 页的刊物。之后,《太平洋画报》《上海漫画》等模仿它的大小。1926年创刊的《良友》开本为 9 开本,视觉冲击力相当大,蕴涵着《良友》"艺术与娱乐"的文化主题和反映生活方式的现代定位观念。1933 年时代出版公司的《十日杂志》模仿了《良友》的大小,同样隶属于时代出版公司旗下的《万象》①也有小 8 开的大小,《泼克》是 8 开的尺寸。从《良友》辞职的梁得所创办的《大众》也是 8 开本,当时豪华的都市读物《文华》《美术生活》也采用了 8 开的大尺寸。与大型开本形成反差的是《玲珑》,它以 64 开的"玲珑"开本获得了青年女学生的青睐。可见了当时的出版市场已经对读者心理有了较深的研究,对开本的运用相当娴熟。

　　1941 年,上海出现 40 开本的通俗读物《万象》,刊物由平襟亚投资,前期由陈蝶衣主编,后由柯灵主编。其以不谈政治为招牌,包罗万象,生动有趣,是"孤岛时期"极有影响力的刊物。其开本大小也影响了当时的书刊开本,比如星群出版公司(上海)的出版物(如吴祖光:《牛郎织女》,1946 年)与重庆生活书店的出版物(如茅盾:《多角关系》,1944 年),等等。

　　开本的设定也表露出版物"类征"与"从众"的设计要求。

三、装订方式的变迁

　　在书刊向现代形态转向的过程中,先后有两个阶段。第一个阶段是"中式书"与"洋装书"的装订对立,第二个阶段是"平装书"与"精装书"的装订对立。

　　1."中式书"与"洋装书"的差异

　　1905 年 204 期的《万国公报》②在《本馆特别广告》中专门刊出"报式改良"的消息:"自明年第一册起,改用坚厚白纸,两面印刷,并仿西式装订。板口略加收小,而页数则倍之,以期精益求精。"③刊物在 1905 年最后一期特别说明明年装订"仿西式装订"。西人出版之刊物仍有此说,确乎说明以前是中式装订。由此可推测,在西方传教士利用活字排版的

---

① 《万象》,时代出版公司出版,小 8 开,一共出了 3 期。
② 《万国公报》原名《中国教会新报》,是西方传教士林乐知创办的刊物,刊物于 1868 年 9 月 5 日创刊,至 1907 年 7 月休刊,其间曾于 1883 年 750 期时因经济原因停刊,又于 1889 年 2 月复刊。因此,其共刊发 33 年,750 卷。
③ 佚名.本馆特别广告[J].上海:万国公报,1905(204):广告.

最初半个世纪中,其在中国出版的书刊还是采用中式装订之法,即线装的方法。

"洋装书",在概念上与"中式书"形成对照。洋装书与中国传统的"包背装"相近,但这与现代的西式装帧还是有区别的:现在采用的横排左订,当时的洋装多竖排右订。内页中采用双面印刷,铁丝订与线订为主(孙福熙称"陀螺""骆驼"装),锁线订较为晚起,最后以一张完整的封面装将内芯包裹起来。

之前西人在中国出版的书刊仍以中式面目出现,而同期中国留学生在日本出版的书刊则已经全采用西式装订,这并不能说明后者的观念比来华的西人更为"现代"①。洋装书的装帧形式并非代表形态设计思想的现代倾向,而是印证印刷物材料的变化对观念的形塑作用。在这个角度上,技术与社会是相互作用的。从媒介发展的角度看,正如麦克卢汉(Marshall Mcluhan,1911—1980)所认为的,新的技术增加了我们认知的尺度,每一个变化都应该在这新的尺度中加以观照。

20 世纪 20 年代以后,随着机械印刷的全面铺开、手工纸使用的全面退缩以及机械纸张的普及使用,洋装书成为装订的主流,这时"洋装书"这个称谓反而较少出现了。

2."平装书"与"精装书"的差异

20 世纪 20 年代,版权页上"平装书"与"精装书"(时人又称"硬面书")的提法增加,这说明技术由差异之分转向了高低之分。在西方的出版程序中,同一种书精装书的推出要早于平装书,以方便不同阶层的读者购买。良友出版公司的编辑赵家璧在巡礼上海书店时,时常为西方书店中外观精致的图书吸引。而在中国,装订形式的选择并不纯粹为了销售,精装的意义很多时候也在于表达致敬、重视或者珍藏等。比如鲁迅为瞿秋白遗稿所做的出版物《海上述林》,就有两种版本。世界书局"ABC 丛书"也是精装与平装一起推出,精装本的环衬采用了花卉装饰,鲜艳美丽,而平装则素净得多。

这一时期的精装书籍已经采用一些特殊的制作工艺,比如商务印书馆用织锦来制作封面。

出版精装书不仅与出版商的经济实力有关,也与装帧理念有关。资

---

① 汪家熔.中国出版通史:清代卷(下)[M].北京:中国书籍出版社,2008:126.

本雄厚的大出版商能够使用上好材料对出版物进行装饰,如大东书局出版的通俗读物《紫罗兰》,其在装订时采用了挖空的制作工艺,使装订成本大大增加,但是却有了中式月门洞的感觉,实现了内外页的沟联。

图 1 - 1　《燕京胜迹》的织锦封面设计

第二节　中国近代书刊封面视觉变迁

实际上,近代书刊最强烈的变化就是封面的变化,无论是封面外观还是封面立意都是近代文化的产物。首先,封面纳入到设计范畴,是近代印刷技术进步的表现。原先单一的书面包裹上加书签的做法由于印刷成分的加入内容突然变得丰富起来。从外观来说,封面最显著的变化是从单色变成了彩色,从毫无一图到图像多样。接着,封面的表达技法也逐渐丰富起来。

一、封面用字种类与设计

1. 用字的种类

封面字体封面用字体,首先是要满足字形在封面空间中的占有面积。在字模初创之时,字模是按书写的文字实际大小铸成的,因此不可能储备大号的印刷字体。即便是 20 世纪 10 年代以后以缩放的照片为底样铸字,大号文字储存也不会完备,封面用字主要还是靠手写。封面用字种类是在不断增多的,从先后出现的顺序来看,有书法体、辑字体与美术体。但从具体设计元素来看,无论是书法体还美术体,封面用字都是因字模生产局限所制。美术字的产生,是想削弱书法体过于鲜明的个人色彩而用模数化方法设计以取得视觉的规范效果,体现的是技术与观念上的变化。

（1）书法体

书法体的采用主要有两种方式:一种方法是采用书法落款之法,在封面的合适位置题名落款;另一类是按出版的规范只有书名不落款,这种做法表明书法字只是用来补充铅字的不足,比如晚清四大小说的题名。

字体中,行书、篆书与行草字体较少,而以魏碑、楷书、隶书为多。毕竟书法的个人色彩太甚,识别不便,与西文的译名不配,有的字体风格也与书刊内文不符。因此20世纪20年代以后封面书法字多转向仿印刷体。

但是利用名家题字,有助于抬高书刊身份,扩大社会影响。20世纪20年代的《社会之花》创刊时,主编王钝根就请各名家留字纪念,又陆续使用在刊物封面上。周廋鹃的《紫罗兰》由袁寒云题刊。《良友》创刊后也曾索要名人题名来扩大影响。《小说月报》改革后,还有读者建议改用书法题字以符刊物之地位,可见这种思想影响之深。

（2）辑字体

辑字体是将古人优秀墨迹以美术字的方式临摹下来,用双钩法钩出,辑录以为刊用字的方法。20世纪10年代的《东方杂志》、20年代的《小说月报》与《半月》等即采用了此方式来辑录刊名。常用字体除隶书外,也扩展至篆体、金文等,视觉效果较为新颖。

（3）美术体

美术字,也称"图案字",是以艺术方式处理的文字。美术字是近代书刊上最为发达的封面字体。1920年以后,有关美术字的书写教材在市面销售良好。美术字也可以再细分为几种,一是在传统软体书法字的基础上进行适当的变形与规则化处理,使其具有规整的外形;二是印刷美术体的加工改造,一方面是对现代印刷字体的改造,另一方面也体现了西方新艺术运动以及构成主义等的影响,借用西方字体设计方式对中国字加以改造;三是图案化文字,设计字体呈现图案化趋势,兼有象形处理等。

①传统字体的改造

传统的字体中变隶最为多样。变隶之体在隶书基础上做变化,其面目已远离碑隶的意趣,有了些装饰性的意味。对照《小说林》的刊名与1921年上海出版的《晨光》、1925年济南出版的《翰墨缘半月刊》的刊名,这种变化很易于看出。20 世纪 30 年代,陆维钊创制"蜾篆"之体,取篆隶之骨,颇有新意,出现在施蛰存主编的刊物《文饭小品》之上。

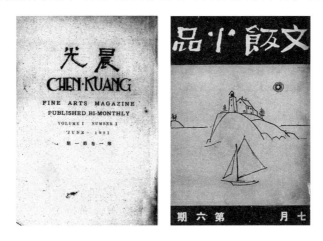

图 1 - 2　传统字体改造的美术字

②印刷字体的改造

《新青年》封面用字是印刷字体改造较早的例子。1915 年的《新青年》(《青年杂志》)第 1 期上,"青年杂志"四个字用了等线体的样式,笔画横竖一致,并施以红色,确如《敬告青年》一文所说"青年如初春,如朝日,如百卉之萌动,如利刃之新发于硎……"①字体是无饰线体,但当时并无等线体的称法,故称圆头黑体,实际上是黑体变形体。第二卷"新青年"是魏碑体与黑体的混合,字形呈现梯形,上窄下宽。1926 年《洪水》也模仿《新青年》封面用字,为无饰线体。

不仅进步类书刊有改造字体的实践,为符合设计转向的需要,通俗书刊也有此方面的变化。比如 20 世纪 20 年代的《红》杂志结合了无饰线体与钩线体的方式,减弱了黑体的强度。1926 年创刊的《良友》题名由主编伍联德设计,笔画做几何体的整饬,已经具有现代的视觉效果。

在印刷美术体中宋体与黑体设计最为多变。宋体变化是在强化起笔与收笔的饰角基础上,对横线的比例加以控制,有的也参以楷体的韵味。比如 20 世纪 30 年代《世界杂志》结合了黑体与宋体的特点,在不同的笔画上进行结合。1934 年郑川谷的《译文》与《表》也是在宋体的基础上对起笔与收笔的角度进行设计。郑川谷先在纸上画格,然后按规则填

---

①　陈独秀.敬告青年[J].上海:青年杂志,1915(1):1.

格以出现文字样式。20 世纪 20 年代后期出现的姚体,是由宋体变体而来,兼有宋体与黑体的优点。40 年代在西安创办的《雍华》也使用这样的设计方式。

图 1-3　宋体的变体设计

③图案化文字

由于图案化的需要,图案字的使用也渐成气候,这一过程基本与广告美术字的发展同步,受到很深外来的影响。20—30 年代出版的多部美术图案字集,如一非、一尘的《非尘美术图案文字全集》,傅德雍的《美术字写法》《广告图案字》,宋松声的《实用图案美术字》《彩色美术字·匾额集》以及钱君匋在 1932 年出版的《新时代图案文字集》等。书中字体多是收录当时实践案例,又引入外来字体设计汇辑而成。30 年代,美术化文字的风气更盛,如《银星》即以意匠的方式将一些短横画成一颗星,形象地匹配了文字。

图 1-4　图案化文字设计

美术字体设计在当时并没有被视为一个专门的设计领域,是视觉设计者在进行不断的实践后得到的结果。其结果一是大大增加了中国汉字的表现能力,使得文字的面貌产生了多样性;二是通过将中国汉字与西方字体在同一版面中加以合适的展现,在风格上取得一致性;三是在技术上解决了字模不够的问题,很好处理了封面版面空间。但是有的装饰过头,也引起辨识的困难。

(4)印刷体

印刷体也是比较常见的封面字体。常见的字体是宋体,有时也使用仿宋体做封面。比如鲁迅所设计《唐宋传奇集》是在封面下端以宋体列出书名、作者与出版机构名。各部分字体不同,书名用标宋,作者名用仿宋,出版机构名用小标宋。《毁灭》用图案画与印刷体组合的方式体现封面设计的工整与规范。

图1-5　印刷体封面设计

2.封面字的设计

(1)有代表性的设计

近代封面字体虽然没有专门的设计者,但也有一些非常优秀的作品。

如《半月》杂志中,周瘦鹃汇辑汉双凤阙的篆文,以双钩法进行勾勒,使古老的字体展现出新的出版视觉效果。

图1-6　《半月》刊名双钩法辑字

鲁迅的字体设计体现了对传统文字的理解。早在设计《域外小说集》的封面时,他说请了陈师曾题篆书书名;在为北大设计校徽时,也用篆书进行了变形设计,形如瓦当。20 年代,鲁迅就封面用字对陶元庆说:"过去所出的书,书面上或者找名人题字,或者采用铅字排印,这些都是老套,我想把它改一改,所以自己来设计。"[①]从实践来看,鲁迅多使用硬笔书法体或者印刷字体进行设计,具有装饰意味的手写字体已经脱离了手写体的范畴,但通过在转角上做装饰性处理,仍具有手写体的意味。1924 年北新书局出版发行《呐喊》时,他将黑底红字的隶书嵌入到黑框之内。1926 年《华盖集》出版,他将宋体字进行改造并引入黑体的元素,再与新现代罗马体的拼音结合。《华盖集续编》以宋体为主,加上"续编"的隶书印章,既传统又现代。《奔流》的刊名,笔画如同大河流水一般有起伏波折的形状;《萌芽月刊》则重点描绘出绿芽初发时枝头粗细不均,但绿意盈盈的模样;《而已集》的字体设计很有奇特的效果:隶体变形,化撇捺为两点,与"迅"字下的两点形成有趣的呼应。

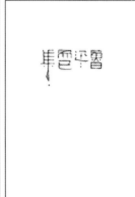

图 1-7　鲁迅的封面字体设计

陈之佛的文字设计,能够配合整个版面风格进行独特化的处理。1925 年《小说月报》的书名设计时艺术化地处理竖线条,使之具有女性的曲线之美。这一字体中带有罗马字体的痕迹,对某些笔画的处理如同阿拉伯数字"2"。

---

① 钱君匋.我对鲁迅的回忆[G]//人民美术出版社.回忆鲁迅的美术活动(续编).北京:人民美术出版社,1981:181.

图1-8　陈之佛的封面字体设计

钱君匋自1927年担任开明书店的美术编辑后,在书刊设计事业中坚持时间最长。他对书刊封面的字体设计努力既多,成果也丰盛。他为水沫书局出版的鲁迅的《艺术论》、现代书局的《现代》杂志、《浊流》《文艺画报》《时代妇女》《中流》等信的封面字体设计,表现出艺术的多种取向。

图1-9　钱君匋的封面字体设计

相比之下,张光宇的文字图案化设计倾向更为明显。张光宇的设计气度非常之大,常采用平面变形与立体设计的方式。《上海漫画》十期的刊名每期都不一样,有时是将字拉长变形,有时局部拆解,有时以印章方式呈现,有时又以手写体样式出现。《万象》(第3期)刊名是将文字拟形化,底下的竖线比拟为象腿,横线条模拟成象鼻。《独立漫画》中的英文全部采用无饰线体,稍右倾的字体,让读者感觉到向右的动感。《泼克》的刊名处理为倒影之状。《人世间》则像丛丛的树尖,又形成字与字之间的对比。廖冰兄说:"只要看看光宇书写的刊名——《时代漫画》《上海漫画》《独立漫画》《漫画界》《万象》,便要信服光宇确实是为汉字的图案化开辟了一条既崭新又宽广的大路。"①

图 1-10　张光宇字体设计

(2)封面用字设计资源分析

从整个图案文字的发展走向来看,字体设计的资源包含了中国的资源与西方的资源。

中国书法的意蕴与以及中国印章对空间的占有之美在封面字体设计中得到了体现。比如《中华教育界》采用阴文划框,中加隶书和图案之法以增加视觉度。丰子恺为《一般》杂志设计的封面文字则是将黑体放在黑底之中,充分利用了印章边框的破与连来达到效果。同时,中国传统的图案文字也给了近代书刊设计以丰富的滋养,鲁迅的《朝花》在起收笔处的饰纹即是如此。

图 1-11　中国意韵的文字设计

---

① 廖冰兄.辟新路者[G]//老漫画:第3辑.济南:山东画报出版社,1999:68.

　　外来的影响不容小觑。钱君匋回忆最早涉足设计时受到日本设计师杉浦非爱等人的影响,日本设计师本松吴浪所著的《现代广告字体撰集》也给了他很大的帮助,他以"拿来主义"的精神模拟了不少的西方设计。20 世纪 20 年代后期,随着信息传播速度的加快,西方设计理念传播到中国的速度加快了。Art Deco 风格、构成主义风格等都或多或少地影响了中国的设计。1925 年乔瑟夫·埃尔博斯设计了 Albert 字体,其特点是以圆形、方形、三角形组建起基础的部件,通过构型来模拟字母。钱君匋在其字体设计中也将基本的笔画分解为圆形与方形,通过笔画的拼贴来造字。同样,《时代前》的设计也是将若干的笔画简化为三角,有的笔画则分解为长方形与圆形的焊接。20 世纪 30 年代,这一做法较为盛行,封面中的英文处理呈现几何形状。受此影响的不止钱一人。陈之佛设计的《苏联短篇小说集》将文字的笔意收缩,全部化作结构部件,通过搭建部件构成文字。

　　1934 年开始的"新生活运动"影响到书刊的形态。其中,政府对封面设计的文字做了点名,认为日下流行的立体文字、阴影文字影响了正常的阅读,必须予以驱逐。虽然这样的措施并没有真正实施过,但也可以看出当时设计繁荣后面隐含的一些问题,比如阅读的便利以至民族性的表达等。

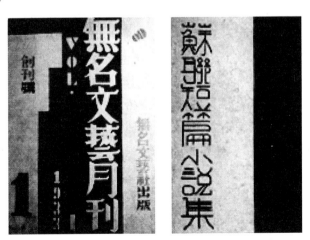

图 1 - 12　受西方影响的封面字体

二、封面构图的变迁

　　大致来说,封面构图主要有题款式、对称式、自由式三种形式。

1．题款式

题款式是对中式书籍题签封面的改进。传统封面的题签之法是以单色厚纸为面，上左侧偏上角用纯白宣纸题名；在题名页中，按照界格呈现法，将书名、作者等信息录入。机械印刷术传入后的早期封面则习惯使用古籍内封的展现方法，采用纵向的中心布局之法，将主要内容分条置于版面中心，形成了竖式独立式、竖式二段式、竖式三段式等布局。这一布局方式影响了20世纪初的通俗读物的封面设计。

20世纪初封面设计不再那么素净，大多在封面上插入底图。开始时的做法是把封面作为一幅画，由画家画完后由书法家题款，像《中华小说界》的封面即如是。但由于题名是"画后经营"，所以在布局上并不和谐。像《民权素》1915年第2期的刊名题写，就过于满撑。还有一种是仿日式，画不再铺满版面，只占据重要位置，在空余位置题写书刊名。《小说林》创刊号封面以一被遮的双线框围住，在右下角呈现出一个如意纹，好像窗棂，窗后探出的是一根花枝，花丛中有一扇形文武框，中以魏碑体写刊名，图下角以圈状围入"第一期"字样，带有明显的日风，但是在视觉效果上却非常美观。

2．对称式

对称式是"封面画"意识出现的产物，这种观念下封面中的图画只是封面的一个构成部分，在构图中将书刊名、出版单位的字形元素都作为另一种成分来组图，因此，图片也要以镶嵌的方式进入封面。

就笔者所见书影，此时用花卉作为书籍封面画的属较新的潮流。如1907年商务印书馆的《欧美名家小说》丛书，即以紫藤花架为底图，上列丛书名、书名等。少数译作用上了人物插图，创作方法还是毛笔画，且比较粗糙。而且文字嵌入的方式也较随意。

相较而言，期刊的视觉变化较大。经典的"三段式构图"正大行其道，即封面呈中心对称，从上往下依次是书刊名、图片与出版机构名。如《民权素》1914年第9期的封面就是"三段式构图"的经典例子：封面画不再撑满画面，刊名在上方，中间留出较大的空间插图画，下方留出一小块狭长区域标明卷次和出版机构。《小说月报》采用国画作为压底图，专色印与照片进行穿插安排，再或者直接使用如刘海粟、吴昌硕等画家的作品。《不忍》采用了传统中国画作为封面画。《民权素》则采用胡伯翔、沈泊尘、但杜宇等所作的仕女图，这是仕女图用于封面较早的例子。

之后,大量的仕女图被用于封面设计,如《小说丛报》《小说新报》《小说时报》《女子世界》《礼拜六》《眉语》《繁华杂志》等。

横向三段式构图法自 20 世纪 20 年代后得到更大的发展。如陈之佛为《东方杂志》与《小说月报》设计的封面,虽然格式大致不变,但是各大元素的比例布置得当。

3. 自由式

鲁迅在设计《域外小说集》封面时候,就已经改变了版面的重心位置,以面与点的平衡达到版面更灵活的布置。《心的探险》探索了图像的上下排列,而文字也成为图像中嵌入的一个结构元素。20 世纪 20 年代,中心对称式的布局被打破了。许多设计师采取了鲁迅的做法,在版面上方排入插图,在大面积的空区域点出书名。

闻一多在为徐志摩的散文集《落叶》设计封面时,将纷纷落下的黄叶和红色的铃印置于版面左侧,书名与图案进行了自然的交融。《猛虎集》则是用软笔疏疏画出几笔虎的斑纹,显得非常随意。庞熏琹《诗篇》中的元素分布,则体现了中国画散点分布的意境。叶灵凤的《戈壁》也出现了散点状的分布,只是内容更为抽象。

20 世纪 20 年代末随着西方现代主义艺术的涌入,未来主义、构成主义成为结构版面的一种方式,线条不仅是表现的基本元素,也是版面切割的方式。《现代》《文学》等一大批书刊的封面设计都使用了这一方法。拼贴、组合的方式也运用到了版面设计之中,如鲁迅设计的《萧伯纳在上海》,即采用拼贴的新手法,在白色的封面底色上,用土红色的颜色把刊载萧伯纳来上海消息的多张报纸进行拼贴,既装饰了封面,又烘托气氛,而黑色书名及黑色萧伯纳线描头像,印在书的上方,进一步点明书的主题,增加了趣味。正负空间的运用也为设计师所注意,像郑慎斋为《青年界》(第 5 卷)设计的封面,是以一个头戴中世纪头盔的青年形象轮廓作为版面的主要图片,刊名以反白字标识在青年的胸部,其他文字则围绕人形分布,而其他卷的设计,充分运用了点线面的空间占有技巧,构成有动感的版面效果,这说明中国封面设计人员正在慢慢了解和使用西方设计语言。下面是三种封面构图的图例。

| 题款式 | 对称式 | 自由式 |

图 1-13　三种封面构图

第三节　中国近代书刊版面视觉元素变迁

一、印刷字体的变迁

1. 西人的字模创制与字模风格

晚清来华西方人士的社交圈相对封闭，又以传教人士为主体，所以大半个世纪的字模研制呈现出一定的内在系统性，技术适应性、版面利用率、出版成本都是研制字模需要考虑的因素。

雕版印刷无法解决中英文混排的问题，如果用不同材质的字模，印刷时会出现浓淡不均的情形。此外，传教士的活动受到清朝政府的限制与打击，在紧急关头，携带整版的字版撤离毕竟是件不太现实的事情。因此，马礼逊认为必须研制金属活字。字模研制过程颇为曲折，表1-1是西方人士对中国字模进行研发的大致情况梳理。

表1-1　西方人士中文字模研发情况

研发时间	研发者（国籍）	身份	技术方法	备注
约1808	马士曼（英国）	浸礼会传教士	雕刻木版后浇铸铅版，再锯成单个铅活字	
1815	马礼逊（英国）	浸信会传教士	用中式旧法雕刻活字	

续表

研发时间	研发者(国籍)	身份	技术方法	备注
1834	美国教会		雕刻木版后浇铸铅版,再锯成单个铅活字	
1833	郭实腊(德国)	基督教路德会牧师	反文凹雕于铜版,再浇铸铅版	
1836	葛兰德(法国)	铸字师	部首与原字分刻作范(字范—字模—活字)	叠积字
1858	不详(德国)	铸字师	部首与原字分刻作范(字范—字模—活字)	柏林法
1838	戴尔(英国)	浸礼会传教士	雕刻钢字冲压阴文字模(字范—字模—活字)	香港字
1843	施敦力兄弟(英国)			
1838	不详(法国)	巴黎皇家印书局	得到木刻华字一副,浇铸铅版后锯成活字	
1847	姜别利(英国,后移居美国)	美国长老会	电镀中文字模	美华字
1884	美查(英国)	商人	电镀中文扁体三号字模	美查体(集成体)

西方人士的中文字模研发可以分成三个阶段:

第一阶段,是在中式雕版的基础上制造活字。无论是直接在金属柱体上刻字还是在中文雕版基础上浇铸铅版,其思路都是从中文活字的制版思路上演变而来。

第二个阶段,以欧洲规范工艺制造字模。法国的铸字师葛兰德考虑以基本的偏旁与字根分别做模再结合成字,这种思想,颇具模数的思维特征。但是中文文字偏旁与字根间的关系,并不容易按模数的比例关系确定。虽然麦都思对之毁誉各半,但是这种"叠积字"也没有使用较长的时间,除了劳动效率低下之外,不够美观是其硬伤。

戴尔在经过反复思考之后认为根据中文的字形特征,还是应该以整字为创制字模的基本单位,但是在技术上应该持续欧洲的铸字之法。具体做法是将活字刻在在软钢之上,书写阳文的反文。软钢经火锻炼,成为坚硬的钢钻,成为字范。用字范作为钢钻来冲压较软的铜板,制成阴文的字模,再用字模来铸铅合金活字。这一方式成本最高,但是一经制造,可以一劳永逸。因此,只有回归到欧洲的传统铸字之路,才能有效地解决字范的确定性,才能保证字模生产的量化。这比前一阶段的思路已有明显不同。以此法研制的"香港字"成为19世纪中期广泛使用的字模,这不仅在工艺上更有保证,也因为字范生产的方式能够复原中文笔画中复杂的部分,使版面更为清晰美观。

图 1-14 使用戴尔字模的印刷品

第三阶段,姜别利将电镀法应用于生产之中。具体做法是用黄杨以反文字体做坯,再镀制紫铜阴文,然后将此阴文锯开,正体阳文镶入黄铜壳子之中。电镀造字法的制作成本显然比"字范—字模—活字"的生产方式要低得多,而且在字体的复原性更好①。

从字体的形态来看,西人选择的雕版距离软体字的风格甚远,多用"匠体"的雕本,字形呈方形,字体结构较松散,横竖的笔画一致,字形较大。而法国研制的"叠积字"最符合西方模数化营造之法,且形体较小,版面利用率较高。麦都思作过比较,排同样的文字,"叠积字"的版面利用率要高得多,所以开发大小几种的宋字体成为一种必然。到1848年,戴尔已累计完成大小字模共计3891个。大字相当于四号的大小,而小号则接近六号至九号的大小。虽然香港英华书院后来解散,但是中国人王韬等以1万元鹰元的价格买下了出版设备以及字模,成立"中华印务总局",所以这种字模的使用仍有一定的扩散②。

---

① 胡国祥.传教士与近代活字印刷的引入[J].华中师范大学学报(人文社会科学版),2008(6):84-89.

② 参见:上海新四军历史研究会印刷印钞分会.活字印刷源流[M].北京:印刷工业出版社,1990.

姜别利创电镀之法,制出更为精致的"美华字"。他离中去日,将字模生产之法传于日本的本木昌造,使"明朝体"的字体完成了系列化的生产,生产出一至七号7种铅字,并将西方的"点数制"①与中日的"号数制"②进行了对接。日本应用这一技术将流行的"明朝体"进行再次研制,主要有两种字体,东京筑地活版制造所刻制的"筑地体"以及秀英舍刻制的"秀英体",此两体明显带有"肤廓体"的特征,横细竖粗,视觉清晰。作新社、有正书局等早期的出版机构都从日本采购机械字模。

1884年,美查组织图书集成局,创研了"集成体",这是一种"扁明朝体",字形扁而宽,版面利用率较"美华体"高。东京筑地活版制造所在上海设立了分店修文印书局,同时出售活字。

纵观西方人士对中字字模的研发,可以看出,前期的研创选择基于中国书刊中最为模数化的匠体字模进行研发,这些尝试在技术以及设计上的思路为国人的进一步字模研创提供了借鉴,但没有顾及中国知识阶层对字体美感的考虑。西方对技术的垄断,使得初期中国对本土化字模的研制无从入手,在短暂的失语之后,国人马上做出回应,在字模研制中呈现中国面目。

2. 挥之不去的"软体字"情愫

西方的铸字规范影响了中国人字模研制的技术思路,之后的活字生产工艺都遵循了西方的规范流程。20世纪初,国人的字模研制事业开始起步,如上海的商务印书馆、菘蕴铸字所以及北京的文岚簃刻字馆等。比如1915年商务印书馆"古体活字"的研制,即以唐末刻本《玉篇》为底本,照相拍摄成不同字号阴文,然后制阴文铜版,将字嵌入铜壳,制成刻坯铜模,浇铸阳文刻坯,刻工加工镌刻,以成原字,再以电镀之法制成铜模,浇铸活字。印刷厂传统的字体形态,在技术上采用了西方的工艺手法创制了二号楷体,其法是:"先以楷体书原底照相摄制阴文铜版,每字嵌入铜壳子,制成刻坯铜模,浇铸阳文刻坯,刻工加工镌刻,以成原字,再以电镀法制成铜模,浇

---

① 点数制:最早由法国的佛尼尔(Pierre Simon Fourier)提出,以当时的基本活字西塞罗为标准进行计算,1寸为72点为后世采用。1770年,法国人弟道(Francoise Ambroiee Didot)以法皇脚尺为标准,进行定点计算版面。1886年,美国铸造者协会通过以派克(Pica)为标准的点数制。英美国家多用点数制。

② 号数制:姜别利参照美国活字大小,制成了1—7级活字号,为显、明、中、行、解、注、珍七级。其中解为五号,后增加了初号、小初号、小一号、小二号、小四号、小五号、八号16种字号。我国点数制与号数制并用。

铸铅文,极为雅美。"①聚珍版宋体也以此法"仿体摹写,黄杨为坯,铜版为模,铸造铅字"②。丁善之《考工八咏》③具体记录了这一工艺的流程④。

但是对西方技术的追随并不表示国人对生硬的宋体形态是满意的。在机械印刷成为普及的生产方式之后,对于字体的美学要求再次成为关注的重点。

在中国出版史上,中文雕版的字体是以名家书写为底本,摹移至雕版之上,反向阳文雕刻,具有软体书法的风韵。一时流行的风格有欧(阳询)、柳(公权)、褚(遂良)、颜(真卿)诸体,元之后,赵(孟頫)体字得到大众的认可。一直至清代,赵体字依然占据雕版字体的大头。由于雕版生产工艺方式的特殊性,这些具有书法韵味的字体在制版过程中并没有改变外观。但是在进入近代之后,机械印刷的采用,对于字模的要求更具有模数化的要求。作为印刷字体是有一定的结构要求的,比如"内空间要大"⑤,要适于横竖排列等。叶德辉曾在《刻书分宋元字之始》一节详细讲述刻书中"宋字"与"元字"的源起与差异。总体来说,就是基于模数化倾向的分析。模数化尝试起源于宋代。"临安书棚本"宋体字带有"瘦金体"的影响,也有欧体字的影子,其特别之处是横竖笔画多了些刀气少了些笔意,起承转合上作了规范化的处理,因此有助于加快雕刻的速度。但这些字体还是不同于明以后的"匠体"。这种字形处理方式,对字波折进行直线化的处理,加强了横与竖的对比,结体扁平工整,表情硬朗,当时称"肤廓体",也有人错谓"宋体"。汪琬、薛熙刻《明文在·凡例》说:"古书具系能书之士各随其字体书之,无所谓宋字也。明季始有书工专写肤廓字样,谓之宋

---

① 中国印刷技术协会.中国印刷年鉴1982—1983[M].北京:印刷工业出版社,1984:239.

② 见民国内务部颁发的《聚珍仿字体执照》(出版复印件)。

③ 考工八咏:

一辨体:北宋刊书重书法,率更字体竞临摹。元人尚解崇松雪,变到朱明更不如。

二写样:敢将书韵比唐人,仿宋须求面目真。莫笑葫芦依样画,尽多复古诩翻新。

三琢坯:祸枣灾梨世所悯,偏教雕琢不知疲。黄杨丁厄非关闰,望重鸡林自有时。

四刻木:刀笔昔闻黄鲁直,而今弄笔不如刀。及锋一试昆吾利,非复儿童篆刻劳。

五模铜:指挥列缺作模范,天地洪炉万物铜。消息阴阳穷变化,始知人巧夺天工。

六铸铅:一生二复二生三,生化源流此际探。轧轧如闻弄机杼,不须食叶听春蚕。

七排字:二王真迹集千文,故事萧梁耳熟闻。今日聚珍传版本,个中甘苦判渊云。

八印书:墨花楮叶作团飞,机事机心莫厚非。比如法轮常转运,本来天地一璇玑。

④ 郑逸梅.南社社友事迹丁三在[G]//郑逸梅.郑逸梅选集:(第1卷).哈尔滨:黑龙江人民出版社,1991:96-97.

⑤ 罗树宝.排版知识问答[M].北京:印刷工业出版社,1987:105.

体。"①叶德辉认为，发展到当下，宋字的特征是"横轻竖重"，而"元字"则是"楷书圆美"，有天壤之别。这一见解也是一般士大夫所认同的。比如钱泳《履园丛话·艺能类》中"刻书"一则云："有明中叶，写书匠改为方笔，非颜非欧，已不成字。"但是鉴于清代模数化字体的普及，康熙十二年（1673年）敕廷臣补刊经厂本《文献通考》的序文中规定："此后刻书，凡方体均称宋体字，楷书均称软字。"②"宋体字"一名由此而来。

　　这种字体虽然便于镌刻，但是"好古者憾其不精审美"③，士人向往的是真正的"宋体"，即在宋代雕版常见的书法体。既然椠书者常以"仿宋体"称之，那么这些字体也就是"仿宋体"。那么宋代着善本中崇尚的是哪些字体呢？"藏书者贵宋刻，大都书写肥瘦有则，佳者绝有欧柳笔法，纸质莹洁，墨色青纯，为可爱尔。"④研制聚珍仿宋的丁善之曾提到："北宋刊本之以大小欧体字刻版者，为最适观。以其间架波磔，浓纤得中，而又充满。无跛歧肥矬之病，乃阅时既久。""板本之所以贵乎北宋者，非徒以其古也，其字体之端严、刊刻之精良，实为各种刊本之冠。"⑤这种字视觉效果好，又能体现中国书法的美感，相较于当下"仅为肤廓之宋体字一种""好古者遂有欧宋体字之倡导，非矫同，实反古也"⑥。"反古"是对书刊字体缺失的极好补充。

　　在"反古"的现象下，其实有更深一层的文化内涵。贺圣鼐说："欧美所用字体，形态百变，层出不穷，我倘墨守成成规，未免相形见绌。"⑦字模的研发还带有民族精神的勃发的含义。在士人看来，字模的研发也带有话语权力转移的隐在要求。叶德辉呼吁要改良字模，将之提到了"文化灭种"的高度，字模的操作，"其风气不操之于缙绅，而操之于营营衣食之辈"⑧，不只是技术力量转移的问题，也是文化下移的标志，因此字模的改进带有社会上层精英的文化意识。

　　进入20世纪，国人对于字体的研制已经拉开续幕。为了区分从"肤廓体"发展而来的"宋体"，国人赋予新字体以不同的称谓。但不论"仿宋体"还是"楷体"，实际上是基于软体字的进一步研制，是在书意的基础上加以模数化的考量，使其能够符合机械印刷之用。

---

①⑧　叶德辉.书林清话[M].上海：上海古籍出版社，2012：29.
②　　谢灼华.中国图书和图书馆史：修订版[M].武汉：武汉大学出版社，2005：138.
③⑦　贺圣鼐.近代印刷术·中国篇[M].赖彦于，贺圣鼐.近代印刷术.台北：商务印书馆股份有限公司，1973：9.
④　　明人张应文所写的《清密藏》。
⑤⑥　丁善之.丁善之论仿宋板[G]//徐珂.清稗类钞·鉴赏类.上海：商务印书馆，1918：141.

表1-2　国人研制的字体

仿宋体				
创制时间	研发单位（研发者）	字体	说明	评价
1901年	世界书局	宋体	未见详细资料	
1915年	商务印书馆（陶子鳞）	古体活字	仿《玉篇》制1号3号仿宋体	罗树宝:笔调呆板无神,字形大小不匀
1916年	庄有成	仿宋活字	不用照相,临摹宋椠	贺圣鼐:笔画粗细不一,未几即废
1916年	丁氏兄弟（丁辅之,丁善之）	聚珍版宋体	欧体活字	贺圣鼐:极为雅美
1919年	商务印书馆（韩佑之）	仿古活字	摹宋元刻本	贺圣鼐:停匀秀美、整齐雅观,排印善本,古色古香,妍妙无比。罗树宝:风格典雅古朴、版面秀美,自成一家,但笔画起落锋芒不足,横画过平,因而劲秀不足
1919年	商务印书馆	注音连接字	字母与汉字合制	贺圣鼐:非独排植迅速,校雠亦得便利
1927年	华丰铸字厂（朱义葆）	"真宋体"	1—6号、小4号七种仿宋	
1929—1930年	求古斋（朱友仁、周利生）	"摹宋体"		
1932年	百宋铸字厂	"北宋""南宋"		

续表

楷体				
创制时间	研发单位 （研发者）	字体	说明	评价
1922 年	华丰铸字厂	华丰正楷		
1909 年	商务印书馆 （钮君宜书， 徐锡祥刻）	楷体	2 号	贺圣鼐:极为精美
20 世纪 20 年代	商业印书房 （周焕斌、邹 根培等刻）	楷体		
1922 年	华丰铸字厂 （吴铁珊书， 巢 德 椿 等 刻）	华丰正楷	1—6 号	
1925 年	沈阳刻制魏 碑体风格	楷体	1—5 号	
1930 年	中华书局汉 文正楷（符 铁年、高云 塍书写，张 又新、朱永 寿等刻）	汉文欧体正 楷，汉文疏 体	头号至 5 号、新 5 号	
约 1938 年	华文正楷铜 模铸字股份 有 限 公 司 （陈坦履书、 周焕斌刻）	柳体华文正 楷		
20 世纪 30 年代	艺文书局	正楷		

续表

楷体				
创制时间	研发单位 （研发者）	字体	说明	评价
1935 年	汉云铸字厂 （高云塍书、 张开景刻）	正楷		
约 1940 年	艺文铸字厂	细文正楷		
1944 年	求古斋	正楷		

　　字模的研制，显然花费时日颇多，需要长期地补充字模。1930 年，张元济在给友人聂其杰复信中说，聂想重印《五灯会元》，想法甚好，而聂提出想用商务"仿古活字"排印，"弟查敝馆仿古一类甫在试制，缺模甚多，今若《五灯会元》分量颇重，悉用仿古排印，恐穷年累月不易观成。等以排印不惟费时，即校对亦极困难，不若改用善本影印，美观而又省事，易于告成"①。1930 年距开始研制"仿古活字"已有多年，其字模尚不能完全满足出版的需要，足见研制之艰辛。况且在市场的考验之下，有的字体获得成功，也有的不尽成功。仿宋体中，以聚珍仿宋体最为成功，此字体被日本名古屋的津田三省堂等引入，被称为"宋朝体"。另外上海华丰制模铸字所的真宋体也为大阪森川龙文堂引入，被为"龙宋体"。文岚簃创制的"仿古六朝宋体"也有不俗的市场业绩。不太成功的有 1915 年的"仿古活字"，笔调呆板无神，字形大小不匀②；1919 年"古体活字"，风格典雅古朴、版面秀美，自成一家，但笔画起落锋芒不足，横画过平，因而劲秀不足③。字形虽然美观，但因不符合版面的结构要求，仍然得不到市场的承认。楷体中，使用最广泛是华文铸字厂陈坦履书写、周焕斌刻制的柳体正楷，而输出日本的则有汉文正楷。楷体字创研虽多，但市场使用实例偏少。

　　字模研制中，均以宋版书为圭臬。20 世纪 10 年代以后的方头体、隶体等字体的开发，对字模的类型补充有益，在实际使用中也匹配了西文无衬线体的形态要求。无饰线体的确认，是西方近代平面设计的一大成就。在之前，如何将西方的字体与中文字体进行匹配，也是一个不断探索的过程。

---

　　①　张元济.张元济全集：第三卷：书信［M］.北京：商务印书馆，2007：10.
　　②③　罗树宝.排版知识问答［M］.北京：印刷工业出版社，1987：1198.

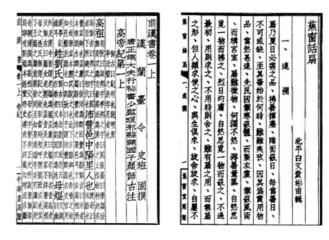

图 1 – 15　中华书局"聚珍仿宋"与文岚簃"仿古六朝宋体"

3. 汉文正楷与家国情感

如果说审美意识是国人开展字模研制的传统动力,那么家国情感则在民族与国家的层面上赋予字体以意识形态上的意义①。

1927 年包括郑午昌在内的几位书画家组织成立了蜜蜂画社,拟出版《蜜蜂画报》,欲以正楷字排印。几番寻找,找到有正楷字模的英商美灵登印刷厂,但因为排印事宜与印刷厂屡起摩擦,后者甚谓画报编排太过烦琐,如想用正楷,不如"自己去做一副"。此语激怒了时任中华书局美术部主任的郑午昌,他遂计划自行创制正楷字体,并与书局老板陆费逵商议。但陆费逵以经费已有他用之故,婉言回复"暂缓办理"。郑午昌遂与友人筹金招股,于 1929 年开始筹备,首次集股金 5 万元,1932 年成立汉文正楷印书局,后资金增至 20 万元。1933 年 9 月字模创制完成。汉文正楷印书局的主要业务就是出售铅字模,并出版书籍②。

1934 年,蒋介石发起"新生活运动"。1935 年 1 月 29 日,郑午昌以汉文正楷印书局经理的名义给蒋介石写了一封呈请信,恳请重视正楷的使用。此两者何以能顺接成一体呢?

自 20 世纪 20 年代开始的"中国本位文化"至 30 年代的"新生活运动",是政治一元化价值系统的两个层面,是当时国民党党制的表现。但

---

① 周博. 字体家国——汉文正楷与现代中文字体设计中的民族国家意识[J]. 美术研究,2013(1):116 – 127.

② 吴铁声,郑孝逸. 郑午昌与汉文正楷[G]//上海市出版工作者协会《出版史料》编辑组.出版史料:第一辑. 上海:学林出版社,1982:134 – 136.

在这种社会氛围下,传统主义很容易被纳入政治化的话语之中。1934 年蒋介石宣布"新生活运动"开始之后两个月,国民党中央宣传委员会第1034 号公函载蒋介石之训谕:"各种书刊封面,报纸题字标语等,概不准用立体阴阳花色字体及外国文,而于文中中国问题,更不得用西历年号,以重民族意识。"①第二天,蒋介石又部分修改了自己的谕令,"出版物封面禁用洋文年号事,并非手令全国遵办"。这一出于强化思想文化控制目的以绑架出版的做法过于草率而无实际上的成效。

但是郑午昌的呈请信却将字体的使用提高到民族国家建设的高度。首先,呈请信对孙中山《建国方略》中有关印刷工业的部分给予肯定,强调印刷字体的重要性。接着,他回顾了中国汉字发展的历史,指出楷体是中国文化最重要的书体。特别是唐代所谓"身、言、书、判"四法,即是以书择士的确证,使得字体书写与政治挂钩。入仕者长于书,而这一传统,至清"馆阁体"则发挥至极致。其次,郑分析了印刷体"老宋体"的由来与口味的低下。他笔锋一转,谈到"老宋体"的本质是日本文化入侵,以至我国之优秀文字不能得到体现。接下来他谈到了自己创制"汉文正楷活字版"的经过:"午昌有感于斯,不揣绵薄,筹得巨款,选定最通用、最美观、最正当,又为我国标准的正楷书体,聘请名手制造活版铜模,定名为'汉文正楷活字版'。"接着将字体的改革提高到民族自尊自强以及国家存亡的高度。"近世,外来文字日多,国人多有不重视我国固有之文字矣。为普通印刷工具之老宋体,又为日人所制,与日人自用者同体,谬种流传,感官混摇,其有危害于我国文化生命及民族精神之前途,宁可设想。"呈请信进一步提出"共利用之的"的目的是将字体作为标准字体扩展于印刷书刊之上,并牵强地将之与民族精神统一、国家统一结合在一起。

这一呈请信使得蒋介石"心有戚戚"。因为在政权不稳、内乱频起、东北沦陷的时局之下,蒋介石认为当务之急是要重振民族之固有文化,崇尚民族之固有美德。郑午昌在呈请信中所体现的家国情怀与当时的国情有高度的契合度,因此字体这一"微事物"能够上升到国家与民族的高度。

郑午昌的呈请信也反映出家国情怀后的商业目的。在近代中国工商企业发展中,"民族化"是企业生存的护身符。商务印书馆因为招纳日资而倍受非议,即便是清退日资后仍不断受到猜疑。而中华书局在与商

---

① 胡适. 胡适日记全编:6(1931—1937)[M]. 曹伯言,整理. 合肥:安徽教育出版社,2001:362.

务印书馆的明争暗斗中，屡以"完全国货"作其响当当的广告，博市场眼球，关于这一点，作为中华书局美术部主任的郑午昌当然不会不清楚。1930 年，中华书局将北平文岚簃印书馆告上法庭，认为文岚簃印书馆的"仿古六朝宋体"与中华书局的"聚珍仿宋体"外观相近，后者侵犯了前者的著作权。这一诉案背后也有中华书局希冀借助专利，垄断仿宋字模出售市场的想法。郑午昌也很清楚这一点。他创制正楷，所筹金额之巨，也是有目共睹。统一字体的呈请若能实现，通过行政权力的认可与保护，自然可以达到他的经济目的，最次也可以达到宣传的作用。1935 年第 6 期《国画月刊》刊登的一则有关汉文正楷的广告中说："廿四年春，先后在南京、杭州等处成立分店，一面增设制模工场，添购最新印机谋生产，质量之精进、业务之盛，正如旭日初升，于我国文化界不久当更有一番伟大贡献也！"自信之情盈于纸上。

自 20 世纪始，国人创制的字模，总体上都是书法软体，1915 年商务印书馆创制的仿宋，也带有明显的楷意。后来成功的仿宋体，所摹写的是纤巧清丽的柳体与欧体，而楷体则向圆润丰满一路发展。商业的正楷，已有明显的颜体模样；而汉文正楷请符铁年、高云塍书字，更接近"馆阁体"。洪亮吉在《江北诗话》一书说："今楷书之匀圆丰满者，谓之'馆阁体'，类皆千手雷同。"可见清代文人对千人一面的"馆阁体"的评价并不高，但"馆阁体"讲究黑、密、方、紧，是楷体走向规范化的标志。汉文正楷用"馆阁体"有其美学方面的考虑，也是对其主流地位的理解。

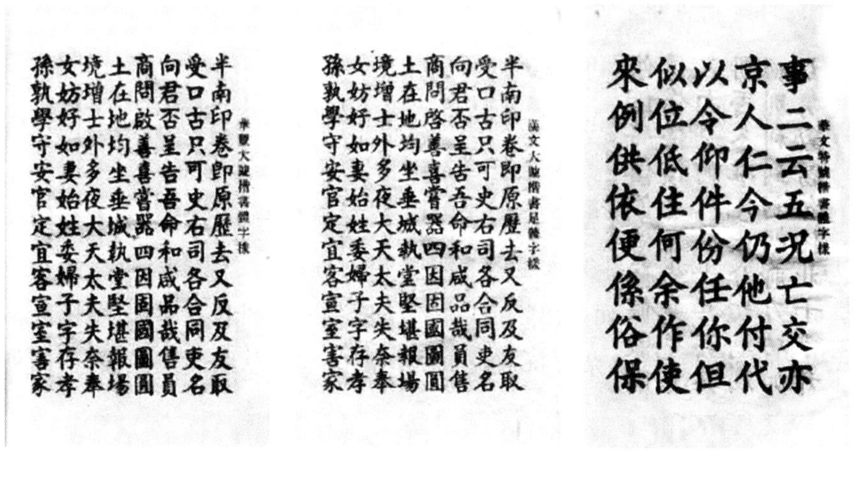

图 1-16　左起：华丰正楷、汉文正楷、华文正楷

二、版面的横排

1. 早期的横排实践

1900 年作新社出版的书籍中就有横式编排,只不过影响不大。相对于标点的使用,横排是另外一个具有挑战性的工作,其情况更为复杂。方正的字体,适于横排与竖排,但实际上排字工人没有掌握行空的距离,使得字模的排列形成矩阵,横竖一致的空间间隔使阅读方向颇为模糊,见图 1 – 17 所示。

图 1 – 17　1904 年严复《英文训估》的版面

20 世纪 10 年代,横排被看作是新文化运动的视觉表征,因此引起社会的重视。1915 年是新文化兴起的元年,有两本刊物出版,一是《科学》,二是《新青年》。

2.《科学》《新青年》版面的横排

《科学》的出版,是由留美学生所发起。当时留洋学子者认为国内的出版界太沉闷。远在美国的任鸿隽认为国内几乎无书可读。由于大型出版机构都执于教材与工具书的出版,没有顾及一般普及性的大众知识读物。《科学》的外部突入也就有着恰当的理由。《科学》的横排,并不是编辑的异想天开,而是出于杂志排版的方便①。因刊物横排,故稿纸格式也为特用之稿纸。杂志特别说明:"国内向本刊总经理朱少屏启、国外

---

①　赵春祥. 现代科学的播种者——《科学》杂志[G]//宋原放. 中国出版史料现代部分第一卷:上. 济南:山东教育出版社,2001:420–437.
　　《科学》第一期在例言中说明:"旁行上左,兼用西文句读点乙,以便插写算术物理化学诸方程公式。非故好新奇,读者谅之。"

向编辑部杨铨联系。不及待稿纸者,试用阔九英寸长十四英寸,横行二十二行,每排二十三字。"这也是基本的版面样式。

由于学科的关系,《科学》的版面更新一般为人所忽视,1916 年胡适为响应"科学"的横排,发表了《论句读及文字符号》一文,强调了符号有三大作用:意义确定、文法关系及普及教育①。这也是其后来在《新青年》中标点实践的理论出发点。

《新青年》②一般被认为是文学革命元典式的作品。《新青年》经历三个发展时期:上海时代、北京时代与南下时代,从乡籍地缘性的杂志发展到同人杂志最后为党派杂志③。性质的变化,并没有在形态上留下过多的痕迹④。刊物开始并没有像中期那样占据言论的制高点,也没有像后期那样有明显政党杂志的表征,基本上还算是青年励志的杂志。

《新青年》改革后,在内文版面上是以对页为一个单位来设计的,左右页分列篇名与刊名,卷期号加括号放于刊名之下,下侧列页码,提示从属的关系。首字加以修饰是广告文字的做法,在《新青年》之前刊物内文如此还未多见。为解决中英文混排的问题,刊物采用了两种解决方案:一种是将上下版块进行分割,一个版块排中文,仍左上起竖排,另一个版

---

① 参见:胡适.论句读及文字符号[J].上海:科学,1915,1(6).
② 《新青年》一开始只是一个低成本运作的杂志,内文仅 100 页,以四号字排列,没有卷首插图、定价。我们可以用几乎同时创刊的中华书局的《大中华》相比,《大中华》以梁启超的发刊辞与文章《吾今后所以报国者》为重头戏,顺利地将杂志承续在由《时务报》开创的正统政论刊物体系之中。重要的还有"先生订三年契约主持撰述"的字样,先声夺人的宣传攻势以及梁启超的金字招牌为其打开市场起到关键的作用。从其形式来看,内文 208 页,前插图四面八页,内有 33 张插图,定价四角。同时期的《东方杂志》,后期内文有 160 页,铜版插图四帧以上,正文以五号排列,内容丰富。相比之下,《新青年》显得寒酸得多。在市场竞争环境之下,主编的名望是出版机构是最为看中的条件之一,其时的陈独秀自然没有梁启超的号召力大。《新青年》转折的契机发生在 1917 年下半年,陈独秀应蔡文培之请任北京大学文科长,由此《新青年》才得以复刊,并开始了媒介与公众话语权力中心的挂钩。如英尼斯《商国与传媒》中说:"知识的垄断是由出版公司在一定程度上同大学合作建立起来的。"新的权力是被出版与现代知识分子的权力欲望激活所塑造出来的。陈独秀对社会的关注始终保持着敏锐性,杂志言说的切入点是对孔教的清算。1915 年袁世凯对孔教的恢复,引起诸多杂志的争论。陈独秀先写下了《有鬼质疑》等文,充满清新、刚健的气息。如果说杂志的立意是对青年的修养而言,但陈独秀故作惊人的语气,咄咄逼人的气势,趋向于塑成青年导师的形象,后被人评为"新青年颇有以理论领袖自居"(《新人》)。
③ 傅斯年说:"《新青年》可以分作三个时期看……从《新青年》中看陈君之贡献与变迁是很明了的。"
④ 张宝明撰写的《多维视野下的〈新青年〉研究》(商务印书馆,2007)、《革命与反革命》对陈独秀的办刊目的做了研究,一种认为陈在创刊时就有远大的志向,一种认为陈主要为生计谋。

块排英文,右上起横排,如第一期《青年论》的排式;第二种方式是左右板块分割,一面中左右各依惯例排中英文,如第一期的《妇人观》即是。1918年之后,中英文分置两面,各依惯例,如刘半农所译《我行雪中》即如是。

这种视觉割裂的方法引起同仁的不满。钱玄同致信陈独秀:"右相并,而非上下相重。试立室中,横视左右,甚为省力,若纵视上下,则一仰一俯,颇为费力……我极希望今后新教科书从小学起,一律改用横写,不必专限于算学、理化、唱歌教本也。"①《新青年》第3卷第5号中,钱玄同再次致信陈独秀,"改右行横迤"。陈独秀对于钱玄同的意见尽管表示"样样赞同""极以为然",但是横排一事却得不到落实。1919年,横式问题仍未实现。陈望道质问编辑:"譬如文字当横行,这已有试验心理学明明白白的昭告我们,诸子却仍纵书中文,使与横书西文错开。"②而同样呼吁文本横排、此时却做主《新青年》编辑的钱玄同这样做答:"像那横行问题,我个人的意见,以横行必较直行为好……只因印刷方面发生许多困难的交涉,所以一时尚改不成,将来总是要想法的。"③只是这想法一直没有实施。钱玄同所说确是实情。1921《小说月报》改版,但版面上却依然采用竖排。而面对读者黄祖欣的质问,沈雁冰只好如此答复:"横行因与排版人熟练是否有点关系,一时未便改为横行。"④

横排绝不是编辑心意可以决定,技术的局限也导致横排愿望的不易实施。排版工人确实不熟悉横式编排,当时的出版物中,竖排是习惯的排式,要找到横排的印刷厂不易。

3. 创造社系列书刊的横排

创造社被称为"为艺术而艺术"的文学团体。在其团队创建之前,文学研究会的作品已与商务印书馆达成了出版的意向,在国内产生了较广泛的影响。对此留学在日的创造社成员感到时不我待的紧迫性。为了树立团队的形象,他们在文学主张上与文学研究会"为生活而艺术"的提法拉开距离,在视觉上有也意标新。横排是其版面策略之一。

陶晶孙回忆,《创造月刊》是从第二期开始横排的,起因是其作了《湘累之歌》的曲子,由于曲子编排的情况,所以全文排成横排。"从这个动

---

① 参见:通信·钱玄同与陈独秀[J].北京:新青年,1917,3(3).
②③ 参见:陈望道.横行与标点[J].北京:新青年,1919,6(1).
④ 参见:李频.期刊横排的早期改革——中国期刊史札记之二[J].出版科学,1996(2).

机,《创造》全本变为横排,我画了几张木刻图。""我有一个小小高兴,其实那不值钱,重要的是中国文艺杂志成为横写的是以这第二期为初次。沫若说把第一期再版时也要改为横排,但我还没有看见。"①第二期《编辑余谈》中说:"至于印刷方面,我觉得横行要便利而优美些,所以自本期始,以后拟一律横排;第一期不久也要改版,以求画一。"但横排在实践中也受到了许多挫折。杂志一开始在标题的留空上排得过满,有的版面还出现了超版心,或者开天窗的情形。同时,由于横排改变了劳动习惯,工作效率也大大降低了。

　　翻阅早期的刊物记录可发现,刊物衍期的情形非常严重,像《月月小说》衍期达几个月之久,而《科学》因为找不到合适的排版机构,险些面临停刊的局面,编辑也为此在刊物上反复致歉。出版的衍期、质量低下,凡此种种,使得编辑者与排版印刷者之间产生不快。印刷厂的内部突发事件会使得出版不能如期进行。比如创造社接受泰东书局的条件,在《中华新报》印刷厂出版《创造周报》,但是印刷厂的工人由于经济问题发泄愤怒,竟然把创造社的版子涂抹了。创造社社员成仿吾控诉道:"我们忍着泪恢复了泰东书局的计划,承认了为《中华新报》创造我们第三个爱儿。然而我的不时地奔走,我的彻夜校对的努力,毕竟不能在冷酷的恶浊的环境内使我们的爱儿好好生长,《中华新报》的无诚意,报馆干部的弱待工人,致使愚昧的工人为发泄他们的反抗,无端涂毁了我们的周报。"②虽然这一段话可以从多种角度阐释,但它告诉我们一个事实就是形态设计的传递未必顺畅,这其中包括编辑不能掌控的技术原因。横行的艰难,实质上是设计与技术实现间的矛盾。在机械印刷引入中国的过程中,设计的发展超过了技术发展,使得技术力量应对不及。近代的出版生产,是知识的生产,对技术的要求超过雕版时代图像的生产,这些问题不是编辑一人能够解决的。在近代的出版产过程,可以明显看出知识分子与技术部门或机构打交道的程度更多了,创造社的成仿吾、叶灵凤等需要跑印刷厂、鲁迅为《语丝》刊物与北新社文稿要跑印刷厂、叶浅予为《上海画报》跑印刷厂,张光宇为《万象》跑印刷厂,赵家璧为《良友》文丛也要跑印刷厂。对技术的了解和掌握已成为近代编辑的一种基本的技能。

---

① 　陶晶孙. 牛骨集[M]. 上海:太平书局,1944:38.
② 　成仿吾. 一年的回顾[J]. 上海:创造周报,1924(52):10－13.

4. 鲁迅的横排实践

20 世纪 20 年代末到 30 年代,鲁迅在指点北新书局的装帧实践时,对横排进行了设计,使标点与横排的版面更加美观。这一时期,他主持出版一系列的刊物,如《朝花》旬刊、《奔流》《文艺研究》《萌芽月刊》《译文》与《海燕》,却采用了横排的方法,并进行了版面美化的实践。并且鲁迅还就版面的美观提出了种种可行的方案。

三、标点的使用

1. 早期对现代标点使用的抑制

翻译事业兴起之后,西式标点符号陆续出现在中国书刊之上。1904年,严复出版《英文训诂》一书,即采用了横排与西式标点。早期的文学类刊物中,西式标点符号的使用也在增多。1907 年,《小说林》中的标点除了国人常见的"。"","外,"?""!""……"①也被适量地运用起来,《月月小说》《小说林》中也出现标点,配合语气表达。但并不是所有作者都能接受西来的符号,吴趼人对此极端反感,他发表意见说:"吾尝言,吾国文字,实可以豪于五洲万国,以吾国之文字大大备,为他国所不及也。彼外人文词中间用符号者,其文词不备之故也。如疑问之词,吾国有'欤''耶''哉''乎'等字,一施之于词句之间,读者自了然于心目;文字之高深者,且可置之而勿用。……等不可解之怪物,纵横满纸,甚至于非译本之中,亦假用之,以为不若是,不足以见其长也者。"②对运用西式标点符号采取抵制的态度。

2. 现代标点的使用尝试

对于当时的知识分子来说,搞懂西方标点也不是件容易的事。周氏兄弟在《域外小说集》(1909 年)中同样面临这样的问题。为了方便读者,他们在刊物中进行了解释。一些符号如"'!'表大声,'?'表问难,近已习见,不俟诠释"。此外,周氏兄弟要郑重其事介绍的是:"有虚线以表语不尽,或语中辍。有直线以表略停顿,或在句之上下,则为用同于括弧。"③用文言以及白话的方式来进行翻译,白话中突然出现文言的发语

---

① 参见《小说林》1907 年第 3 期《魔海》的标点。

② 吴趼人. 弁言[G]//佚名. 中国侦探案. 上海:广智书局,1906:弁言.

③ 周树人. 域外小说集[M]. 东京:[出版者不详],1909:略例.

词是不可想象的,而运用西式标点,则能用符号来体现情感,补济语词的不足。

《科学》与《新青年》在1915年亮相登场。《科学》月刊在形态上有两点令人注意,除开启用横排形式的样式外,还采用了新式标点12种①,比当时的西方标点还多了两种。为此,刊物说明:"第一期中旁行上左,兼用西文句读点乙,以便插写算术物理化学诸方程公式。非故好新奇,读者谅之。"②说明主办者已经明确意识到这种做法与中国读者的视觉要求相去甚远,但是不得已而为之。这样,《科学》的基本版面为横行22行,每排23字,正文间空1/4行格,字间距较疏,行间距更大,标点挤行格内,不占符空,但是版面很不美观。

《新青年》的作者群体均较为统一,对待标点的态度较为一致,从1916年9月第二卷使用正规的句读符号。钱玄同与陈独秀多次通信讲标点的使用。自1918年1月15日出版的第4卷第1号起,刊物采用了标点,但是在标点的使用以及行款的方式上却颇有差异。具体来看,高一涵、钱玄同、陶履恭、刘半农、周作人的首字高低不同,标点表现也不同。相比之下,胡适的标点用得较多,而周作人、陈独秀、傅斯年等使用标点较少。行款的不同,似乎也能说作者对于原创以及引用态度的不同。钱玄同在1919年12月出版的《新青年》第7卷第1号中发表了《本志所有标点符号和行款的说明》,明确了13种标点符号的使用规范,还包括了几种强调符号如"波线"的运用方法,将"波线"(〰〰〰)运用在字的右旁,"直线"(——)标明一切私名,"波线"标明书刊名。此外,陈望道、高元等也发文进行标点使用的讨论。1919年,《请颁行新式标点符号议案》(修正案)经胡适的最后定夺,呈交给国语统一筹备委员会第一次大会。议案将符号规约为点号与标号,除对标点符号的使用做出说明之外,提案的《附则》具有实际的操作意义③。《议案》所涉用法,加之对于私名号的解说以及对书名号的解说④等将标点使用讲得非常具体。北洋政府教育部1920年2月的第53号"训令"批准这一议案。国家教育部门颁布的文件,确定了西式标点使用的合法性与主流地位,使新文化

①　赵春祥.现代科学的播种者——《科学》杂志[G]//中国出版史料现代部分第一卷(上).济南:山东教育出版社,2001:420-437.

②　佚名.例言[J].科学,1915,1(1):2.

③④　胡适.胡适文存:第一集[M],北京:首都经济贸易大学出版社,2013:82.

运动推动者的自信心大大增强。即便在市场上并没有取得优势,但却占据了舆论制高点。

3. 标点成为新文化出版的生意

不仅如此,标点对于出版来说,也成为一样生意。纵观 20 世纪前期,标点本的古籍整理是一件不错的生意。早期的亚东图书馆就有汪原放标点的《水浒》《儒林外史》《红楼梦》等。汪原放虽无很高的学问,但标点这一举措本身得到了新文化运动推动者的肯定,陈独秀和胡适分别为《水浒》作《水浒新叙》和《水浒传考证》。鲁迅也称赞汪原放的"标点和校正小说,虽然不免小谬误,但大体是有功于作者和读者的"①。

亚东图书馆之后,许多出版机构也仿照做起标点本来。时还书局许啸天的《标点白话西厢》,也有不俗的业绩,甚至时还书局还因为群学社等出版机构盗用标点本而与其打过官司。泰东图书局有吴齐仁标点的《老残游记》、黄济惠标点的《儿女英雄传》,商务印书馆的宋人话本,文明书局的《红楼梦》《三国演义》等,都成为畅销书。

4. 标点使用与否是新旧文化刊物的区分标志

20 世纪 20 年代,标点的使用与否成为新、旧知识分子划分的标志。张舍我喻"礼拜六"派为"不用新式圈点的小说作者"即是如此。这些没有接受过新式学堂教育的旧式知识分子在 20 世纪 20 年代之后还不太会使用新式标点。《小说月报》在进行新旧文化交替组稿的几期中,标点的使用五花八门,但新、旧知识分子的身份基本上泾渭分明,除了周瘦鹃等几个为数不多的旧式作者,大多旧式知识分子仍采用旧式点句符号。尽管通俗刊物《半月》在组稿时奉告作者,尽量采用新式标点,但实际上,一些老作者还是没有掌握标点的用法。

尽管标点作为符号有着文化身份认定的功能,但在实际使用中还是遇上技术瓶颈。标点的占位多少、标点的位置,都没有一个合适的说明。标点使用的复杂程度,也是设计者们不能预想的。胡适在《议案》中提出标点单侧排,但在实际操作中,仍然多采用双侧排。即使在竖排中,也仍使用正文内不排标点符号,把各种标点符号排在正文的两侧的做法。直到 20 世纪 30 年代,标点置于文中的做法才慢慢盛行起来,而书名号与私号还是双侧排列。早期的标点样式也不统一。如《创造》季刊中的

---

① 鲁迅. 古典小说的标点[N]. 晨报,1924 – 01 – 24(副刊).

"。"点成".",即是一例。

横排中标点的问题更多。《科学》采用横式排列,是不得已而为之,看其版面标点的占位,早期要么紧贴文字,不占位,如读号;要么占到一个字符大小,且居中排列,如句号。创造社的横排是自觉,但早期的出版物《创造》,文字横行,标点占位有时是一个字符,有时又紧随正文;稍后的《创造周刊》与《洪水》,虽然统一了占位的大小,但句号不仅横向居中,且纵向居中,飘浮在空中一般,后来才改为下齐左贴文字,占一个字符,视觉感觉才变得稍好一些。

在标点使用形态的探索过程中,鲁迅的贡献不可抹杀。在新潮社(后来的北新书局)负责人许小峰以及良友编辑赵家璧等人的回忆中,鲁迅总是在实践中提出可行的方案。他在新潮社的一系列文学作品的版式中,对标点符号的使用与版面进行了整体思考,提出了建议:"凡文学作品,不论创作或翻译,都是每页十二行,每行三十字,字与字之间都嵌四开;非文学作品,如《中国小说史》《结婚的爱》等,则是每页十二行,每行三十六字,字与字之间不加空铅;但标点符号放在字的下面,占一个字地位,则是各书一律的。"①把各种标点符号排在正文的下方,占一个字符的位置。而把书名线、专号名等排在左侧。书名与人名用五号二分的细直线与细曲线来表示。表示人名时,尽量不接线排。

20 世纪 20 年代后期,鲁迅尝试横向的版式,根据实际情况对横行格式也进行了规范:"书的每行的头上,倘是圈(。)、点(,)、虚线(……)、括弧的下半的时候,是很不好看的。我先前做校对人的那时,想了一种方法,就是在上一行里,分嵌四个四开,那末,就有一个字挤到下一行去,好看得多了。"②正文用五号,标点符用五号二分,为了保持文本的齐行,文中必须嵌入空符来撑空格,使标点符号的嵌入显得美观。

另外,标点符号还有行首禁则,这也是经过鲁迅的精心安排才形成的。这些标点符号的使用,成为后来出版的规范,这足以说明鲁迅眼光的敏锐以及审美的能力。标点成为版面的元素,这一元素的特殊性在于它经历了现代性的转变,从观念的更新到操作层面的更新,既无范式可寻,只能通过实践经验总结得出。

---

① 孙福熙.秃笔淡墨写在破烂的茅纸上[J].北新周刊,1926(4):1 – 13.
② 鲁迅.致赵家璧信[G]//鲁迅文集全编委员会.鲁迅文集全编.北京:国际文化出版公司,1995:2234.

四、图片的使用种类与使用变迁

图片是近代书刊面目最为丰富的结构元素。按结构,可以分成封面图片与内页图片。

在近代书刊中,内页的插图早期是木雕刻与铅活字的统版。现代印刷技术盛行之后,多用锌版铜版印刷,前者能够表现出线条,后者能够表现出灰度的层次。印刷技术的高低对版面的美观影响很大。鲁迅曾说印刷技术太差,画的线条都会消失。他用比喻的说法,把印刷技术差,线条印刷不出比做是文法不通。文学家不能容忍句子的语法错误,艺术家就不能容忍印刷对图像的改变。

封面图片一般彩色印刷。印刷的好坏决定了图像品质的高低,也决定了最后的视觉效果。美观的图片,特别是封面会引起读者的关注,增加读物的吸引力,这点已成为共识。从技术角度来考察,值得记述的有如下几种印刷图片,它们也代表了近代书刊形态的进步。

1. 单色石版印刷图片

石版技术传入国内后,与此技术相匹配的是“前现代的线条图像”。《点石斋画报》线条图的印刷即是如此。当时照相技术已经被发明,但是大量复制还需要利用版画技术。《点石斋画报》虽是新闻图片,但也有不少图片是绘者依据新闻文字想象绘制而成的。在图中可见密集的排笔来模拟阴影的色块。20世纪初的“四大小说”封面用色除《绣像小说》之外都较简单。印刷技术的限制反过来要求图案构图简单,色块明晰。

2. 多色石版印刷图片

20世纪初期,通俗刊物上彩色图片的使用逐渐渐多,色彩的复原性已经较强。20世纪10年代时,刊物封面使用的石印技术品质已经很高,即便一个多世纪之后,色彩依然浓郁。

一般来说,通俗刊物注意到了色彩对读者的视觉吸引力,因此在封面设计中力求以高品质的制版与印刷来达到赏心悦目的观看效果。1914年,《礼拜六》创刊,第一期、第二期“本馆启事”中说:“本馆已请海上诸名画家绘水彩仕女画多幅,发交石印部赶制精版以应本书封面之用,阅者诸君当于第三期得见娇艳玲珑之女郎耀耀纸上俾。”[①]这里采取

---

① 佚名.本馆启事[J].礼拜六,1914(1-2):启事.

的就是多色石印技术。石印彩色精印,需要将原作进行分色,原理已与铜版制版相近,需要反复修版。20世纪20年代勤奋的商业设计师杭穉英,也在制版与印刷技术上下过功夫,他不仅绘画,还会修改石印稿。有人戏称,他不在工作室,就在印刷厂。

有研究者注意到新文化的书刊封面图像一般多用三色石印制版,色块简洁,这也形成了新文艺的封面特色。其实除了艺术的特殊追求外,成本的限制也是其中一个很重要的原因。

钱君匋回忆开明书局的章锡琛运用印刷的技术特征来进行简单设计的过程:章为了设计一个血滴飞溅的封面效果,没有进行层层的色彩涂抹,而是在一张白纸上点了几滴墨水,形成飞溅的效果,制版时利用反转效果,在底纹上印成红色,水滴印成暗红色,封面效果非常好。这是熟悉印刷技术的人员才能想出来的方法。

3. 铜版精印图片

铜版制版彩印,当时称为三色精印、三色版。这是一种比较昂贵的印刷技术,因此早期能够使用这种技术的出版物并不多。1910年《小说月报》第1期刊出"南洋劝业会图"使用三色版印刷,是较早运用铜版制版印刷的刊物。同一时期值得一提的还有《真相画报》,也是利用铜版印刷,将色彩的层次变化更加细腻地进行反映,在真实性上更加可观。

1925年《良友》画报创刊后,封面画的色彩表现令出版者大费周章。画报企图真实反映出都市文化中的女性形象,因此在脸部阴影刻画、细饰细节上都需要让读者信服。开始几期的仕女图采用石版精印。但即便是画家的水平再高,其脸部也不能十分真实。为了有更加真实的感觉,《良友》一度使用石版制彩色边框,在框中帖入专色的照片图像。这样虽然照片底版不大,但进行专色印刷后有一定的色彩,再加上彩色边框,能够实现彩色效果与人物的真实表现。但是《良友》并不满意,之后采取的措施是将模特的照片拍摄完毕后放大,由美术编辑梁雪清进行上色处理,然后对上了色的图片再进行分色,最后进行精印。这样,图片能够被真实地放大,同时具有彩色的外观。这一方法在20世纪20年代末至30年代初的《良友》刊物上一直被使用。但是仔细观看,人物脸部的阴影表现仍然不自然,因为灰度的阴影调子与彩色的阴影调子并不一致。

4. 彩色照相铜版精印

彩色照片的使用方便了制版,制版可以根据彩色照片进行分色制版再印刷,从而使得封面的色彩表现力大大加强。1925 年,《东方杂志》刊登启事说:"本杂志从今年起拟改良插图,用三色版及影写凹版印刷,……照片以及名人肖像;时事照片,奇异风俗及风景古迹、古物摄影(以希腊为限)最为合用。"接着,它刊登了一张内容是埃及出土的 3500 年前的艺术文物情况的彩色照片。这是中国报刊上刊登的第一张彩色照片[①]。

20 世纪 20 年代末,彩色照相技术的使用频率增大。1929 年创刊的《文华》依借了上海文华美术图书印刷有限公司[②]的印刷力量。《文华》为 8 开本,封面色彩丰富,制版主任为鹿文波[③]。鹿文波被称为"中国彩铜制版第一人",《文华》的封面制版由他负责。

三一印刷公司[④]也是一家大型印刷公司。公司在 1934 年推出的《美术生活》,封面与封底均以三色版精印。内文中的彩页以彩色精印插图贴入,这样总的彩页占到全刊的 1/4[⑤]。

20 世纪 30 年代上海画报还有两大系统,一个是广东人的《良友》系统,一个是上海本地人的《时代》系统。这两家大出版公司都采用了先进印刷技术,以出版大型画报为主业。

5. 影写版的运用

当时大型画报的出版多与优良的印刷技术相关。当时代表印刷最高技术的照相凹版(也就是影写版),为写实照片的印刷提供了条件。影

---

① 方汉奇. 中国新闻学之最[M]. 北京:新华出版社,2005:323.

② 文华美术图书公司,资料不多见。朱联保《近现代上海出版业印象记》记在广东路近河南路口,朝南门面,系陆步洲所办。1929 年《文华》第 4 期《文华公司历略》中记述公司创于民国十六年(1927)年 4 月,开始资本 3000 元,仅开展印刷业务。经理陆步洲与股东赵叔安在第二年购进德国的版影印机,进行一至四色的制片印刷。因为烟草工业的发展要印刷小画片,带动了公司业务。
1933 年《文华》35 期有过文华美术图书印刷公司的广告,称本公司于民国十八年(1929)在周家嘴路保定路口购置地基建造三层厂房并职工宿舍,内分总务、出版、编辑、图书、照相、制版、印刷、排版、浇铸、雕刻、彩印、落石、装订等科,并附设文华读者会,另设发行所于棋盘街五马路口,次第设分发行所于首都平津广州汕头等处,渐拟遍及全国并推及国外。文华的彩印机是 MONOPOL 复色铅版印刷机,铅印机是德国凤凰牌双转铅印机,技术水平相当不弱。

③ 鹿文波(1901—1980),原名鹿海林。中国彩铜制版专家。年轻时去日本学习制版技术,回国后先后在有正书局、文化印刷公司任制版工作。新中国成立后进入故宫博物院印刷厂。

④ 三一印刷公司,1928 年金有成集资成立于上海虹口昆明路 979 号,凭借全张胶印机以及全张的设备,在广告画处印刷中颇有成绩。1932 年聘柳溥庆为公司技师长以管理印刷事宜。1934 年,在柳的建议下创办《美术生活》画报。

⑤ 徐志放,熊凤鸣. 美术生活和三一印刷公司[J]. 出版博物馆. 2008(1):83 - 85.

写版可以印刷 20 万册以上而不影响版子,因此可进行大量的画报印刷①。上海第一套影写版设备是商务印书馆于 1923 年购买的,用于印刷《东方杂志》的插图。黄天鹏在《五十年来之画报》一文中说:"中国画报最盛的时候,欧美影写版已很通行,上海最初用影写版的是商务印书馆《东方杂志》等的插图画报。单独发行的《环球画报》,于民国十八年(1929)创刊,因用纸粗劣,内容平弱,销路不大,不曾引起国人的注意。后来因经济不能维持,出版数期后就停刊了。此后《申报》增刊画报,也采用影写版,较《图画时报》又另有一种精彩,才受到普遍读者的欣赏。《时事新报》新闻也起而争胜,各出画报……"②

图像出版不发达的时代,此技术的优越性尚未体现。《良友》因为印刷的脱节与质量不精,甚为忧虑。直到 1930 年,《良友》第 45 期开始使用影写版印刷画报,这是影写版用于印刷画报之始,且效果良好,图像精致清晰,印刷速度也提高了。

图 1 - 18　《文华》杂志上印刷机广告

1931 年,邵洵美以 5 万美元的高价向上海德商泰来洋行定购德国郁海纳堡厂的全套影写版设备,成立了时代印刷厂。"一·二八事变"发生后,印刷事宜暂时搁浅。1932 年,时代印刷公司成立,1932 年夏《时代》2 卷第 7 期出版,第 12 期刊出广告,宣布时代印刷公司在 1932 年 9 月 1 日开幕。这是中国私人购买的唯一一套影写版设备。时代印刷公司除了承担《时代》印刷外,还承接了《论语》《万象》《时代漫画》《时代电影》

---

① 有关影写版印刷的拥有机构,印刷专著中所提及均不同。根据笔者综合,拥有此技术的有商务印书馆、中华书局、时代印刷公司、中国照相制版公司以及高元宰的印刷学校。
② 黄天鹏.五十年来之画报[J].时代,1934,6(12):17 - 20.

《人言周刊》等时代旗下的其他刊物的印刷,另外,也接受《新月》《良友》《电通》《大众生活》等刊物的印刷。

考察其他几家大型画报,其印刷离不开优秀的印刷技术,如三一印刷公司的柳溥庆在1931年研制了平凹版制版工艺,其出版的《美术生活》画面层次清晰。

第二章　中国近代书刊形态设计风格变迁

对于中国古籍形态的评价,我们习惯用"典重"或者"粗简"这样的词语去描述,这是因为形态的内容与形式并没有构成一个评价整体。而一提到形式,我们其实是在评价书法技艺与形式品质的高下,是将书籍作为欣赏的客体。

将风格与艺术进行关联,通常有两种普遍的观念,一种观点认为风格是为了将对象进行归类而设定的形式排他性,而另一种观点则是将内容与形式结合起来挖掘形式后的文化。本书的阐释角度更倾向于后者,也就是符号的角度。因为太执着于形式内在性的话,就无法考察书刊内容与形式的相关性,对书刊形态也就流于纯艺术的考察了。

伽达默尔(Hans-Georg Gadamer. 1900—2002)认为,知觉总是包含意义。风格在创造者那里,总是与历史和社会有关联,进行自我身份以及作品意义的建构。但书刊的设计风格可能更复杂些,它是设计者为了书刊内容而进行的形式架设,在这里,风格是作为"意图传达的能指"手段加以理解的,它将形态与文本关系起来。对内容传达的深度和与反映的方式是两个重要的指标:作为设计的方式,装饰主义既不传达内容,也不讲究聚焦的方向;纪实主义是对内容的镜像,反映内容但并不深刻;象征主义刺穿形式,构成有意义的形式;现代主义放大了形式,并试图传达内容。这里,设计师的身影出现了,由于他在能指上的调度,风格出现了含混的式样。

第一节　装饰主义设计风格的发展与形态特征

装饰主义的风格是最传统的一种风格。装饰主义的主要特征,是对版面的元素进行美化,但这种美化多出于审美的效果,而非传达的需要。

中国古籍的典重本，就是对边栏、鱼尾、文字颜色等处做出装饰。

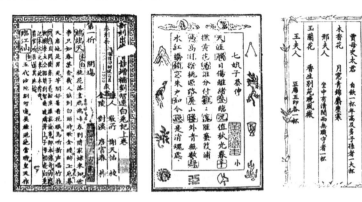

图2-1 传统古籍装饰主义风格版面示例①

近代书刊的装饰主义，是对传统装饰的一种延续和传承，并结合当时的版面要求做了一些变动。首先是将封面纳入到了书籍形态之中，一开始对于这块新辟的区域并无很好的设想，只是以简单的文字进行书刊名的书写，为了让其更加美观，在书名外加了扇面纹、卷轴纹或者其他一些花卉动植纹样。其次是在内文版面中对栏目的设计，多从日本刊物中借鉴使用栏花。最后是补白处的装饰，采用了许多黑白图进行装饰。这些做法，可以说是对界格消失后的空间补济方式。

一、中国近代通俗书刊的装饰主义发展与形态特征

1. 日本纹样与欧美纹样的移植

虽然西方传教士在中国的出版已持续了半个世纪，但由于技术上的不兼容，最早引入的还是日本装饰风格。日本经"明治维新"迅速崛起，但并没有引起国人必要的惊警。甲午战争的失败，对中国社会的震动之大，前所未有，日本变成未来中国的"形象代言人"。一时间，日本取代了欧美，成为中国现代化进程一个生动的参照与假想的竞争对手，西学模糊的面容突然变得清晰，学习的途径也洞然可见。"光绪己亥以后……杂志之刊，前后相继，称为极盛。鼓吹之力，中外知名。大吏渐为所动。"②考虑到日本与中国同俗，"近采日本"无疑是最经济与合适的做法。在张之洞、康有为等执有同样观念的上层人物的推动下，中国于

---

① 参见：李明君.历代书籍装帧艺术[M].北京：文物出版社，2009.

② 张元济.法学协会杂志序[J].东方杂志，1911,8(5):7-9.

1896 年开始派遣日本留学生,以后逐年增加,1906 年达到一万多人。通过出版来启蒙社会与民众成为救国图新的重要手段,大量的西方书籍也经由日本被介绍到中国。康有为在《日本书目志序》中将日本视为是欧洲文化的传译者,中国引入日本著作,最为经济①。

19 世纪中叶明治维新之前,日本依靠外来的信息了解西方与现代世界,其途径之一就是由上海出发的货船带去的在上海出版的西方著作,如马礼逊、郭实腊、裨治文等人的作品。19 世纪末,中日文化输送的方向产生了逆转。

从书刊形态上说,中国出版不缺乏美学元素,但是却缺少理性的模数化外形,因此无法完成与西方元素的对接。日本文字形态与中文相近,日本的中文字模开始也是由中国传入。1869 年姜别利返回美国,途经日本长崎时,将汉字活字铸造及有关电胎法字模传给日本人本木昌造②。本木昌造至姜别利处求教的结果,是"使以明朝体 5 号字为中心的活字字号体系化得到成功实现",发展出大小铅字七种,从而为日本奠定了现代印刷业的基础。这一变革的结果是东方的号字体系与西方的磅数体系确立了固定的比例关系,也意味着中西文字形的外观做了整饬。在出版技术上,日本的现代印刷大约可以追溯到赫伯恩及其日本伙伴岸田吟香于 19 世纪 60 年代在上海采购印刷机的时期③,起步并不很早,但短期内就超过了中国。1900 年以后,中国留学生在日本印刷的《浙江潮》《新湖南》《直言》《江苏》等都是借助日本的印刷术创办起来的。文字相通,采购便利,意味向日本印刷技术的采购借鉴,成为自然选择。作新社、有正书局等早期出版机构都从日本采购机械字模。19 世纪末 20 世纪初,华人在日的印刷机构也不断增多。1899 年左右,横滨华人所设印刷店有三四家,如《清议报》与《新民丛报》发行人冯镜如、冯紫珊兄弟,即为印刷店的经营者。日本出版的书刊进入中国的渠道也较为便利,在沿海许多城市均设有代售点;留日学生也时常将日本出版的书刊带入国内。东洋植物花草的纹样与仕女图也随之传入中国。早期的中国出版物不免"和风习习"。

除日本外,欧美图案也影响了近代中国人的视觉感知。1902 年,英

---

① 杨翼骧,孙香兰.清代史部序跋选[M].天津:天津古籍出版社,1992:311.
② 本木昌造(1824—1875),早年曾任荷兰语翻译,从荷兰购买印刷机和活字,印制过《兰和通辩》,后兴办新街私塾培养徒弟,经营活版制造所,以铸造和销售活字。
③ 费正清,刘广京.剑桥中国晚清史:1800—1911 年(下卷)[M].北京:中国社会科学出版社,1993:421.

美烟草公司成立,1905 年设立英美烟草公司中国分公司,特设立图画科,对产品进行宣传①。因此,早期进入书刊形态之中的图像,也有来自西方的卷草纹、镜框纹以及徽章标记等。

杂志设计的既成模式较少,模拟的成分较多。如《东方杂志》在版面形式上对日本的《太阳报》②与英国的 *Review of Reviews*③ 进行了模仿。《绣像小说》的版面设计中,西式的绶带也出现了。

针对图书的内容,中国的典籍采用中国古典纹样是切题的,商务出版物将这类纹样精细地组织成为边框与花纹。但是真正的挑战是如何处理内容为外来资源的书稿,比如《欧美名家小说丛刊》,一个常用的办法是以花鸟作为底纹,回避了对于人物的描绘。

图 2 - 2　早期装饰主义的封面

2. 仕女图图像的兴起

从视觉效果来看,人物图像所引起的视觉度远高于景色,它能唤起读者对于图像的亲近感。通俗书刊首先运用了仕女图像作为装饰。通俗文学的开创者包天笑回忆,当时他在编辑《小说时报》时,时报老总赵景韩意欲在出版物中插入仕女照片。这标志着在继《民权素》应用手绘仕女图像之后,中国通俗期刊运用仕女照片的时代开始了。

如果我们认为仕女是以当时的妓女为原形创作的图像,那么这一形象的出现具有合理性因素。妓女这一身份既可以置于传统的机制之下,又能体现时尚与进步的成分,更重要的是,她还处于男性的掌握之中。

---

① 陈子谦,平襟亚.英美烟草公司史话[G]//中国人民政治协商会议全国委员会文史和学习委员会.文史资料选辑合订本:第 5 卷,总第 17 - 19 辑.北京:中国文史出版社,2011:141 - 148.

② 《太阳报》于 1895 年由大日本东京博文馆出刊。

③ *Review of Reviews*,1980 年伦敦创刊。

通过对妓女的征服,可以获得优越的文化心理①,仕女图就是出于这样一种心理而被创作和欣赏。从视觉上讲,仕女图的主体是完全中国化的,而背景与陈设又有西方的元素,如《海上冶游琐记》所记,当时的妓家陈设如王侯之家。除了中国传统的床榻几案帘帷以外,还有洋镜藤椅、楹联、玻璃灯、时辰灯,色色皆备。中西元素在这里达成了一定的平衡。

通俗文化书刊装饰图像的发展基本上是与通俗文化的普及同时进行的。20 世纪 10 年代是通俗文学的天下。周瘦鹃描写《礼拜六》出版之时的盛况:"《礼拜六》曾经风行一时,每逢星期六清早,发行《礼拜六》的中华图书馆(在河南路广东路口、旧时扫叶山房的左隔壁)门前,就有许多读者在等候着。门一开,就争先恐后地拥进去购买。这情况倒像清早争买大饼油条一样。"②《游戏杂志》《小说时报》《妇女时报》《礼拜六》等通俗刊物一时兴起,装饰图像也得到发展。

这一时期的封面仕女图画家与月份牌画家有着惊人的重合③,像月份牌画家郑曼陀、周柏生、俞镜人、但杜宇、丁悚等均有封面画作品面世。但是书刊的封面图却并不是月份牌横向移植的结果。与月份牌通过对女性精细描绘以达到悦目的效果不同的是,这一时期的封面仕女图带有生活化与抒情化的痕迹,从侧面表现画家个人的旨趣。周柏生、俞镜人、胡伯翔等人的画作充分体现了传统仕女图的意境;徐咏青、但杜宇等画家则明显受到了时代的影响,他们笔下的女性而有着丰富的生活内容与活动场地,女性的身份也扩展为年轻学生、村姑、农妇等。

印刷技术对于仕女画的效果展示起到重要的作用,比如《小说丛报》④第一卷使用了专色石印技术,其中包括许多名家,如钱病鹤、高剑僧、徐咏青、郑曼陀、胡伯翔、汪逸仙、周柏生、但杜宇等的作品,但作品却并不出彩,像郑曼陀的作品,晦暗无光,层次感极差。1915 年后改用彩

---

① 叶凯蒂分析了清末租界妓女的身份,指明"游客到这里来既希望体验这特殊的城市,又希望不受其威胁。利用传统观念中对娱乐的认识,与上海开埠后对金钱公开追求之间的张力,上海妓女创造了一种既'再现'传统,又突出'摩登',以文化为游戏的生意经"。(叶凯蒂.上海:"世界游戏场"——晚清妓女生意经[G]//张仲礼.中国近代城市企业·社会·空间.上海:上海社会科学院出版社,1998:310.)

② 周瘦鹃.闲话《礼拜六》[G]//周瘦鹃.花前新记.南京:江苏人民出版社,1958:46.

③ 陈超南.上海月份牌画——美术与商业的成功合作[G]//张仲礼.中国近代城市企业·社会·空间.上海:上海社会科学院出版社,1998:522.

④ 《小说丛报》,1914 年 5 月创刊,1919 年 8 月停刊,共 44 期,有 1 期增刊。创办者为刘铁冷,徐枕亚、吴双热主编。这是徐枕亚脱离中华书局之后主编的第一种杂志。

色石印印刷,人物的肌肤质感才体现得细腻光亮,背景明艳。

持有先进印刷术的出版机构在仕女图像的印刷上更出彩。早期商务印书馆、有正书局、国华书局等均有较先进的印刷技术。如商务印书馆的三色精印与五彩石印在人物画印刷方面走在最前列。商务印书馆曾组织两次以上的仕女画比赛,一次获得大奖的是郑曼陀,另一次榜上有名的是俞镜人,均为早期的仕女画名家。有正书局则依托自行创新的珂罗版出版了全国名花画册,开始只在卷首插图上使用珂罗版处理,1917年后,《小说时报》直接用珂罗版印刷封面,用几张妓女的照片组合而成封面画。国华书局自有印刷所,且一直与通俗作者有着紧密联系,也推出过郑曼陀的时装美女图画《花间问字》《红窗絮语》《春透琴心》《悄立怀人》等作品。

商业美术的横向移植,使大量的仕女图被用于通俗杂志的封面之上,除了《小说月报》等少数出版物仍使用水彩底图上压照片的方法作为装饰之外,大量通俗期刊均用仕女图像作为封面装饰。《社会之花》的读者曾问编辑为什么一定要用美女图。编辑无可奈何地回答,现在的绘图员好像只会画美人画,除了美人画,他们不知道能画其他什么。

丁悚的仕女画 朱凤竹的市井画 沈泊尘的物象画

图2-3 栏画

3.工笔黑白装饰图的兴起

中国传统书刊中,有说明性插图和装饰性插图互见。装饰性的插图,一方面是为了补济版面的漏白,另一方面是为了在结构上区分文字的级别。因此,当铅印技术作为通用的印刷技术推广之后,最早的插图在题饰、栏花等位置蓬勃地出现了,它们的作用是替代过于洋化的铅花,给人一种纯粹的中国图景。这一时期,丁悚的美女栏花以及朱凤竹的世情小品画成为一道独特的风景。这些栏花,发展继承了中国传统线条画的技法,只是反映的内容较新罢了。

二、中期装饰主义发展与形态特征

新文化运动带来的影响,是出版市场的重新切割。1921 年《小说月报》的变革,引起出版业格局的震动。《小说月报》为与旧派文学划清界限,搁置商务印书馆买下的旧稿而推出文学研究会的新人。这一举措的直接结果是旧派文学重建出版阵地。这时,脱离中华书局的沈知方①将其所有的世界书局改组为股份公司,在福州路山东路西首怀远里口租得门面,把房子漆红,称"红屋",将通俗文学作家如严独鹤、不肖生(向恺然)、施济群、江红蕉、王西神、沈禹钟、程瞻庐、程小青、李涵秋、姚民哀、朱瘦菊、许指严、陆士谔、何海鸣、张恨水、赵苕狂等人招至旗下,出版了《红》系列通俗杂志(《红》《红玫瑰》),另有《快活》《家庭》等,市场销售良好,同时还出版张恨水的社会言情小说如《春明外史》《金粉世家》《落霞孤鹜》《满江红》,不肖生的武侠小说如《江湖奇侠传》,程小青的侦探小说如《福尔摩斯探案全集》《霍桑探案》等。在组稿方面沈知方也很有魄力,他请包天笑出面包购不肖生的小说,同时也以每千字 5 元的高价收购张恨水的小说(一般是每千字 3 元)。另外大东书局②也适时地推出《紫》系列通俗杂志(《半月》《紫罗兰花片》《紫罗兰》)。这两家成为通俗文学出版的两大阵地。

通俗刊物出版空前活跃,仅 1921—1923 年间的出版物就有:1921 年 3 月王钝根、周瘦鹃的《礼拜六》周刊复刊;1921 年 6 月,周瘦鹃、赵苕狂的《游戏世界》创刊;1921 年 9 月,周瘦鹃的《半月》半月刊(96 期后更名《紫罗兰》)创刊;1922 年,包天笑主编《星期》创刊,施济群主编《红杂志》(100 期后更名《红玫瑰》)创刊,周瘦鹃的个人杂志《紫罗兰花片》创

① 沈知方(1882—1939),1899 年到上海,先在会文堂书局任职。翌年,入商务印书馆任营业干事。1901 年改入乐群书局,后重回商务印书馆。1917 年进中华书局,任副经理。一年后用世界书局、广文书局、中国第一书局的名义出书。三年内,世界书局出书 200 多种。1921 年改组为世界书局股份有限公司,又设立印刷总厂,与商务、中华、大东成为四大书局之一。参见朱联保《半于世界书局的回忆》、平襟亚《书业怪杰》等材料。
② 大东书局,1916 年吕子泉、王幼堂、沈骏声和王均卿 4 人在上海合资创办。经理沈骏声,详情可参见孔繁枒《大东书局概况》一文。

刊,刘豁公、王钝根主编的《心声》半月刊创刊,江红蕉主编的《家庭杂志》创刊;1923年《快活》《侦探世界》《笑画》等纷纷出版发行。此一时期,周瘦鹃与赵苕狂成为新的通俗文学编辑盟主。

在新文学出版方面,有群益书社、亚东图书馆为先锋撕开旧格局严幕的一角,又有商务印书馆为中军坐镇新文学的大营,泰东图书局与北新书局为侧翼遥遥呼应,开明书店随后跟上,成为这一时期的出版殿军。新文学的出版结构,也依循通过报纸副刊刊文达到同气相求,通过创办刊物达到人气骤增,最后通过出版书籍而达到市场拓展的方式。新文学阵营的刊物除了《新青年》,最引人注目的是文学研究会占有说话权的《小说月报》,文学研究会的机关报《文学旬刊》,另外有创造社的《创造季刊》《创造月刊》,以及创造社同道的《洪水》《幻洲》,北新书局的《语丝》[①]与《北新》等。

新文化运动开始时,新旧文化间的设计阵营相对还是清晰的,因此可以看出第二阶段开始时有两条发展线索,一条是通俗文化书刊丰富了写实装饰图像的内容,另一条是新文化书刊拓展了装饰图案的种类,引入了唯美主义风格插图与图案画。

1. 通俗文化书刊重视仕女图插图技法的提高与画面意境的开拓

通俗刊物审美的立意与市民美学相适应,追求视觉的美观。印刷技术的提高也使这一种美学审视得到了提高。

市民的审美是多变的、追风的。为了适应市场新的要求,通俗刊物不断地推出专号,不仅传统节日、国家庆典有专号,还标新立异,比如《游戏世界》有滑稽小说号、家庭号、侦探小说号;《半月》有侦探号、儿童号、离婚号、情人号、娼妓号、家庭号;《星期》有婚姻号、生育号、婢妾号与武侠号;《红》有国耻号;《红玫瑰》有伦理号、因果号、消夏号、娼野问题号、妇女心理号、百花生日号;《新声》有国耻特刊、摩擦年等;《礼拜六》有消夏号、青年苦闷号、恋爱号、情人号、离婚号、处女心理号、女学生专号、解放姜婢专号、解放束胸专号、恋爱专号、神怪专号、惧内问题专号、因果专号等。各类社会话题、情色性爱全可作为卖点推销。

同时不断更换刊名,让读者有新奇之感。比如《半月》出版四年后,改名为《紫罗兰》,《紫罗兰》出版四年后,又改为《新家庭》。

---

① 《语丝》,1924年月11月创于北平,为当时著名周刊之一。

仕女图的作者队伍也不断扩大,这一时期以前许多月份牌作者,如杭穉英、杨清磐、谢之光、丁悚、丁云先、庞亦鹏等;以及一些主要为书刊设计插图的画家,如《礼拜六》中记载的有世亨、陈本相、年铭、悦明、嘉、摩森、麟心、管乩等,《红玫瑰》记载有吉孚、叔远、子镂等,也开始这类创作。

与 20 世纪 10 年代的仕女图相比,20 世纪 20 年代仕女图的风格更加丰富。其中一类仕女图延续了仕女孤芳自赏式的展示,营造的是一个封闭幽静的环境,贵妇式的女性,带着哀怨落寞的表情,人物的身材做了拉长的处理。如庞亦鹏为《紫罗兰》所画的古典美人,或在壁炉前深思,或在沙发上沉默,或在绿荫中漫步;表情是传统的,装束则是带有欧美特点的 20 世纪 20 年代最时尚的打扮,背景的选择也较西洋化。同样的构想也出现在《紫罗兰花片》中。

第二类仕女图是保持了抒情性的表述,将女性在一个开阔的生活场景中展开,比如丁云先在《红玫瑰》中对环境的拓展,呈现出湖边、江边、海边以及高楼之上的风景,人物不再是故作矜持的闺秀,而是回复到生活本态的少女或者学生,表情自然,甚至有了笑颜。

还有一类带有明显的镜前姿势,如《社会之花》中杭穉英的作品,有的女性侧卧于草坪之上,托腮向图片外凝视;有的坐于沙发之上,侧眼看向读者;有的虽然垂眼向下,身体却明显向正前摆放。这些仕女的造型,是在注意读者视角预设前提下摆放的,而且这个视角的存在,明显是在提示照相的视角,这是这一时期仕女图新的图像样式。

在技法上,一方面由于"擦笔法"的成功,郑曼陀与杭穉英的作品色彩更加透亮;另一方面则是仕女图的图案化、装饰性化的特点更强,比如丁悚在这一时期的设计。这些技法随刊物而异,比如《紫罗兰》是华丽的,《红玫瑰》是艳丽的,《半月》是清丽的,而《礼拜六》则是简丽的。

这一时期的通俗读物仕女图,处于摄影技术的发展以及新文艺图像的影响之下,在画面中流露出对技术写真的追求。摄影技术不仅影响了画像中人物姿势与眼神的变化,而且表现在编辑者尝试以照片仕女取代手绘仕女的努力。《红玫瑰》1921 第 1 卷第 7 期以花线做出外框,将单色仕女照片植入,第 1 卷第 22 期又做出月光版外形,将照片插入。但由于照片的铜版只能以单色印刷,所以虽然真实,却并不美观。刊物稍做尝试后马上换回手绘仕女,总体上依然保持手绘的风格。

新文艺图像的影响,不仅表现在仕女图的表现技法具有图案化倾向,也表现在仕女的放置形式更符合版面设计的需要。20世纪10年代初,仕女是作为背景图充满整个的版面。到20世纪10年代中期,《礼拜六》的封面图像开始向小品化方向发展,图像被去底,进行局部的裁切,放置在版面的中心位置,保持中心对称的布局。到了20年代,图像作为设计一个元素,不再铺满封面,而且外形有了更多的变化,矩形、圆形、心形、不规则形均有出现。如1921年《礼拜六》106期谢之光所作的封面仕女,仕女的身躯完全隐没于橙黄色的背景之中,仕女的脸与手用了反白的手法勾勒,仕女的头顶突出了矩形的框架,同样的构图也可见于丁悚为102、209期《礼拜六》所作的封面。《礼拜六》220期悦明的封面装饰性非常强烈,人物勾勒出简洁的轮廓,衣服上的规则纹样,与几何纹的地毯、窗帘、台布形成对应的关系。如果关注1921年左右新文学出版物上涌现的图案画风格的封面画,或许可以将此理解为图案化的仕女图是对新艺术的一种适应或者调整。

图2-4　通俗刊物封面

2. 新文化书刊引入新的装饰主义图案

如果说通俗刊物的装饰图是对生活场景的抒情表达以及对视觉效果的提升,那么新文艺书刊的新种类装饰画的引入则是故意造成对现实生活的间离效果,而其生成也有着深厚的西方文化背景。《新青年》第二卷采用了无软笔气息的梯形黑体,新艺术风格的边框图案,刊物名称也使用新艺术策源地法国的法文,显现出了新的气象。

(1)唯美主义的滥觞

唯美主义与比亚兹莱①这时进入中国。1923年郁达夫在《创造》上介绍比亚兹莱与《黄面书》;1929年鲁迅编《比亚兹莱画选》;同年,邵洵美出版《琵亚词侣(比亚兹莱)诗画集》。比亚兹莱的画一到中国就被模仿,比

---

① 比亚兹莱(Aubrey Beardsley 1872—1898),英国颓废派的画家。

如闻一多、叶灵凤、丰子恺、刘既漂、陈之佛、张令涛①、万籁鸣、万古蟾、马国亮、叶永蓁等。

闻一多闻在清华就读时就创作过唯美主义风格的作品《梦笔生花》。20世纪20年代，他设计的《巴黎鳞爪》有很明显地对比亚兹莱的模仿与借鉴，《新月》更有比亚兹莱的影子。

叶灵凤是这一时期业绩突出的设计师。他的创作能力极强，对比氏的模仿十分逼真，被称为"中国的比亚兹莱"。关于学习比亚兹莱的画，叶灵凤是这样记述的："是十年以前的旧事了，郁达夫介绍了《黄面志》，田汉又翻译了王尔德的《莎乐美》，使我知道了英国的薄命画家比亚兹莱，对于他的画起了深深的爱好。当然，那时谁都有一点浪漫气氛，何况是一个酷爱文艺美术未满二十岁的青年，我便设法买到了一册近代丛书本的比亚兹莱画集，看了又看，爱不释手，当下就卷起袖子模仿起来……我成了'东方比亚兹莱'了，日夜的画，当时有许多封面、扉画，都出自我的手笔，好几年兴致不衰，竟也有许多人倒来模仿我的画风，甚至冒用'L. F.'的签名，一时成了风气。"②《创造》《洪水》一系列的刊物中都有他的插图作品，线条、色块、甚至人物的造型与神色都有比亚兹莱的影子，装饰性很强。但他的模仿多局限于形式，虽有神秘之意境，但无现实之精神。陈之佛、张令涛与丰子恺在商务刊物《小说月报》与《妇女杂志》上做设计时都模仿比亚兹莱的风格。属于良友图书公司创作阵营的万籁鸣、万古蟾兄弟以及马国亮也在《良友》画报上发表比氏风格的插图作品。叶永蓁的自传体小说《小小十年》在当时影响很大。1934年再版之际，他从朋友处借来蕗谷虹儿③与比亚兹莱的画集，模仿他们的风格创作了17幅插图。

让日本当代美术评论家感到奇怪的是，蕗谷虹儿，一位在日本称不上一流的画家，其作品何以在当时的中国得到如此大的殊荣。蕗谷虹儿是日本工笔漫画家，他自己描述自己描绘女性，"取多梦之少女，且备以女王之格，注以星姬之爱"④，画面线条细腻，展现人物的温婉可人。叶灵凤在《北

---

①　张令涛(1903—1988)，插图画家。1921年毕业于上海美专西画科，曾为商务印书馆、良友图书公司设计书刊。

②　叶灵凤.献给鲁迅先生[G]//叶灵凤.忘忧草.上海：文汇出版社,1998：311 - 312.

③　蕗谷虹儿(1897—1979)，日本工笔漫画家，表现女性为其作品的长处.1928年，鲁迅高尔夫在《奔流》一卷一期中刊出其诗其画，1929年出版《画选》，选画12幅。

④　陈星.新月如水——丰子恺师友交往实录[M].北京：中华书局,2006：177.

新》中引进了蕗谷氏插图。鲁迅也编辑了蕗谷虹儿的画集,做了系统的介绍。丰子恺回忆,他在日本游学之时,有一日走在路上,突然发现了蕗谷虹儿的画册,让他突然找到了创作的灵感。深受蕗谷虹儿影响的还有一大批设计师,比如叶鼎洛、郑川谷、卢世侯与许闻天等。

这一时期风格引入的规模如此之大,以至于鲁迅说:"中国的新的文艺的一时的转变和流行,有时那主权是简直大半操于外国书籍贩卖者之手的。来一批书,便给一点影响。"①这或许可以从信息获得的不对称性或者审美的局限性来解释。可以说,这种艺术获得的非系统性也是当时书刊设计师从事创作的基本状况。不只20世纪20年代这些非科班出身的设计师如此,20世纪30年代的漫画家也是如此。艺术的引入并不完全以技法高低为依据,作品中表露的人性或者艺术的相通性才使得众多设计者趋之若鹜。

图 2 - 5　唯美主义风格设计

(2)表现性图案画的出现

表现性图案画充分表现图案画构图的精严、调色的科学以及画面的美感,并在内容上呈现了主题,区分于传统的图案画。

这一时期最具有代表性的作品是陈之佛的封面画。与一般利用纹样图案进行装饰的方法不同,陈之佛能够在图案画中引入人物这一核心的呈现对象,从而使装饰具有主题。

---

① 鲁迅.蕗谷虹儿画选小引［G］//刘运峰.鲁迅序跋集:下卷。济南:山东画报出版社,2004:549.

陈之佛的设计作品出现在 1925 与 1936 年之间①。应胡愈之《东方杂志》与郑振铎《小说月报》的邀请为这两个杂志设计封面,这是他设计的启幕,也是他装帧史地位确立的凭证。两本杂志的设计,在当时的设计中达到了图案设计的最高点,他提供了美术字体与图案的结合方式,而每种方式均能视为样式与模版。

陈之佛为《小说月报》与《东方杂志》所做的封面画被视为装饰主义的样板。这两个杂志的封面,一个尽显阴柔之美,一个尽显阳刚之气。每种设计,其元素都经过认真地推敲与仔细地摆放。陈之佛承担了从 22 卷(1925 年)到 27 卷(1930 年)部分《东方杂志》的封面设计。设计中他展示了"世界眼野,中国气派"②,大量地运用了古美洲、古希腊、古印度、古埃及以及古波斯的图案元素以及艺术主题,通过文字的书写、版面的布局转化成东方特有华贵的风格,在"大民族"这样等量齐观的观念之下,他平等地审视全世界的传统图案,并以现代的布局将民族气概传达出来。而为文学刊物《小说月报》所做的装帧设计,则是体现了女性的柔美风格,主要是运用女性人物的形象来创造美的形体,艺术形式上丰富多彩。

图 2-6　陈之佛一组拟金线条画设计

20 世纪 30 年代的刊物设计上,陈之佛使用的设计元素空前多样,从抽象的几何图形,到中国古代的砖画石刻,从钟鼎器物的纹样到唐草宋纹,无不一一拿来使用。尤其是,陈之佛对于中国式线条画的理解相当

①　据袁熙旸介绍总有 200 多件,但袁熙旸按期列统计,有的一期用一季、半年甚至一年。另据笔者的收集,剔除同一画作反复使用,或只变化颜色的作品,并另据收集的书籍作品来看,总数近 200 来件。陈的设计,早期运用了纯粹的装饰技巧来进行构图,进入 30 年代后,他也采用构成主义的方式结构版面,比如《文学》杂志所作的封面,与前期的风格不同。

②　袁熙旸.陈之佛书籍装帧艺术新探[J].南京艺术学院学报(美术与设计版),2006(2):152-159.

之深,将线条进行拟金色的处理,镶嵌在黑色或者深蓝色的底色之上,显得金碧辉煌。

陶元庆是这一时期表现性图案画的另一代表。其创作更具有小品化的意境。人物抽象简洁。

三、后期装饰主义发展与形态特征

1927 年,出现了"开书店"的风气。"'开书店'这个'风气',确是1927 年左右才开展起来的。以前不是没有书店,但不是今日的那种新书店,以前不是没有人开书店,但'开书店'并没有成为智识分子一种'风气'。"①"新书业"的出现以及"新书业公会"的成立说明了新兴出版业对自我身份的认同。

"新书业"出现在现代文学的谱系之中,基本上是指以发行新文学为主业的出版机构,但这个名词本身值得商榷。近代书业有几个大的同行结盟,光绪三十一年(1905)成立上海书业公所;宣统三年(1911)成立上海书业商会②;1928 年,又成立新书业公会③。不同书业公会结合的主要力量有所不同,1911 年以商务印书馆为主导的上海书业商会主要对抗古籍出版的旧书业,1928 年成立的新书业公会的主要力量是以出版新文化书刊为主业的小出版机构,其将出版业龙头商务印书馆以及中华书局都排除在外。如果以"新文学为主业",那么发行文学研究会丛书的商务印书馆也就应该属于"新书业",但显然,商务印书馆是被作为"新书业"的他者而存在的。"新书业"概念的模糊足以说明当时书业竞争者的微妙心态。

实际上,由于出书结构的不同,在商务印书馆这样的大企业中,新文学出版的比重不是很高倒是实情。"视为文化事业之一的书店经营,并

---

① 李衡之.书店杂景[N].申报副刊出版界,1935 - 10 - 05(5).
② 光绪三十一年(1905)上海书业公所成立,宣统三年(1911)呈请民政部注册,席子佩、夏颂来、夏瑞芳为董事,有会员一百余家,其中印书局 58 家,装订作坊 72 家。几乎同时,上海商务印书馆等新书业则成立了上海书业商会。会员单位有商务印书馆、文明书局、开明书店、广智书局、昌明公司等 10 余家新式书局。选举俞复为会董,夏颂来、席子佩为副会董,夏瑞芳等为评议员,陆费逵为书记。
③ 1928 年 12 月 8 日,申报副刊《出版界》刊发"新书业公会"成立词云:"本会已于民国十七年(1928)十二月五日正式成立,在福州路五百二十九号楼二楼赁定会所,即日开始办公,除呈报官厅注册外,特此通告。"会员有泰东图书局、亚东图书馆、北新书局、光华书局、开明书店、创造社出版部、卿云图书公司、良友图书公司、太平洋书店、群众图书公司、新月书店、现代书局、真美善书店、金屋书店、嘤嘤书屋、新宇宙书店、乐群书店、第一线书店、复旦书店、春潮书店、远东图书公司。

不是'托拉斯式''百货店式'的一家大书店可以包办得了的。……现在的情形又有不同,就是小资本的书店的增加。别的书籍我不知道,单就文艺方面的书说,大书店的销售往往不及小书店。"①"新书业"正是填补了这一市场空缺。

赵景深曾以一个文化漫游者的身份绘制1928年上海新书店的分布图,"如果有人问你,中国新书店有多少家,你就含糊一点,回答他道,照现在看起来大约有五十家罢。"②实际上远远不止。

这些书店的性质,有党办机构如正中书局上海分局,也有商业性质的如光华书局、良友出版公司,还有文人自办的出版机构如新月书店、水沫书店、第一线书店等,较为著名的如良友图书公司③、开明书店④、生活书店⑤、文化生活出版社⑥、现代书店⑦、时代图书公司⑧等。

出版是件生意,在利益的驱使下,除了个别极有个性的书店,之前的阵营差异不断缩小,出书内容边界慢慢模糊起来。反映在设计上,就是设计资源共通,设计师资源共通。江小鹣、钱君匋、陈之佛、张聿光等的设计作品在不同性质的出版物上出现。带有西方艺术风格的图案成为这一时期的装饰主义特征。

20世纪30年代装饰画形式非常丰富,有画面繁复的细密风格工笔线条绘画风格还在延续,比如郑川谷在继陈之佛之后为《小说月报》做了一系列这样风格特征的女性形象设计图案,这些图案有时也被称为抒情

① 金溟若.非常时期的出版事业[M].上海:中华书局,1937:64.
② 憬琛.十七年度中国文坛之回顾[N].申报艺术界,1929 - 01 - 06(本埠增刊).
　另据包子衍的研究,赵还遗记了美有书店、新亚书店、时还书局、尚志书屋、大东书局、新生命书局、大江书铺、晓山书店、新建设书店、东方书店、爱文书店、自由书店、朝霞书店等,共有60家之多。
③ 1925年由伍联德创办,除编辑部外,自设中型规模的印刷厂和门市部。1926年出版第一本大型综合性新闻画报《良友》,1932年设文艺书籍出版部,出版《一角丛书》《良友文学丛书》《中国新文学大系》等。
④ 原商务印书馆的《妇女杂志》主编章锡琛辞职后,开办《新女性》杂志,并在此基础上,于1927年创立开明书店。
⑤ 1925年邹韬奋与黄炎培在中华职工教育社开办《生活周刊》,1932年设生活书店,因《生活周刊》已停,遂出版《大众生活》周刊,后又被禁,请杜重远创办《新生》周刊,又被取缔,接着由金仲华创《永生》,被禁,1937年邹韬奋开办《生活星期刊》。
⑥ 文化生活出版社,吴朗西、巴金等于1935年创办于上海。
⑦ 张静庐在离开泰东书局后,先后参与建立光华书局,又独资创设联合书局,出版过郭沫若的《中国古代社会研究》等著作。两年后,联合书局被当局取缔,于是归并到现代书局去,他也到现代书局去担任经理。
⑧ 时代图书公司在杨寿清的《出版简史》中未见提及,为邵洵美等创办。

漫画;有通过大幅度黑白对比来形成面积对比的影绘图与黑白图;也有由几何线条构成的简洁插图;各类漫画也很发达。

1. 黑白图与影绘图的运用

黑白图与影绘图是线条转向于平面的一个明显的标志,通过纯粹黑白的对比来表现设计者的理念,其表现方法与中国的画像砖以及剪纸有着一定的相似性。黑白画这一称呼20世纪30年代较为常见。比如屈义林1934年《艺风》第六期专门讨论了黑白画的起源与艺术价值。他主要还是从艺术的角度,认为黑白画与彩色画相对,是具有型与体而无色的平面艺术。鲁迅则是从印刷的角度解释为可以印成黑白的图像就是黑白画。但是考虑到当时印刷技术,必须再做一下修正,即黑白图是可以用锌版制版的单色图像,之所以提锌版,是因为此处的黑白省略了灰的层次,画面只有黑白二色。良友图书公司曾经以黑白画集的名义出版过欧洲的书籍插图,就是以线条为主的插图集。

但在中国文化的语境中,黑白图与线条图是对立的。在中国传统单色图创作中,画家擅长的是线条图。晚清末年,与水彩画同时传入中国的素描、速写与钢笔画慢慢丰富了中国画家的创作思路。1904年在《晨报》画报上有日本钢笔画作品刊出,这种钢笔画以黑色流畅的线条,打破了铅画呆板一致的线条,给版面一种活泼的感觉。1910年左右,在附送的画报中已经可以看到陈抱一所画景物类的素描,也可以看到以钢笔画来创作封面以及栏画。丁悚在为《礼拜六》创作封面时,明显可见是以钢笔法构形,再施以色彩而成的。1915年左右的《女子世界》则由丁悚创作栏画与头题,笔触细腻,人物体态优美,流露出时代的气息。1915年《女子世界》第六期刊常觉、小蝶合译、丁悚鉴定的《图画学》,介绍了铅笔画及毛笔画法。这一时期的刊物,铜版画由于造价较高而少采用,锌版画支撑着版画。但是工具的不同,使线条产生不同的效果,软笔顿挫生成的转折与质感消失了,转以排笔的效果来生成色块。如1921年前,商务印书馆的美术编辑杨子贞等利用传统的线图创作,顿挫的笔力使版面有了大面积的叠块体现,并用排笔表现阴影。丁悚的钢笔画仕女,强调了线条的表现力。

线条转向黑白色块对比,在唯美主义那里有了相当的表现,而在20世纪30年代,黑白画更是得到了价值发现。比利时版画家麦勒绥斯①的黑白

---

① 麦勒绥斯(1889—1972),通常译为麦绥莱尔,比利时画家、木刻家。

版画《一个人的受难》在20世纪30年代被介绍到中国。画作省略了中间灰的过渡部分,直接显现出黑白两色。黑白画在书刊中的盛行,一方面由于其艺术的感染力,一方面也来自于它制作成本较小,锌版就能制成。

丰子恺的软笔画不易表现过渡色,由十大面积黑色的存在,形成了强烈的对比效果。为罗黑芷《醉里》所作的封面,也就寥寥数笔,勾勒出大致的形象,其他背景都隐没在黑色之中。1926年《银星》第四期封面由万古蟾设计,表现的是一位裸女含羞而立的形象,带有比亚兹莱的画风,但减少了回旋复杂线条的使用,表现出色块的黑白对比;1927年《短裤党》的封面就采用了黑白色块的对比,视觉冲击力增大,而对象的形体在对比中得到加强,使展现更具有美感。

 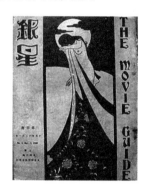 

图2-7 黑白图效果的封面

影绘又称影像,是由法国艺术家(Silhouette,1709—1707)首先创作的,开始时是对人物半面与事物轮廓表现,转而用影绘来表现一切的花鸟兽鱼。陈之佛曾介绍了印象主义与表现主义的影像画家 F. 巴特尔(FITZ Gribel Carl Ferdinad Barrthel)和 W. 坎普曼(E. M. Eugert Walter Kampman)[①]。这些作品以鲜明的黑块表现出运动、生长的生命迹象。20世纪30年代,天马书店曾经出版过《影绘》画集,这说明影绘已经成为当时艺术创作的一个种类。影绘实际上还有一个来源,就是中国民间的剪纸,在表现人体时,剪纸擅长于侧面显形,以突出人的五官,而在表现自然之状时,通过实与虚的对比,能够抓住对象的特征,较为抽象地表现对象。

在实际运用中,影绘在20世纪20年代初开始出现,1921年《小说月报》的目录页上,出现一组穿着裙子的少女欢快地跳舞的侧身群像;接

---

① 陈之佛. 影像[J]. 一般,1928,6(2):179-190.

着,出现了表现裸体女性的影绘作品,由于黑白对比明显,给人以醒目的视觉感。

1926年丰子恺为焦菊隐散文集《夜哭》所作的插图,是新文学书籍中应用插图较早的作品。作品以"夜"与"哭"为关键,塑造了一个在灯下哭泣的妇女形象,作品以影绘的方式,回避了脸部具体的刻画,绘出黑屋的轮廓,中间一扇亮窗,窗上印出的人形,意境较为奇特。1929年王统照《黄昏》的封面设计,也是丰子恺设计的,展现了黄昏时分室内二人对话的场景。李金发在为自己的作品《食客与荒年》设计封面时,也设计了一只完全呈黑影状态的猫头鹰站立形象。很快影绘就出现在许多书刊上,摇曳于风中的花草、热恋中的情人、水边的少女、月光下的水池,一帧帧小品画隽永清新。1926年上海亚东图书馆汪静之《蕙的风》以一个女神弹竖琴的侧影与一枝飘然而下的花枝形成一幅图案,清丽可爱。20世纪20年代末影绘与漫画的结合,使影绘在描绘人情世故这一方面又得到了更为夸张的体现。1933年南京书店出版果戈理的《泰顿·波尔巴》,封面描绘了一男子持棍向前的形象,男子脚下有一狮子,画面人物与狮子形象置于版面左侧,人的影像通过黑白色块的交错表现出来。20世纪30年代《东方杂志》的封面上也出现了影绘封面设计。

图2-8 影绘画封面

线条向色块的让渡,也是印刷的要求。由于版幅通常较小,线条画的线条易在制片时消失,因此要让读者对插图有深刻印象,不如使用构图简单的,黑白色块对比强烈的插图。

2. 木刻与版画效果画的运用

除了影绘,20世纪30年代还出现了一些艺术的杂交品种,比如版画效果画。版画效果画的产生与20世纪20年代末木刻画的引入相关。

　　20 年代末,在木板上制作的图像有两种称呼:版画、木刻。以鲁迅为代表的左翼文学的倡导者将中国传统的木版画作称为版画,而把 20 年代兴起的艺术品种称为木刻。相对而言,立场较为中性的杂志则不太注意两者间的区别,叫法较为随意。郾中铁①将前者称为复制版画,指重于技术传达而无艺术创造的画作;把后者称为木刻版画,是指以木刻为手段的艺术创作作品。

　　版画原是中国传统的印刷表现技法,但是随着现代印刷术的推广利用,石印取代了雕版的地位,雕版印刷急速衰退。20 世纪之初,雕版印刷已呈明显颓势。当时,包天笑为了印刷白话文报纸,找遍苏州城,最后才找到了一家刻章的小店为其刻印木版。汪原放回忆,陈独秀当年为了印刷白话报,也是好不容易觅着一家店为其刻制木版。民国时期,若干藏书家仍以雕版之法刻印古书,坊间雕版印刷较有名有北京文楷斋、南京姜文卿、武昌陶子麟与上海高昌庙②,但是仅限于古籍。20 世纪 20 年代,在铅字印刷兴起的十多年间,木版画随着雕版的没落而退出视野。此间知识分子与艺术家偶有操刀,如李叔同及乐石社成员曾经出版过《木版画集》,受其影响,丰子恺也能进行木刻的创作,并将自己的漫画转制成木刻,但这些活动的范围较小。中国传统画谱使用珂罗版印刷几可仿真,但实际上还是有缺陷的。有正书局曾经印刷《芥子园画谱》,以珂罗版为底版,再以木版涂色刷印,或者直接手工上色,郑振铎评价此本不能够与真本并看。当鲁迅与郑振铎重新用木刻之法来编辑《北平笺谱》时,他们只好到北平琉璃厂一带南纸店寻访木刻版画。《北平笺谱》延用的是中国传统饾版印刷③。郑振铎《访笺杂记》详细地回忆了《北平笺谱》的编辑印制情况④,传统版画印刷之艰辛可见一斑。后来的《十竹斋笺谱》引入拱花技术,工艺更是困难。在传统雕版式微的背景下工作,其难度可想而知。这是中国传统版画在当时存在的现实情况。20 世纪 20 年代末木刻进入出版者的视野,仿佛是继承了版画在艺术谱系上的传递,但实际上隐藏着将印刷技术转释为艺术创造的一个转变。

---

①　郾中铁(1917—1999),著名版画艺术家.

②　魏隐儒.中国古籍印刷史[M].北京:印刷工业出版社,1988:199 - 205.

③　饾版是中国传统印刷的最高成就之一,每一对象要分解成若干木版,分别上色,拼版印刷,色泽过渡之自然较单色印刷更好,但工艺要求也高.

④　郑振铎.访笺杂记[G]//宋原放.中国出版史料:第一卷,现代部分(下册).济南:山东教育出版社,2001:555 - 556.

1927 年《北新》第二卷第四期刊出鲁迅的一封信,意思是对于刊物的插图,他总觉得有些太零乱,不成系统,白白地浪费了版面,不如"择取有意思的插图"①,"论文与插图相联系",给读者一个系统的认识,"比随便装饰赏玩好"。于是就有了之后的《近代美术史潮论》的连载,卷首插图就是木刻画。

之后,木刻画被大范围推广。20 世纪 30 年代,尽管意识形态太强的木刻作品被当局查封,但装饰意味较强的木刻作品仍被大量刊发出来,如藏书票的微木版画。叶灵凤是木刻爱好者,据资料显示《麦绥莱勒连环画四种》的底本所有者就是叶灵凤。叶灵凤也是藏书票的收藏者,在其编辑的《文艺画报》第二期发表过他收藏的英、美、德、法、波兰的十几枚藏书票,《万象》第一期介绍他所收藏的日本藏书票 21 枚。施蛰存也由于编辑杂志需要,向其借过藏书票图案。叶灵凤不仅收藏,还自己制作藏书票。

不仅在上海有藏书票的爱好者,广州的现代版画会同样有爱好藏书票的刻友。现代版画会的发起人李桦回忆:"我们在《白与黑》上面看到过藏书票,也试着刻藏书票。我们将最初刻出的藏书票编成一个特辑,发表于 1935 年 5 月出版的《现代版画》第九集上面。这就是中国版画家刻制的、有作品可考的,第一批版画藏书票了。"②李桦、唐英伟、潘昭、刘兴宪等都制作过别致的藏书票。李桦的一枚分左右两侧,一侧务播种、一侧为秋收,中间反黑体"李桦藏";刘宪则取材于中国传统样式,以龙凤图案来构图;潘昭的一枚藏书票仿民间纸马之笔法略略画出两个古人模样称为天作之合;陈仲纲使用两凤对立的图案;潘业则直接用了汉画像砖的图式。李桦编辑的《现代版画》推出的《藏书票特辑》,使藏书票成为一时之风雅,也成为书刊上的装饰图案。

版画有特殊的视觉效果。20 世纪 10 年代以后,欧洲产生过许多试图以版画来进行创作的艺术家,如毕加索就进行过版画的实验。其他如美国的插图家洛克威尔·肯特的作品也被引入了中国。肯特擅长版画与铅笔画,其插图风格简洁、洒脱。他的铅笔画也模仿版画的效果,用排笔密密地排出,他的作品,得到了闻一多、黄新波等艺术家的认可。闻一

---

① 鲁迅.致《近代美术史潮论》的读者诸君[G]//鲁迅.集外集拾遗补编.北京:人民文学出版社,2006:307-313.

② 李桦.李桦藏书票·自序[G]//李允经.中国藏书票史话.长沙:湖南美术出版社,2000:75.

多直接将其作品沿用了封面设计之中。

除了木刻画,画家还有自己创造的绘图方式,比如郑川谷,就使用了蜡笔与线条画结合的方式,利用石印中"皴"的技术,用蜡笔在线条边缘皴出颗粒状的分布,比如他做的《武则天》的封面,就很有质地感。1927年,万籁鸣为傅彦长、朱应鹏、张若谷三人合著的《艺术三家言》设计封面,封面中是一个裸性男子仰天呼喊的形象,天上的雨点用极粗的白点子压在黑暗的背景之上,人物线条表现出强烈的对比,密集的排线模仿出木刻的效果。又如钱君匋为巴金《新生》所做的封面,构图非常简单,是一棵小草从岩石中长出的样子,但是画面采用了版画的质感,由粗糙的质感来表现出小草生长的坚毅与顽强。

 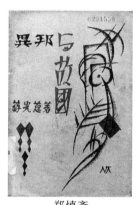

钱君匋　　　　　　　　郑慎斋

图 2 - 9　版画效果的封面设计

3.漫画的大量使用

漫画本来是属于较为刚硬的插图方式,以用作讽刺与鞭挞。但在 20世纪 30 年代,装饰画与漫画有了更加紧密的联系。郁风说:"中国现代派美术是从 30 年代上海的漫画开始,漫画成为打开局面的先锋。"[①]虽然有些片面,却也是实情。

漫画是现代节奏下绘画语言改造的结果,也是适应都市软性文化的需要。当时模特业的发展,时装女性的形象就是通过漫画来表现的。当时的都市时尚,也使一种更为娱乐化的表现语言成为必要,比如当时的人物漫画,不只是明星名流,军政要员的漫画形象也比比皆是。而一种

---

① 郁风.上海的漫画时代[G]//郁风.故人·故乡·故事.北京:生活·读书·新知三联书店,2005:4.

快捷的表现方法也带有现代性的标志,比如万籁鸣发表的人物简笔画作品,抓住人物特征,进行简捷的处理,非常耐看。国际主义的艺术环境,提供了大量以线条为主的艺术样式。20世纪30年代的漫画与现代主义艺术社团如决澜社的作品有颇为相近的面目。漫画相对自由,对技巧的要求不甚高,这也是这一时期很多自学成才的艺术青年青睐漫画的原因。《时代漫画》征稿,稿源除却上海,还广收来自于武汉、广州等多地的漫画作品,说明漫画作者群体之大。

当时学习漫画的途径很多。定居于上海的外国人中的艺术家也开设绘画课,如奥地利漫画家希夫就曾开设过一个高级绘画班,面向上层社会的妇女招生,每周三个小时,收费美金五十元。"希夫姑娘"身材苗条,体态轻盈,身着旗袍,曲线毕露,这与当时众多漫画家塑造的女性形象有着惊人的相似之处。白俄漫画家普特尔斯基也曾开设过绘画班,马国亮还向其学过绘画。但是向西方人学习绘画,毕竟还只是少数华人才能办到。

"由于漫画形式属于舶来品,所以就参考外国漫画家的作品。在三十年代的上海,进口的欧美画刊种类很多,各国漫画家不同风格的作品也都看得到。"①那时《字林西报》的时事漫画作者萨巴乔与希夫同样享有盛名,20世纪30年代崭露头角的漫画家华君武假装买书,到书店翻看萨巴乔的漫画,收益颇大。华君武还有意识地学习萨的笔触,学习萨的签名,到了让别人难以辨别的程度②,华君武还喜欢德国漫画家白劳恩简洁的风格,自学白氏的绘画技巧。"蔡若虹,陆志痒找到揭露社会黑暗面的素描大师——德国的乔治·格罗斯③,我(丁聪)的'师傅'则有好几位,他们是美国的版画家肯特和漫画家格鲁泊。"④张光宇、张仃受到墨西哥漫画家柯伐罗皮亚斯的影响较大,技巧向其靠拢。另外,吴朗西介绍古尔卜兰生、威尔·台生、路易士、勒麦克士等的一系列文章,对当时中国漫画的发展起到了推动作用。

虽然漫画成为当时画报以及书籍的主要图案形式,但是漫画之中的佳作比例并不高。马国亮就认为,当时的漫画把太多把视线投入女性的拜金主义题材,结果是乏味的。李葵更是尖锐地批评到:"如果有人说一

---

① ④　丁聪. 转蓬的一生[G]//范桥,张明高,章真. 二十世纪文化名人散文精品:名人自述. 贵阳:贵州人民出版社,1994:494.

②　华君武. 漫画漫话:上册[M]. 北京:中国工人出版社,1999:139.

③　格罗斯(George Grosz),鲁迅在《小彼得译本序》《漫画而又漫画》提到他"中国已经介绍好几回""可以算是漫画家,那些作品,大抵是白地黑线的"。

九三五年该是什么'翻译年''旧书翻印年'……我倒是以为该是'色情漫画年'了……漫画,本来不是无谓的开开玩笑,也不是描写离开现实的事物,或是以女人的大腿、酥胸,仅仅使读者们眼睛吃冰淇淋就完事的。"①张谔也在《我画漫画的经过》一文中指出,"应该承认我们漫画界的同人,并没有能负起我们固有使命",作者同时呼吁"不该沉醉于女人、大腿或两性关系之中"。

对西方艺术形式的过度模仿使漫画的题材流于浅浮与狭隘,失去应有的质地与力度。比如郭建英粗简的都市女性勾勒、白波"蜜蜂小姐"的夸张、季小波漫画仕女线条的简粗,都不算出色。

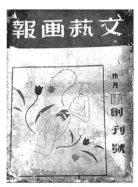

季小波　　　　　　　　雷圭元　　　　　　　　郭建英

图 2 - 10　漫画封面

书刊形态中的装饰主义是为了让版面看上去不单调,一方面它必须削弱形象的个体化表现,一方面它必须让版面饱满,而 20 世纪 20 年代开始的扉页设计更接近现代意义上的装饰主义。直到 30 年代末,一种基于栅格化版面的装饰主义才真正出现。1947 年雪风出版社出版的《文艺知识》,版面分割为 24 个格子,每格中嵌入纹样,变形的宋体经过勾勒置于版面上方作为书名,设计观念非常成熟,视觉也相当现代。

图 2 - 11　《文艺知识》封面

①　李蕻.一九三五年中国漫画界的动态[J].漫画和生活,1935(3):32 - 34.

第二节　写实主义设计风格的形成发展与形态特征

写实主义的形成,在技术上与摄影以及铜版印刷相关,在传播上是与新闻的发达有关,在载体上与画报兴起相联系,在本质上与图像证史的观念相符。因此写实主义的符号所传达的最基本的观念就是时代性。

著名报人萨空了在1931年发表的《五十年来中国画报之三个时期》一文中以印刷技术为标准,将画报的发展划分为石印时代(1884—1920年)、铜版时代(1920—1930年)、影写凹版时代(1930年起)[①]。这也是中国近代书刊写实主义发展的一个缩影。

一、早期书刊写实主义形成与形态特征

1. 图像作为文本的补充

据彭永祥统计,从1877年到1919年底,全国约有118种画报出版[②]。早期图像出版模仿西方画报形式,进行大众启蒙的教育。前图像时代,《点石斋画报》将新闻性与工笔白描图结合造就了写实的第一种方式。1905年9月,《时事画报》在广州创刊。画报为石印,"仿东西洋各画报规则办法,考物及记事,俱用图画"[③],"延聘美术家专司绘事"[④],"阅者可以征事实而资考据"[⑤]。画报漫画在当年的"反美拒约"运动中起到很大的作用。而1912年高奇峰创办的《真相画报》已是铜版制版,在对新闻事件的记录中采用了随文配图的方式,大大增强了报道的真实性。《真相画报》第13期对宋教仁刺杀案的报道显示了图文混排的效果,具有强烈的现场感。以上事实说明,早期的写实主义是以真实地传达事件信息为目的的。

2. 卷首铜图的采用

这一期间,仿国外刊物的样式,许多出版物采用卷首铜图。这一做法是对国外出版惯例的沿用。早期有1901年《大陆报》创刊号上刊出曾

---

①　萨空了.五十年来中国画报之三个时期[J].上海画报,1932:821-823.

②　彭永祥.中国近代画报简介[G]//丁守和.辛亥革命时期期刊介绍:第四集.北京:人民出版社,1986:656。

③④⑤　参见:高卓廷.本报约章[J].时事画报:创刊号,1905(5).

国藩、左宗棠等人的照片;1902 年梁启超在《新民丛报》中使用照片;
1905 年,《东方》杂志卷首采用了一幅慈禧油画肖像的照相品,这是一幅
政坛人物大幅肖像的印刷品,与传统肖像画迥然不同,印证了写实主义
在中国刊物的使用历史。

但卷首铜图的来源不多,因此刊物上多有征集照片的启事。早期
文学类的杂志选择照片的范围多为风景、名人,名人多倾向于小说家、
艺术家、女优、美人等,特别是美人照片,从泰西的美人到东洋的美人,
一直到中国仕女的照片都在选择的范围中。由于大家闺秀的照片难
以拿到,所以早期使用最多的美人照片多为女伶与妓女的照片。在文
人照片中,早期通俗小说杂志中出现较多的是哈葛德,仅《小说月报》
就出现了两次,分别出现在王蕴章与恽铁樵主编时期。《小说林》第 3
期与《月月小说》第 1 期也有其照片刊出,可见哈葛德闻名的程度,以
致林纾也曾这样描述:西人之最有名者为哈葛德。其他西方文豪,为
当代所熟知的有如托尔斯泰、嚣俄(雨果)、狄根(狄更斯)、马克·吐
温等,图片使用比例较小,说明其时引入小说的角度与认知与当代有
所不同。

照片的选择,与主编的理念相关。《小说月报》主编王蕴章与恽铁樵
的审美理念不同。王蕴章多用女伶、女妓、美人照片,而恽铁樵则"虽美
而不录"[1],他多选择风俗名胜的照片,尤其是对于风俗照片特别在意。
《小说月报》在恽铁樵时期开辟的"瀛谈"栏目,以各地风俗的展现为主,
因此相应配以朝鲜、越南、暹罗等国家的风光照片与中国各地的风景照
片。而陈景韩(冷血)比较喜欢诙谐幽默的照片。

相对于《新小说》图像的欧化,《小说林》与《月月小说》图像的中
国味较浓:《小说林》卷首铜图的中西方照片使用比例大致相同,而《月
月小说》则明显倾向于中国照片的陈列,其中俞樾(曲园)的刊出频率
较高。

照片使用的标准也很模糊,比如《小说林》采用五张暹罗的照片,总
名为暹罗风景,其实是暹罗各阶层的人物照,因此属于风俗照之类,其间
还有奇怪的人形,则反映出编者的猎奇心理。

总体来说,风俗名胜以及美人是 20 世纪初期的主题。照片多是通

---

① 　本社特别广告[J].小说月报,1912(7):广告.

过朋友赠借、从资料图册上剪用等途径获得①。由于图像几经转用，有的成像精度并不很好。同时，多数文学刊物中不太用铜版插图。

二、中期写实主义发展与形态特征

新文学兴起后，大量引进了西方艺术名作与名人的照片，带动了通俗刊物纪实图片审视角度的变化。1921年《小说月报》请画家许敦谷从艺术角度来讲解名画，增加对原作的解释，显现出新时代的气象。

20世纪20年代，照片的来源变多了。新闻社的建立提供了新闻的图像；各种摄影协会开始建立，摄影协会成员也愿意提供照片，出现有名的摄影师像郎静山、舒新城、胡伯翔等；照相馆开设得更多了，为了广告效应，照相馆愿意让刊物使用照片；更多的读者也愿意将自己的照片贡献到刊物之上；同事与朋友从国外带回来的各种资料的照片；娱乐业也会提供剧照、明星图像等。

从照片的内容来看，西方艺术照出现更多，而表现日常生活状态的照片也大大增加。这一时期照片专题集合的出现显示出图片编辑力量的增加。同时，另一个重要的事实是，在20世纪20年代以后，照片的拍摄已移出工作室而进入更为真实的生活场景之中，照相店可承接室外拍摄工作。而《时报图画周刊》等刊物也将照片的在场性、及时性与新闻性的特征进行发挥，照片所具有的新闻与叙事的功能进一步加强。

这时，有两个现象标明了写实主义的进一步发展，一是卷首铜图成为卷首画报，以专题性图片的罗列来说明事件，使得图片的说明作用大大增加；一是出现了图文篇幅相当的刊物，提高了刊物的纪实能力。

1. 卷首画报的出现引导了图像的纪实方向

20世纪20年代开始，卷首铜图与文字结合，表达更为丰富的内容。周瘦鹃《紫罗兰画报》是最早出现的卷首画报。"以卷首铜图地位，改为《紫罗兰》画报，以作中坚。""每期四页，用重磅道林纸彩色精印。"②画报不仅增加了文字的容量，而且能够将编辑思想完整地体现在图像之中，使图像反映深度加强。

试把20世纪20年代至30年代的卷首画报做一比较。《小说月报》1924年第4期中的《拜伦百年祭》一共选五张画，第一张三色精印画像

---

① 周瘦鹃在回忆中写他经常去外国人开办的书店找画册图版，然而进行剪裁自用。
② 周瘦鹃. 编辑灯下[J]. 紫罗兰，1925(1)：162.

为《希腊军司令时的拜伦》(T. Phillips 作)；第二张为《威尼斯的拜伦像》(George Henry Horlow 1818 年 8 月 6 日作)；第三张为《R. Westall 的拜伦像》，第四张《拜伦手迹》，第五张为《拜伦的古屋》，每张占一面，下面用了简单的注脚。

《小说月报》1925 年《安徒生纪念》篇幅较大，故安插在第 8 与第 9 期中。其中第 8 期中有三张铜版纸的插图：封面、两张插图，分别为《安徒生与他父亲》与《安徒生童话中的人物》；黑白图共 5 铜图：2 张速写、剪纸 2 张，安徒生童话插图 1 张，共占三面。第 9 期中，封面 1 张；图书书影占 3 面，插图占 2 面，剪纸占 2 面。材料虽多，有一定的体量，但整体系较差。

在排列的有序性与逻辑性上，30 年代时的画报更强一些，内在的逻辑性以及节奏感更好。为便于比较，将此部分内容提前拿来作为参照。

《现代》1932 年 7 月的《歌德逝世百年纪念画报》，共有 10 面的版幅，这给设计者足够的空间去发挥。画报在结构上采用了总述与分述结合的方法。开始两面为一张大画像与大标题。后面分四个专辑，分别为《歌德一生的肖像》《环境人物》《纪念展览》与《歌德的后裔》，使得歌德的一生有了完整有条理的呈现①。

2. 以摄影图像为主的刊物出现，使刊物的新闻性加强

这一时期出现以美术元素为主的面向大众的出版物，像《滑稽画报》《笑画》等，主要是以漫画为主要的版面元素，但也借助摄影技术。而这一时期图像的发展不只是因为前期积累与发展的结果，也得益于印刷技术的发展②，使得图像的质量得以提高。以图像为主体的出版类型——画报出版出现了高潮，图像的叙事功能被放大。

新闻刊物的早期代表之作，当推 1925 年毕倚虹创办的《上海画报》。《上海画报》是一份 8 开 4 页的小型刊物。1925 年 5 月 30 日，上海发生"五卅惨案"。6 月，毕倚虹在《上海画报》第一期即刊出五张照片，直接揭示"五卅惨案"真相。此后画报以每三日一期的速度出版，内容反

---

① 参见：沈珉. 现代性的另一幅面孔——晚清民国的书刊形态研究[M]. 北京：中国书籍出版社，2015.

② 当时代表最高印刷技术的是照相凹版(也就是影写版)，可以印刷到 20 万册以上而不影响版子，拥有这一技术的有商务印书馆、中华书局、上海时代图书公司、中国照相制版公司以及高元宰的印刷学校。

映社会现实。编辑作者队伍一直是写、摄、绘三组人马。版面图文混排，铜版精印。这种人员的整合方式，预示都市文化的图像出版时代即将到来。

《上海画报》创办后，三日报刊一时兴起。1926年《太平洋画报》创办①，其作者阵容也分为画、摄、写三组人马。其中漫画家的身影依然活跃，如张光宇、鲁少飞、黄文农、张聿光等，摄影中不仅有黄修人、伍守恭的名字，还出现了舒舍予（老舍）的名字，显然是客串的身份；文字作家还是通俗作家为主，如包天笑、吴双热、程小青等。

《上海画报》不仅作者队伍庞大，且对印刷与装订也很注重。《太平洋画报》第二期"较第一期尤为丰富，有颜文杰三色套版之《梦回》，张聿光、韩啸虎之册页，刘海粟之《放鹤亭》；秦立凡之《努力》，庞亦鹏、胡粹中、朱士杰、胡亚光等时装套色版铜图；有电影女演员之照相及摄影赛珍会之风景照片。多种均为市上所罕有者……该报装订新颖于画报中别开生面云。"②

同年2月，《良友》创刊。伍联德写道："良友得与世人相见。在我们没有什么奢望。也不敢说有什么极大的贡献和值得的欣赏，但只愿，像这个散花的春神，把那一片片的花儿，播散到人们的心坎里去。"③《良友》第一期即有铜版印刷，第二期开始采用女星为封面女郎照片，这马上成为一种出版范式。为获得新闻照片，《良友》专门建立了一支摄影队伍，其中有自己的职员，也有不少社会兼职人员，党、政、军、教育、文体等各个部门均有特邀的摄影师。为了完成一些特殊的摄影任务，《良友》还与照相馆进行合作。这些手段，大大提升了图像的新闻纪实功能。

这股画报风席卷面很广。此一年，《北洋画报》在天津创办。《北洋画报》也是以图像出版为主的，第一、四版为名闺图片与彩色广告，第二、三版为图片、文字、书法的合成，成为天津重要的媒体。

从以上的画报类型也可以看出，图像出版的刊物有两个发展方向，一是将图像与历史进程的现实命题进行结合，导向于新闻，另一种是将

---

① 出版界消息［N］.申报本埠增刊,1926－01－09(广告).
② 据《申报·本埠增刊》1926年1月9日《出版界消息》广告:《太平洋画报》现已印就、准于明日(十号)出版,预定价目全年二元五角云。1月21日以载,此报为韩啸虎、秦立凡、舒舍予等创办。
③ 伍联德.卷首语［J］.良友,1926(1):卷首.

图像与人生审美的情趣结合,导向于娱乐。这两者的发展方向差距越来越大。

《良友》第九期的《编辑者话》引用一份读者的信,点明图文时代图片与文字的关系[1],即要以计划的态度,进行材料的准备,并以短篇、精彩的文字与美化的版面结合。而《良友》之后的一系列策划,则是将照片的意义先于文字加以设定,通过照片拉近名人与读者之间的关系,也通过照片来审视都市的存在,照片拍摄的角度可以无所不在,真实性可以替代人的眼睛,通过照片对生活的校正,完成现代的认知。

以写实性照片为内容的都市时尚刊物《良友》,和将纪实照片作为刊物点缀的都市娱乐刊物渐拉开了距离。

三、后期写实主义发展与形态特征

20 世纪 20 年代中后期,上海都市化进程加快了。1925 年,中国参加了巴黎国际装饰博览会,各类艺术形式通过另一种渠道进入了中国。更多与装帧相关的艺术家作品被介绍了进来,而且,信息传递的速度远远超过以往。1927 年 7 月 7 日,上海特别市成立,这是以"东亚第一特别市"的规格来建设的,也是中国所有城市的标本。直到 20 世纪 30 年代,在比较北京、上海与南京这几所城市的时候,很多文人描述:北京是宁静古老的,南京是荒凉落后的,只有上海才是一个代表中国现代化精神的城市。"新时代""新时尚""现代""摩登",这些词是上海所专有的。构成都市的各类硬性指标如人口、生产工具、资本、享乐和需求的设施,在这里都得到了满足。"上海的显赫不仅在于国际金融和贸易,在艺术和文化领域,上海也远居其他一切亚洲城市之上。当时东京被掌握在迷头迷脑的军国主义者手中;马尼拉像个美国乡村俱乐部;马达维亚、河内、新加坡、仰光不过是些殖民地行政中心;只有加尔各答才有一点文化气息,但远落后于上海。"[2]上海的繁华,不只是物质上的丰富,更是文化上的包容。大众文化建构的立体化,使得各层面文化都能找到它的消费群体。1926 年以后,北京文人集体南下,有许多人最后选定了上海落脚,比如鲁迅;许多的印刷公司与发行公司仰赖上海这一巨大的市场,从南

---

① 图画方面——(一)丰富;(二)美术;(三)编排有次;(四)有价值。文字方面——(一)文字要短缩;(二)稿件严于选择。

② 白鲁恂.中国民族主义与现代化[J].二十一世纪,1992(9):16 – 17.

京、从武汉等地迁来上海。

1933 年,中国出版进入了"杂志年"。"杂志年"的到来有其特定的历史原因,1928 年一大批刊物涉及空前的"普罗列塔利亚文艺"讨论中。与此相应的是 1928 年以后刊物的活跃。据统计,1928 年多达 40 种以上的文化类杂志创刊。支撑文学论争的数十家书店,大多是 20 年代末初建的小型出版机构,其中有获得话语权进入出版业的知识分子开设的书店,也不乏争取畅销书刊而候时入市的商业出版机构。对"普罗文化"的争论由于 1930 年"左翼"的成立而暂告结束,此后"一·二八事变"则造成了出版业毁灭性的损失。陈望道把"杂志年"的形成原因归结为经济"不景气"。楚士则关注到了新出版法[①]对于出版的影响,由于新的出版法对于新闻杂志由"呈报主义变为核准主义",对出版环节审核的加强,对出版方式控制的严格,对出版手续规定的严格,都使得出版书籍难度加大,而杂志的开设则容易一些,"尽可全面先行出版,慢慢呈请登记"[②]。"一·二八事变"结束后,社会生活逐渐得到恢复。出版商人采取了短平快的出版方式以达到资金快速回笼的目的,缺乏长久的经营意识,刊物内容多符合快节奏的生活;作者方面因为战争和党争的影响而无意写长部的著作,出版有的内容实际上在 1928 年以后陷入空前的倒退,有思想性的作品不再出现。出版商宁可出版古籍来维持出版运作,也不愿意涉及形态意识浓重的内容。"杂志年"的出现折射出当时经济、政治、文化等多个方面的问题,而刊物的面目是"软性内容"的增加以及图像意识的深入。

1.视觉元素丰富,图像出版时代的到来

首先,20 世纪 30 年代刊物版面上的字体非常丰富,这要得益于字体创制的更进一步开发。在 20 年代开发的楷体字体中,商务印书馆的楷体字体没有成体系,有的字还需要手工补充。而 30 年代后字体的发展成熟,意味着可以通过字体传递情感的多样化,字体也开始有丰富的表情。其次,为了加快阅读的速度与提高版面的生动性,都市时尚类书刊以更为直接与明显的图像来推动阅读的快感。

作为出版界的翘楚,《东方杂志》在 1932 年时已经注意到了这种情

---

① "新出版法"是 1935 年国民党出台的《修正出版法》,因 1930 年曾颁布过《出版法》,故楚士称其为新出版法。

② 楚士.新出版法与杂志年[J].读书生活,1935,2(7):4.

况。在其第 29 卷第 1 号的《编辑后记》说明：

> 从本期起，编辑体例已略加改变。以后拟尽量登载短篇的软性
> 的文字。在普通号内专载具有时间性的短文，学术专著之篇幅较长
> 者，则在第六、第十二、第十八、第二十四等特大号内发表。
>
> 插图已扩充为《东方画报》，用商务印书馆的影写机精印。①

其中透露出由于图像出版的发达，阅读文字的热情已转让给图像，
因此严肃刊物如《东方杂志》也不得不加重软性的内容，以图像来取胜。

这一时期，浓重的写实意识，不仅表现在软性读物上，也表现在一些
硬性读物的编排上，比如《东方画报》的诞生；比如《世界知识》②活泼的
"时事图像"③编排；比如《读书生活》对影像技术的依赖。

刊物系统的图像策划成为新的策划方式。在马国亮主编时期，《良
友》就策划了《成功人士》《名人生活回忆录》《上海地方生活素描系列》
《西游记系列》等几个系列，表现出图像组织的新技能。

同时，一些依靠图像编排的读物也成为这一时期的宠儿，这就是大
型图册的策划与生产。《良友》自行组织了新闻团进行大规模拍摄，同时
整理已有的图像，编辑为经典的文献：1929 年《北伐画史》已再版三次；
1931 年出版《中日甲午战争摄影集》，整理出版了 1894 年的战争照片；
1931 年《日本侵占东北真相画刊》出版；1932 年《黑龙江战争画刊》《锦
州战事画刊》即时报道了日本对东北的侵略；1933 年出版《九一八国难
纪念》《榆关战事画刊》。另外，《良友》还出版了诸如《孙中山纪念特刊》
《北伐画史》等画册，标志了图像出版范围的增大。与之呼应，1933 年文
华印刷公司编印《热河血战画史》。这些画册与当时中国的形势变化紧
密相关，图像的运用增加了现场感与真实感。

这样，与"图像是文字的补充"相反，"文字反而成为图像的说明"，
图像的发达形成了浓重的图像意识，加快了阅读的速度，减少了思索的
时间。

---

① 编辑后记[J].东方杂志,1932,29(1):后记.
② 《世界知识》，半月刊，毕云程主编，1934 年 9 月创刊，生活书店发行。
③ 《世界知识》有"图表中的世界"以及"图解时事"两个专栏，由沈振黄、金端苓与朱育莲
绘图，在地图插入符号性的图像来说明问题。他在运用形象艺术来进行国际宣传方
面，有突出的贡献。

《上海画报》1925年国庆特刊 　　　《良友》1929年第35期之
　　　　　　　　　　　　　　　　　　"出版过程之说明"

图 2 - 12　画报出版

2. 女性照片作为封面画成为软性读物出版的范式

"软性读物"的本质是文化与商业、娱乐业的结盟。张静庐勾勒
1934—1936 年刊物的走向：

> 据告在过去二个月里，杂志公司曾搜罗一千二百多种，除里面
> 有五百多种是专门出的学术刊物和含有地方色彩的外，其余都是一
> 般的读物（这意思是说泛论中外时事政治经济情形及社会动态的，
> 有讽刺的怒骂的，嬉笑的叙述和图画者）。……一九三四年的时候，
> 所有的杂志多半是电影和一些无意识的漫画。①

由于这些杂志大多是浮光掠影式反映社会生活的，所以缺乏深度。
陈望道认为"杂志年"的特征是"低级趣味"②。孔令村提到"软性读物"
除了漫画与电影方面的内容，"几乎全是'幽默'与'小品'的'合股公
司'"③，适合快速阅读与休闲阅读。出版杂志众多，使得中国杂志公司
应运而生，群众杂志公司也随之而起。

软性读物的普及推动了一大批刊物以女性照片作为封面以招揽读
者的做法。此时，月份牌画家参与书刊封面创作的程度减少，书刊封面

---

① 杨寿清.中国出版界简史[M].上海.永祥印书馆,1946:53.
② 陈望道.明年又是什么年呢?[J].太白,1934,1(7):293-294.
③ 孔水村.杂志年的改造[J].文化建设,1935,1(4):153-154.

示见月份牌画家吴志厂、吴少云、矶俊生、金肇光、张碧梧等名字。书刊封面多换上美女照片。如《良友》的封面，"一直是以年轻闺秀、著名女演员、电影女明星、女体育家等的肖像作封面的"①。《良友画报》第一期使用的就是胡蝶的图像。与周瘦鹃用"FF 女士"替代真名的做法不一样，20 世纪 30 年代的刊物愿意突出女性的真实身份。据统计，在《良友》封面，有名字的女性占到 83.7%②，如陈云霜有三次出现于刊物之上，阮玲玉则出现两次。

明星、名媛的形象代表着都市进步以及物质文明的发展，也更为逼真、具体地表达了都市时代的特征。女性变成物质化的符号。她们精致的五官、精心的打扮、华丽的衣着、洋派的生活空间，全方位地表现出时尚女性的生存空间。女性形象越是刻画周全，符号越是可信，她所建构的都市象征符号体系就越真实。照片所呈现的中上层阶层生活的标准化样式：高贵、时尚，它们那样切近，可以被触摸，可以通过奋斗来获得。在获得的真实性方面，手绘仕女图无法与摄影肖像相比，手绘仕女图逐步在时尚类刊物的封面中退场。

都市类的画报大多采用了这一表现范式，比如《美术生活》《文华》等相继将演员的照片刊在封面之上，《玲珑》《今代妇女》则别出心裁地将大家闺秀的照片刊出。这些照片逼真、具体地表达了时代的特征。

电影类刊物更是应运而生。1920 年第一本电影刊物《影戏杂志》创刊，之后此类刊物数量增长迅速。据统计，民国期间共计出版了约六七百种电影刊物③。其中林苍泽在 1925 年创办的《电声日报》，以精彩的图片获得了市场的热捧。"自从《电声日报》问世，电影刊物风行一时，数目和类，有二三十种之多。"④1934 年，《电声日报》转为《电声》周刊。这份周刊长年维持 20000 份左右的销量，最多时达 55000 份，成为当时最畅销的电影刊物。《电声》为 16 开本，定价便宜，常刊只卖 5 分，特刊定价 1 角。常刊在专色印刷照片上压单色刊名，而特辑则以三色精印。封面主要刊载女影星的照片。其内容虽然以评价当时的电影为主，但也有不少是女明星的各类八卦新闻，比如创刊号上即以"胡蝶败诉"为卖点。

①②　吴果中.《良友》画报与上海都市文化[M].长沙:湖南师范大学出版社,2007:224.

③　张友元.中国期刊年鉴 2009 年卷[G]//中国期刊年鉴杂志社.中国期刊史研究,2009:382.

④　影片公司收买小报之内幕[J].电声,1934,3(19):365.

1935年上海图文出版社出版的《影坛》刊物为8开本,封面刊出演员的照片,印刷精美、色彩浓厚。即便在孤岛时期出刊的《乐观》,依然是以女明星的形象作为封面内容,以彩色照片的三色精印为印刷的基本要求。这也说明纪实性一定程度上是由技术来决定的。一旦技术提供了纪实可以达到的高度,那么它就可作为规范被继承下来,而有违规范的行动则被理解为一种故意,从而引向于隐喻。

对于照片的处理上也大致相同。比如《文华》的封面与《良友》一样是由梁雪清处理,她将仕女照片放大后仔细上色,并拍成彩色图片,再进行三色版印刷,效果非常精美。

图2-13　第1至第3期封面

3. 内容与形式的同构塑造了刊物的都市气质

如果说《良友》《文华》的封面设计定位于都市造像,那么以漫画为主要内容的《时代》则以"人人的写照"为刊物定位:

> 穿的门径,吃的门径,住房子的门径,走马路的门径,看戏交朋友做事业以及一切的门径,在现代的时代,是化费了钱财和精神,取好要有相当的讲究,才可以不虚糜的,我们这里所介绍的,虽然是些图像,可是件件是有一件证明:我们要怎么生,才足以幸运快乐。[①]

《时代》的办刊宗旨就如此贴近生活,它对图像的选择是通过最纪实的影像来反映都市生活中的片断。

不单可通过直观的画面看出20世纪30年代刊物的基本内容取向,

---

① 编者的话[J].时代,1933,1(5):1.

而且从形式上也能窥见一斑。印刷精致的画报多为大开本,彩色印刷。如《良友》为小9开本,《时代》是8开本,《文华》是8开本,《美术生活》是8开本,《万象》为8开本,都以巨大的开本来抓人眼球。

从内容设置上,也能看到内容与图像的同构,《美术生活》刊物以"美术"与"生活"为两大主题,建构都市文化的形象。刊物联系了当时的一大批社会名流。编辑有钱瘦铁、江小鹣、郎静山等,特约编辑有方群璧、李有行、林风眠、陈抱一、张聿光、颜文樑等。在《文华》第1期的《编辑后的谈话》中主编赵苕狂说明这一刊物的主要内容构成是画、文艺作品以及摄影作品三类。

《女神画报》①栏目设为图画与文字两大类,图画向电影资料靠拢,文字方面则有次平、欧阳予倩等作者;《美术杂志》由陈秋草和方雪鸪编辑,内容分为图画、摄影、文学三大版块。这些定位,实没有超20世纪20年代的旧例,技术只是推进了都市镜像的反映力度,并没有增加内容的深度。

1934年创办的《漫画生活》具有较为鲜明的思想意识形态,是为了消灭"战乱、失业、灾荒、饥饿"等世界的"大悲剧"而努力的②,但在形式上"实为漫画与文艺汇流之大海,各前进作家脑汁之结晶。且全部均用最新式照相平版及超等纸张精印,并有照相版精制彩色图片"③。可见时尚对于书刊的影响之大。

写实主义风格在客观上追随时代的需要如实记录着时代影像,但其意义架构在内容之外。版面上任何一张图片的出现都不是没有来由的,它们是编者用以表达观念的工具。图像创造了神话,它使现实的展现看上去合乎逻辑并且顺理成章。在这一点上,写实主义具有更强大的迷惑性。

第三节　象征主义设计风格的形成发展与形态特征

现代形态的书刊,让图像的作用得到充分发挥。问题在于,图片的使用真的只是为了满足版面的空间需要以及作为视觉上的点缀与技术

---

① 《电影业》,1935年6月1出版,严次中主编。
② 开场白[J].漫画生活,1934(1):1.
③ 参见:《漫画生活》征订广告[J].漫画生活,1934(1).

的表现吗？近代开始，以图像来寻求象征意义即是文化自我反省的一个内容——无论从作品的自我表达还是对于接受角度的反向探寻都可以反映。

作为设计风格，象征主义是自觉运用符号修辞手法将形式引向内容的能指。这一符号的运用，接近于皮尔斯（Charles Sanders Peirce）对符号的定义。这里能指与所指的联系是由文化确立的，想要理解这些符号，就必须对符号产生的背景有一定的了解。

一、早期象征主义的形成与形态特征

象征主义的兴起是近代巨变的产物。世界格局的变化，带来的自我认识的觉醒。研究者发现尽管清末统治都在走下坡路，但是反映在文化与图像上，却有着蓬勃之气。睁眼看世界后不仅是自省，也有对未来的希望，两者交织，使得这一时期有一些共同的视觉象征可用来探索中国与世界的关系。

1. 看待空间的另一种眼光：地球、地图、龙与东方

封面一旦有了单独印刷的可能，它的空间意义就被挖掘出来。这一时期，国家意识的兴起也在封面设计上得以表现出来。

《格物新致》终刊号：出现规矩以及地球等图案。

《大陆》第 1 期：一条龙盘踞在地球之上，地球上写英文"THE CONTINENT"。

《新民丛报》1902 年第 1 号：世界地图之上，压着勾勒的楷体刊名。

《新民丛报》1903 年第 29 号：一只雄狮在追扑一个地球。

《东方杂志》1904 年第 1 卷第 1 期：太阳正从东方升起，光芒之中巨龙口吐毫光，整个地球都被这光芒笼罩，毫光中自上而下为楷体所写刊名；第 2 卷第 2 期上方是日出东方，放出万丈光芒，前影是大树的剪影；下方描绘了巨龙游于大海，正要飞腾而上的样子，隶书刊名。1907 年第 4 卷第 7 期：一条巨龙从群山后探出头来，群山之后正升起一轮火红的太阳，隶书双勾刊名。

东方、日出、地球、地图，这些带有鲜明的国家意识、地理意识与现代意识的图像鲜活地勾画出清末国人活跃的思想、世界性的眼光与期待架构宏大叙事的意愿。如果回顾世界地图传入的历史，立即让人想到明代的旧闻：传教士带入中国一张世界地图，当时的皇帝由于看到中国没有

在世界地图的中心而不高兴。传教士为取悦皇帝,特地将中国的位置移至世界地图中央。与这一封闭眼光相反的是,晚清国人对地理的清晰认识。当时日本所绘的中国地图在中国销售状况非常之好,英国以及其他国家有关中国的地图也都有在中国出售。"东方巨龙"的形象象征着民族在新世纪的兴起。乐观主义不仅在图像上有所表现,而且在文学作品中也有所体现。

图 2 - 14　早期象征主义封面设计

《东方杂志》在之后的设计中,陆续以中华优秀文字的辑字形式、中华名人的题字以及肖像画来延续国族意识的表达,创建综合性刊物的地位。①

1933 年《东方杂志》主编胡愈策划了一个"新年特大号"的主题征

① 李华强.设计、文化与现代性——陈之佛设计实践研究(1918—1937)［M］.上海:复旦大学出版社,2016:294 - 344.

文,畅谈新的梦想。丰子恺为这期刊物设计了一个儿童清洗地球的封面画。图中,一个可爱的男孩子坐从木桶边,用板刷洗盆中的地球,寓意国人对未来的美好期盼。

国家叙事与民族意识是近代文化的一个主题,也是视觉传达的重要内容。

2. 看待时间的另一种眼光:纪年的表达

在向现代出版的转变中,出版人的版权意识的逐渐觉醒,使得出版时间作为重要的版权因子被呈现出来,出版时间的标记体现为一种纪年方式,而纪年一直作为政治与权力的表征被统治者高度重视。

图 2 - 15 《东方杂志》第三十卷第一期"新年特大号"（1933 年,丰子恺设计）

晚清民国时期,由于循环世界观的灭亡,线型时间观成为先进性的标志。西方宗教刊物在开埠后,在版权页中即以西历与中历并置,说明了西方人对自己知识体系的自信以及对其在中国地位的自知。而面对晚清倾颓政局,关于纪年的文化之争成为晚清政治历程中的一件大事,有识之士开始意识到对时间的重新认知有利于建立起全新的世界观,纪年的问题开始在刊物上表现出多样的状态。当时有"孔子纪年""黄帝纪年""共和纪年""耶稣纪年"等①。

维新派的代表人物康有为主张使用"孔子纪年",这一主张受西方"耶稣纪年"启发,又与其主张的"尊孔子为文化教主"的思想合拍。在维新党机关报《强学报》的创刊号上,刊名之下,赫然出现"孔子卒后二千三百七十三年",与"光绪二十一年十一月二十八日"并列。该期上还载有《孔子纪年说》一文,细述"孔子纪年"之意义。1913 年《不忍》（广智书店出版）杂志序康有为题"孔子二千四百六十三年"。作为康的弟子,梁启超对"孔子纪年"虽然也作推动,但明显将其政治意味减弱很多,以便在文化的延承以及记忆的民族性上发端,他认为采用孔子纪年有四

① 参见:钱玄同. 论中国当用世界公历纪年[J]. 新青年,1919,6(6).

大好处①,不过他也支持"黄帝纪年"。但是在实际的运用中,他在《时务报》和《新小说》中采用的是中历纪年。

与维新党人不同的,革命党主张采用黄帝纪年的积极性明显高出很多。1903年7月,刘师培发表了《黄帝纪年说》(后改为黄帝纪年论),力主"黄帝纪年"。他还罗列了黄帝纪年的三大好处②,并据宋教仁之推论,将1905年推定为黄帝即位4603年。《民报》第1期刊首印有黄帝像,图下有说明为"世界第一之民族主义大伟人黄帝",以后革命党一直沿用宋说。湖南演说科所印《猛回头》属"黄帝纪年四千六百零九年"。孙中山就任临时大总统的次日,即1912年1月2日,通电各省都督:"中华民国改用阳历,以黄帝纪年四千六百九年十一月十三日为中华民国元旦",黄帝纪年用至辛亥十一月十二日(1911年12月31日)止。

除此之外,还有一些主张不一而足③。

如此多的纪年之法,出现于晚清之际,表现出纪年作为一种符号背后所反映的政治与文化的诉求。"黄帝"的再次发现,不只是文化记忆的修复,更是对重建"世界之中国"的合理想象④,因而纪年表现出的内在张力与外部政局对峙的紧张状态,纪年之争不仅成为晚清末年寻求正统与否的一个契机,同样也成为在与西方接轨,或者以外来的观点重建中国文化内涵的形式,成为国家、种族与民族关系陈说的态度。在晚清,纪年方式体现的是一种对现存秩序的反抗,这点再清楚不过了⑤。因此,从这一点上看,出版物文字的呈现方式,不仅构成阅读的内容,也是揭示史实的符号,充分体现了出版工具性的作用。

---

① "符号简,记忆易,一也;不必依附民贼,纷分正闰,二也;孔子为我国至圣,纪之使人起尊崇教主之念,爱国思想,亦油然而生,三也;国史之繁密而纪者,皆在孔子以后,故用之甚便。……四也。"(梁启超.新任章[G]//梁启超.新史学,北京:商务印书馆,2014:122.)

② 参见:汪宇.黄帝纪年论[G]//汪宇.刘师培学术文化随笔.北京:中国青年出版社,1999.

③ 焦润明,王建伟.晚清"纪年"论争之文化解读[J].辽宁大学学报(哲学社会科学版),2004(11):48.

④ 沈松侨在其《我以我血荐轩辕——黄帝神话与晚清的国族建构》一文对这方面进行了系统论述。

⑤ 焦润明,王建伟.晚清"纪年"论争之文化解读[J].辽宁大学学报(哲学社会科学版),2004(11):48.

二、中期象征主义的发展与形态特征

这一时期的象征主义,是在出版分化的基础产生的。罗贝尔·埃斯卡皮说:"专门化是中等规模的书店借以对自己的商业活动加以限定和制定方向的方法之一。"①而在近代文化的谱系中,专业化是文化诉求的结果,呈现的是出版机构最初定位时文化理想的差异。

新文化运动的兴起,要求书刊在视觉上与旧派书刊有明显的切割,而意义的寻找就是新旧文化出版物的一个分水岭。新文化与通俗文化的立意不同,自然在形态上会有所反映。从图像的朝向来看,新文化注意的是图像的深度与高度,而后者关注图像的真实性以及娱乐性;新的图像却想服从于更高的理念,通俗杂志则延续描绘生活的本态。

1.《甲寅》《新青年》与《小说月报》的图像含义

1914 年,章士钊等在日本东京创刊《甲寅》杂志②。因为这年是中国农历甲寅年,故以"甲寅"为刊名,与此相适应,该刊封面绘一老虎,以谓甲寅年。同时封面上还出现了一只木铎。《周礼·天官·小宰》记:"徇以木铎。"郑玄注:"古者将有新令,必奋木铎以警众,使明听也……文事奋木铎,武事奋金铎。"因此封面上木铎的出现是有其深意的,它标志着文化的一种变革。此一刊物,"在 1914—1915 年间为知识精英的重新整合和边缘知识分子的崛起提供了适合的空间"③,对后来《新青年》的创刊是有启迪意义的,它的意义不只在内容上有前后传承的关系,而且在形态上,明确了表征的手法,给新文化的书刊形态表征指示了方向。

《新青年》在图像选择上并不出色。第一期封面中作为图案的钢铁大王与其推崇的法兰西精神存在差异,隐含的革命性没有得到图像的肯定。之后封面肖像依次是屠格涅夫、王尔德、托尔斯泰、富兰克林、谭根④等,很难说这些人物之间贯穿着一条非常密切的轴线,如果有,也只能算是青年励志的范畴。1920 年《新青年》配合国际劳动节推出第 7 卷第 6 期"劳动节纪念号"。1920 年的"五一"是中国的第一个劳动节,在北平、

---

① 埃斯卡皮.文学社会学[M].于沛,选编.杭州:浙江人民出版社,1987:57.
② 当时有两本刊物最为有名,一是梁启超之《大中华》,一是章士钊之《甲寅》。前者的封面是传统中式的,而《甲寅》则为日式风格的封面画。
③ 杨早.清末民初北京舆论环境与新文化的登场[M].北京:北京大学出版社,2008:131.
④ 谭根,旅美华侨,华裔飞行家。1911 年前后,谭根在华侨资助下自行设计并制造出一架船身式水上飞机参加万国飞机制造比赛大会并获奖。

上海、广州、香港、汕头、九江等地的工人都组织活动以庆祝节日。这期特刊,扉页上是蔡元培先生所题的"劳工神圣"以及罗丹的《劳工神圣》雕刻。这期特刊厚度是常刊的一倍,刊物用大量篇幅介绍了上海、天津、无锡、唐山等城市产业工人的工作及生活状况,还附有反映当时工人生活状况的图片33幅,以及12位工人的亲笔题词,其政治意义,不言而喻。《新青年》对西方名作有意识地引入与介绍也始于此。之后《小说月报》改版后,也开辟了西方名画欣赏的专栏。

当然1921年《小说月报》的革新不止于此,在其第1期的封面上,许敦谷①的喻义"诞生"的加色素描画让人耳目一新:一个睡在摇篮中的婴孩正在期待成长。传统的线条画被取消了,一种带着西风的人物素描画出现了。许敦谷的画作,对当时中国书刊形态上仕女画一统天下的局面有着全新的视觉改造意义,同时他的作品还取材于《圣经》故事以及希腊瓶画的样式,用艺术的风格诠释了"开显"的身体。

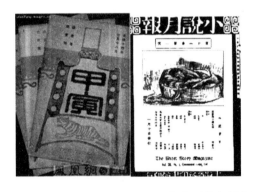

图2-16　新文化书刊的象征主义设计

2.新文化书刊的图像意义追求

在新文化阵营,创造社以其狂嚣不羁的姿态寻求更异于现实的图像。《创造季刊》以"人的创造"强有力的图像宣告了新文学的介入。作为横排的又一实践者,创造社的《创造季刊》(1922年第二期)版面已经注意到了各级标题的大小以及标题之间空间的设置问题,并且以一组裸女的形象预示着创造社同仁卓尔不群的姿态。

新文化书刊的上场,带动了书刊形态的改造。公共知识分子期望可以

---

①　许敦谷(1892—1983):1913年入东京绘画研究所学习,1920年回国后入商务印书馆工作。(郎森.画家许敦谷生平及其作品[G]//中国人民政治协商会议福建省漳州市芗城区委员会文史资料委员会.漳州文史资料:第7辑(总第12辑).[出版者不详],1990:14-17.)

带动设计新人在版面的方寸之间完成意义的探索,但是理想的设计师却很难找到。像鲁迅策划《乌合丛书》时,以及文学研究会新书出版时,都在寻找艺术的同道,或者移用艺术家作品,或者邀请艺术家参与,以共同完成书刊的形态设计。

陶元庆是当时有名的图案画家,由于其创作的图案画赋有抒情性而被鲁迅发掘,而这种抒情性被引申为象征性。20世纪20年代,有读者讲到陶元庆画作所赋予的意义。

> 但说到封面用画,它的画却要因书的性质而变异,因为这是对于阅者也有些关系的。如果是文学类的书,封面就可画得精深一些。在我意思,以为是从象征来得好。陶元庆、叶灵凤,我都很赞成;孙福熙和丰子恺,我却有些意歧了,一望而知的画,总不如使人加些思索来得好。总之封面画要随阅者鉴赏力而定的。①

从这段话中可以知道当时的读者已不满足书刊形态的装饰,而在乎其象征意义的传达,更倾向于将形态看成是符号。

鲁迅对陶元庆的创作十分赞赏,陶元庆的装饰画也得到了同时代人的肯定。唐弢在《谈封面画》一文中说:"三人中(指陶元庆、钱君匋、司徒乔——笔者注)我最喜欢元庆的作品,一幅《苦闷的象征》已是人间妙品,而鲁迅《朝花夕拾》《工人绥惠略夫》,许钦文《蝴蝶》《毛线袜》《若有其事》《彷佛如此》等书,均经他代作封面,十分出色。"②"元庆天赋既佳,作画时又从不肯苟且,故幅幅见功力,亦幅幅具巧思!"③画家陈抱一说:"陶君的作品……富装饰感……看他的作品全体的气概的特象,与其说是健重的、丰丽的,宁说是柔弱的、阴沉的。但所谓柔弱阴沉,在他的作品上绝非不好的意味,因为那确是纯真的根据,他自己本能的观感所表现的缘故。"④而鲁迅在陶元庆去世后给崔真吾的信中不无伤感地写道:"能教图案画的,中国现在恐怕没有一个,自陶元庆死后,杭州美术学院就只好请日本人了。"⑤

陶元庆设计的封面,钱君匋将之分为两类,一类是装饰之作,与内容

---

① 参见:德恩.谈书的封面[N].申报·本埠增刊·艺术界,1927-03-07.
②③ 唐弢.晦庵书话[M].北京:生活·读书·新知三联书店,2007:148.
④ 陈抱一.回忆陶元庆君[J].一般,1929(4):247-248.
⑤ 鲁迅.1930年11月19日给崔真吾的信[G]//鲁迅.鲁迅全集(十)书信,北京:人民文学出版社,1956:54.

无关却别有意境,如《残象之残象》《故乡》等;一类是紧贴内容,将内文进行曲高度提炼与概括,如《坟》《彷徨》等。因此第一类本是作品之移用,第二类才是作者呕心沥血之作。可以说,陶元庆的作品既有装饰主义的作品,也有象征主义的作品,但总体属于图案画的范畴①,他将自然绘画与装饰性的构图及技巧进行了融合,同时也将西方现代绘画的表现方法与民族的形式进行了糅合,从而产生了一种新的艺术风格。

在题材开拓方面,陶元庆认为中国画表现方法和取材太过偏窄,显然是不能在新时代里占据领先的位置。所以他创造出一种高度简约的形式语言,把图案性与装饰性的认识提高到了抽象的高度。他也画人体,但是他的人体却是抽象的、含糊的,缺乏面目的呈现,也缺乏年代的交代。

从技法上看,陶元庆的创作混合了多种技巧,以表达出新的意境②③④。

比如,偏向于抒情的有《往星中》《朝花夕拾》与《唐宋传奇集》等。《往星中》以纯粹中国写意的曲线构成不封闭圆形,线条颜色弱到基本看不见的程度,与背景的底色混成朦胧的一片,但那种情绪却有着浓厚的蔓延。《朝花夕拾》与《唐宋传奇集》,用极简的线描勾勒了女性身影,同样的风格也出现在《出了象牙之塔》的封面中,只不过人物略显西化。《女神》与《若有其事》是将造型的能力完全收回到线的表现。

有偏向于装饰的,如《彷徨》《坟》等。《彷徨》表现三个人物僵坐于长椅之上,如同《等待戈多》的同构;《坟》中将坟、树、台的图案,进行了几何化的整饬处理,旷野的边沿向周围进行拉伸,用直线条表现棺材、坟墩与树干,而三角形造型的坟墩,表达了荒无人烟的寂静以及清冷的死亡意象。

《苦闷的象征》封面,鲁迅评价是"书披上凄艳的新装"的作品。它描述是一个在圆形禁锢中扭曲变形的半裸妇人,披着长发,用脚趾夹着镗钗的柄,并用舌舔着武器尖头。人物造型夸张,仿佛有着无限的悲哀,以想挣脱却又不能挣脱的苦痛来表达"苦闷的象征",画面是以黑、白、灰、红的对比,明亮而又凄丽,深刻地表现作品的主题。

在表现手段上,他是"在自己稳定的表现中以新的审美意识结构去

---

① 许钦文.陶元庆的创作生活[J].中国文艺,1937,1(3):462-465.
② 陶元庆反复强调自己是一个纯正的美术家,而是不想做一个图案画家,这与社会看法有关,也与不同美术家的经济收入相关。
③ 金锐,金爱民.陶元庆书籍装帧美学特征探究[J].外语艺术教育研究,2008(3):77.
④ 许钦文.陶元庆的创作生活[J].中国文艺,1937,1(3):462-465.

过滤与改变西方审美的心理刺激,并将其吸收到民族母体的审美心理结构中去。"① "在那黯然埋藏着的作品中,却满显出作者个人的主观和情绪"②。应该说,他的画作品是抽象的,意境是模糊的,但正是这种抽象与模糊使得作品的张力得到了扩大③。

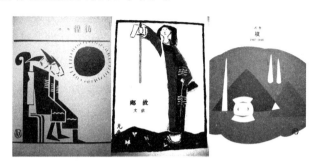

图 2 - 17　陶元庆的象征主义书刊设计

闻一多是另一位通过图像来进行意义表达的西画家,虽然他后来以一个文学家和民主斗士的身份为人所知,但不可否认他早期的艺术探索是卓有成效的。

1926 年他为《晨报·诗镌》设计的刊头画面是:一匹飞马展开双翼向上跃起前蹄,后腿蹬在初升的圆月上。月中有隶书"诗镌"二字。1926年,他为徐志摩的《落叶》设计的封面是通过对叶子的放大而产生的陌生感,表现出一种苍茫之感。1927 年为梁实秋《骂人的艺术》设计的封面则是维纳斯雕像与马戏团小丑的奇怪对比。

图 2 - 18　闻一多的象征主义书刊设计

---

① 金锐,金爱民.陶元庆书籍装帧美学特征探究[J].外语艺术教育研究,2008(3):77.
② 鲁迅.当陶元庆君的绘画展览时我所要说的几句话[G]//《新文学史料》丛刊编辑组编.新文学史料第二辑,北京:人民文学出版社,1979:77.
③ 沈珉.现代性的另一副面孔——晚清至民国书刊形态研究[M].北京:中国书籍出版社,2015:42 - 43.

司徒乔①是另一位非常具有思想性的艺术家。虽然他的书刊设计作品不是很多,但是却有很高的艺术性。他的风格"在一般人看来'杂乱无章',过于粗糙和随意。但仔细品味,却有着一种情感上的震动——读司徒乔的作品,往往要摆脱技术层面的理解,而更多的是要用内心的情感去体悟。"②1926年,他为北新书局"乌合丛书"中向培良的《飘渺的梦》设计的封面中,只是一个长条的封面画,画中依稀可辨识出几张模糊的脸,仿佛一个很久远的梦境,有悲怆之感。1927年司徒乔为冯沅君《卷葹》设计的封面,是大海中搏浪的海鸥,深色的大海与白色浪涛形成鲜明的对比,分别占据右上与左下角;构图采用了斜式构图,让画面充满了动感。鲁迅曾解释题名,卷葹为一种草,拔心而不死。文中内容是对热烈爱情的歌颂。司徒乔取意海鸥与大海搏斗,隐约地表现出主题。1927年他为鲁彦设计《柚子》的封面画,远看是一幅静物图,几个大小大一致的柚子团在一起,但又像是一群小老鼠,又像是人头。《柚子》一文是描绘犯人被处决时人们争相观赏的"盛况",封面画的夸张与喻义,至此也有了合理的解释。而司徒乔为鲁迅1926年创办的刊物《莽原》所设计的封面画则以粗犷的笔调勾勒出荒凉平原的沉闷。

图2-19　司徒乔的象征主义设计

其他还有一些优秀的象征主义的作品,比如江小鹣③的封面设计。江小鹣为凌叔华1929年出版的《花之寺》设计的封面,一寺在中,三边是抽象的花丛围绕,花丛的设计是一个三角加一圆柱,像是人的抽象图形。《花之寺》可以理解为一群如花的少年空对着一座破寺,仿佛诉说青春的

① 司徒乔(1902—19580),当代著名画家。曾为鲁迅编辑的文艺刊物《莽原》画封面和插图,也为北新书局的出版物作过封面画。
② 张泽贤.中国现代说版本闻见录:1909—1933[M].上海:上海远东出版社,2009:51.
③ 江小鹣(1894—1939),原名新。江苏吴县(今属苏州)人。早年留学法国,先后学习素描、油画和雕塑。回国后客串进行书刊设计工作。

迷茫。黑的底色加重了不安与沉闷的气氛。他为徐志摩设计的《自剖》的封面,一张人脸,颇似徐志摩的漫画脸,被一棵植株剖成两半,对称中显现出差异。

图 2-20　江小鹣象征主义作品

三、后期象征主义的发展与形态特征

图像出版的发达,使得图像的排列方式得到开发。版面使用拼贴、对比、覆盖等手段,形成立体的、有节奏、有现场感的都市景观与新闻感观。这样,图像的排列就具有某种陈述的意义,也即罗兰·巴特所指复杂的"内涵符号"[1]。另外,20 世纪 30 年代,受到欧洲表现主义木刻画的影响以及日本左翼美术的影响,具有意识形态标识的画种被使用起来,这就是木刻画。

1.编排技巧成为图像意义产生的手段

苏珊·桑塔格所说:"围绕着摄影影像,人们又建立起了一种新的关于信息的观念。"[2]人们通常认为照片具有的解释性,具有"真值"。而富尔顿指出这具有真值的照片被二重的解释过程运作与展现出来,首先摄影师选择与结构了形象,使其具有了"提供证词"的意义。接着,这些照片从原有的顺序中被选择与排列,从而指向文化。

周瘦鹃在讲到《紫罗兰花片》的编排转型时说,他在内文中插入大量

---

① 罗兰·巴特在潘扎尼面食广告中分辨出四种内涵符号,其中最复杂的内涵符号是通过"图像的构思"或者通过版面或平面的布局来进行意义的投射。这时版面或平面的布局或者"图像的构思"一是能指,它需要与一种概念的样式进行匹配。

② 桑塔格.论摄影[M].黄灿然,译.上海:上海译文出版社,2014:29.

图像,且剪裁成不同的形状,以短文相配,"铜锌图每期至少在十面以外,方的、圆的、长的、狭的、椭圆的、长方的、不等边的种种都全,并加以极新奇的图案,排列成极特别的格式,以期引起读者的美感。铜图之外,插入各种名贵短隽而有趣味的义字,比较普通的画报,更为精美,而可以宝藏"①。借用照片而不用文字来传播观念,这时的《紫罗兰花片》已经在进行摸索。

20 世纪 20 年代的中国大型画报《良友》,就是立足于用图像来进行传播的一本刊物,其出现早于美国的《生活》(1936 年)。在刊物的早期,《良友》邀请通俗文学的编辑家周瘦鹃担纲主编。但马上发现了周的图像意识与《良友》并不合拍,因此这一短暂的合作随即结束。《良友》在图像编排的探索上远走在周瘦鹃的前面。到了 20 世纪 30 年代,各类画报兴起,对于照片的编排方法已经非常成熟。试以综合性刊物《东方杂志》、艺术类刊物《文华》进行分析。

(1)综合性刊物《东方杂志》的编排

我们选择 1932 年《东方杂志》的《东方画报》第 29 卷第 1 期的编排进行说明。

此期画报共有 12 面,占 0.75 个印张,影写版专色印刷。全刊共计使用照片 57 张,每面所使用的照片数量不等,通过少量文字与之形成图文混排的效果,技术上照片经过出血、跨页、加框、裁形、旋转、叠加等处理方法;在内容上放大细节、全景、中景、近景、特写混用;布局上形成对称版面、不对称版面等多种版面形式;在内容上,拥有国际视野,从政治、军事、经济、艺术等不同角度的观看世界。内容丰富,编排技巧多样,而且版面之间有了内在的线脉逻辑,表现出图像叙事的优越性。下面详细地介绍:

第一面、第二面讲解驰名中外的"江桥抗战"②:第一面是抠图的马占山将军的全身照片,下侧左右两边分别放置嫩江军事地形图与嫩江铁桥的摄影图,共 3 张照片;第二面为左右跨页,讲解"黑龙江的战事",大

---

① 周瘦鹃.编后[J].半月,1925,4(24):编后.
② 1931 年"九一八"事变后,马占山在齐齐哈尔就任黑龙江省政府代理主席兼军事总指挥,率领爱国官兵奋起抵抗日本侵略军。1931 年 11 月 4 日的清晨,1300 余名日军借保护修桥为名,在 7 架飞机的掩护下,直趋江桥(嫩江铁桥)中国军队驻地大兴站,并强行抓去中方哨兵 3 名。中午,又悍然向中国军阵地发起猛攻。马占山当即下令抵抗,全体将士英勇战斗,同敌血战三天二夜,击退了敌人多次进犯。

小共有 6 张照片。其中 1 张大图跨页排列,左上方的图像叠加在另一张照片之上,这几张照片表现出我方将士进行战事准备的各个侧面。

"江桥抗战"是中国军队对日本侵略者的第一次大规模抵抗。国内各地报纸对比都大力报道,《东方杂志》对这一事件自然是要进行报道。使用图像比文字解说更为直接,且具有现场感。

第三面转为《一九三二年之国际》,共 7 张图,5 张进行了旋转,报道世界各地的政局。其中右页上方首图中美国总统胡佛的侧脸像进行挖圆处理,并以简单的文字说明胡佛将竞争下任总统。下面一张为法国国会会议照片。中间上方两张是英国要求裁军的游行报道。中间下方是英国选举的照片。左侧下方是英国选举的检票场景;左上方是俄国停用的电台设施照片。跨页之中,信息非常多,照片的使用增加了现实感。

第四面又转回到中国,分析《日本扰乱天津事件》,共放置 6 张照片。虽然没有以旋转等表现出纷繁之状,但是注意到了照片内容传达的角度,选用了全景、中景与细节等来表现。该事件是由日本便衣队引发的骚乱,使用武器扰乱治安。天津保安队对日本便衣队进行歼灭,收缴了骚乱的武器,抓捕了便衣队成员。照片中呈现了发生骚乱区域的全景、天津警察进入战备的情形、平息骚乱后被扣留的小卡车;一张特写展现日本便衣队使用的自制燃烧弹;另外是一组被捕的日本便衣队成员,身上都有特殊的标志[①]。

第五面为单面介绍《世界外交政坛》人物,5 幅照片有合影与单位照,其一人裁成椭圆外框。

第六、七、八面形成一个单元,专讲《世界之黄金》。第五面使用了 4 张照片,表现出黄金开掘、加工、检验等各个环节情形;第六、第七面又形成一个跨页,表现世界各地的黄金储藏与使用情况,共有 7 张照片。有放大的金币图形,黄金的运输、入库以及银行外观等照片。

第九面与第十面形成一个单元,采用大致对称的编排方式,左侧讲《飞机之现在与将来》,共 3 张照片,右侧讲《飞艇之现在与将来》,中缝为与对称线略有不同的排列方法,上面照片出血,压住中缝,下面使用对称之法,居中位置排列文字。

---

① 1931 年 11 月,日本特务头子土肥原贤二在天津策划了"便衣队暴乱",纠集便衣队 2000 余人,对天津警察局、河北省政府以及天津市政府进行袭击。由于天津保安队事先得到了消息,及时做好了抗击的准备,两次击退了便衣队的疯狂进攻。

第十面与第十一面又是一个跨页处理，是《艺术欣赏》，右面是一幅中国山水画；左一面是雪影奇观，共 7 张竖版，5 张小图竖列，为雪花造型，外侧两张上下排列，讲冰雕与观雪场景。为了让版面活泼，下面照片抠成椭圆，又嵌入在矩形框架之内以稳定版面。

第十二面为《冬之运动竞技》，共 4 张照片，使用了挖版以及叠加的方法，表现世界各地的冬季运动。

几个版面之中，涉及了如此多的信息，通过有条理的编排进行了内容的表达。表达的主要意思是世界的局势非常紧张，图片的旋转、叠加加剧了这种感觉。

（2）文艺类刊物《文华》对 1929 年"西湖博览会"报道的编排

《文华》用了两页单面对"西湖博览会"进行报道，共使用了 10 张照片。从照片的署名来看，刊物是请徐雁影进行摄影的。第一面是由梅生撰写的《西湖博览会消息》，报道西湖博览会的人员安排、活动安排以及各场馆的主要展览内容。由于之前对内容展出已有报道，因此此期主要是对场馆外观及活动进行报道。第一面出现的是进口大门、卫生馆、第一电影馆、博物馆，3 张照片进行了剪切，2 张为圆顶屋状，一张为嵌入摄影员名而裁成不规则图形；第二面刊载 5 张照片，分别是特种陈列馆外观、百艺园、参会的车队、西泠桥畔以及纪念馆中的书信原件拍摄。其中 1 张为不规则形，压图处理，1 张为圆图。版面中英文对照。此样式与《良友》较为相近。

图 2-21　《文华》1929 第二期西湖博览会的介绍

文化与商业、商业与艺术的结盟，产生了新的文化消费者，旧有的文化品位和旨趣发生转型、蜕变，呈现出新的变化。照片的运用更加多样，成为版面营造的修辞方式。但是中国画报版面的表达效果与西方的新闻表现方式不同。西方新闻图像编排中不严肃的版面是遭到否定的。比如 20 世纪 20 年代《慕尼黑画报》总编辑洛伦特提出版式设计上的原则：照片应简洁、自然，照片不应该被裁剪成奇形怪状的形状，专题摄影中也不应有那些花哨的设计等①，这些原则更体现出栅格设计规则的运用以及模数化版面的趋势，从而体现出更为理性的新闻意识。而反观中国 20 世纪 30 年代的画报，版面借鉴了达达主义或者构成主义的样式，非理性、非模数化是版面的特征。这一特征与都市高耸入云的大厦、快速的生活节奏、琳琅满目的商品、迷离的霓虹灯构成光怪陆离的都市景象有着某种相近之处；也与穆时英在《上海的狐步舞》中所展现的场景拼贴、镜头切换的技巧相近。版面的时间线络被空间的切换替代，非理性的版面营造传达了更为物质感的都市拟境。这里编排的技巧已超过了图像具体内容的陈述，版面构成为一个整体，引向意义。

2. 木刻画的象征主义内涵

木刻画是 20 世纪 30 年代的插图手法，与漫画一起称为"漫木"，但是木刻画的引入有从纯粹的插图装饰到意义强调这样的一个过程。

1930 年之前，木刻作为一种有力度的表现主义艺术形式被引入。1930 年之后迅速与意识形态挂钩，成为无产阶级的美术形式。

1930 年的文坛，有关于普罗文化的争论正是热火朝天。争论从文学蔓延到艺术。在 1930 年激进的刊物《拓荒者》上，分别刊出了叶沉（沈西苓）的《最近世界美术运动的趋势》、沈端先《到集团艺术的路》等文章，把美术直接划分为支配阶级（资产阶级）的美术与被支配阶级（无产阶级）的美术，对布尔乔亚艺术进行了批判，并且对布尔乔亚艺术特征的反动推导出普罗艺术的特点，这些文章与 1930 年《艺术》第一期中许幸之的《新兴美术运动的任务》、夏衍（沈端先）在《沙仑》发表的《中国美术运动的展望》互为呼应，初步形成新美术运动的目标、方针以及原则的理论框架，而这些作者均来自于上海中华艺术大学②。

上海中华艺术大学是当时激进美术青年活动的中心。由许幸之联络发起的时代美术社更有着明显的政治倾向，美术社成员多是后来左翼美术联盟的成员。时代美术社《告全国青年美术家的宣言》曾在《拓荒

---

① LEWIX G. Photojouralism：content & technique[M]. Iowa：Wm. C. Browm Communications，Inc，1995，284.
② 上海中华艺术大学，1925 年发生学潮后分离，陈抱一等另立的学校。

者》1930 年第一卷第三期与《萌芽》1930 年第一卷第四期发表宣告说："阶级的分化既是这样的明显，那么，在我们的面前只有两条大路：一是新兴阶级的高塔，一是没落阶级的坟墓。诸君既是新时代的青年，决不愿意向没落阶级的坟墓前进吧？时代的青年应该充当时代的前驱，时代的美术应该向着时代民众去宣传。"①

1930 年 2 月鲁迅受邀到中华艺术大学②演讲，同年出版《梅斐尔德木刻士敏土之图》，在序言由他指出作者是非常熟悉"革命"主题的。郑振铎非常看好此书，甚至称之后的新木刻运动，均由此书而起。

1931 年"九一八事变"的爆发，对中国的青年是一个极大的震动，木刻作为可以唤醒民众斗争的一种视觉样式，得到了艺术青年的认可，全国出现了十多个木刻的研究团体，这些团体的建立多少却与左翼美术联盟有一定关系。1933 年读者"丁香"在看完 MK 木刻研究会第二次展览后，在《时事新报》上刊文说："木刻，在现代艺坛上的进展，是非常迅速的，尤其在新兴艺坛上，木刻所给予强烈光线的展示，黑白对照的刻画，现代社会刺激的暴露，尤其在阶级意识上的启示。它，是新兴艺坛上的生力军，是现代表现意识作品的最强烈的工具。"③

将木刻直接与斗争意识挂钩，这可能也是当时木刻青年共同的想法。作为青年导师的鲁迅也自觉承担了培养青年木刻艺术家的责任：他亲自挑选学员，请内山完造的弟弟内山嘉吉讲授木刻技法，并自任翻译；他资助木刻研究所的活动，像春地美术研究所、野风画会等都接受过鲁迅的资助；在 1934 年出版铁木社的木刻画集《木刻纪程》；同年，鲁迅将野穗木刻社为其征集的七八十幅木刻作品通过法国 Vu 周刊记者送到法国，以"革命的中国新艺术"之名进行展览。在出版方面，鲁迅也在 1930 年翻印《士敏土之图》250 册，1934 年编印苏联版画选集《引玉集》，1936 年编印《凯绥·珂勒惠支版画选集》，目光已经从单纯的插图转向对大众美术与革命美术的提倡了。

20 世纪 30 年代，木刻获得了出版界的一些重视，良友公司出版了四种木刻；自认中立但不失前卫的《现代》杂志也在一卷一期中刊出一川的

---

① 自黄可.中国新民主主义革命美术活动史话[M].上海:上海书画出版社,2006:230.
② 中华艺术大学前身为"东方绘画研究所"，后更名为"东方绘画学校"，又并入"上海艺术大学"。1925 年学潮之后，部分教师出走另筹"中华艺术大学"，其校也是早期中国西画革新的重要推手。
③ 黄可.中国新民主主义革命美术活动史话[M].上海:上海书画出版社,2006:249.

木刻版画《闸北风景》。1936 年,苏联版画展举办。《美术生活》《新中华》《六艺》《客观》《艺文画报》等做了作品刊载,而木刻至少得到了社会一定程度的关注①。

20 世纪 30 年代推荐木刻较力的有《文学》《读书生活》与《太白》。《文学》在近 40 册中的卷首插图中插入近四十幅中国艺术家的木刻作品,包括了当时木刻成绩较为突出的罗清桢、陈烟桥、力群、张慧、王天基、江锋、胡其藻、翰青、李桦、张望、野夫、赖少其、白涛等画家,其中罗清桢 8 幅、陈烟桥 6 幅、张慧 5 幅。

图 2 - 22　李桦《怒吼吧,
中国》

《读书生活》在 1934 年分期推出了刘岘的《孔乙己》插图与野夫的作品,又在 1935 年第 3 卷第 1 期推出《木刻特辑》,介绍了"全国木刻展览会",并且表示"我们从没有把他仅仅看作装饰,她是读书生活第一篇文章,是用画面表现的一种生活"②。《太白》杂志自创刊始即开始木刻的介绍,24 期中共用了 28 幅中国木刻画家的作品,其中刘岘 8 幅、张慧 6 幅、罗清桢 4 幅。

这些作品中有对黄浦江畔的描绘,如罗清桢的《浦江晚眺》《挣扎》,陈烟桥的《黄浦江》,都表现码头工人的生活与码头风光;张慧的农村系列把目光锁定在农村田园风光的描绘之中。城市的下层民众也是木刻家们着力描绘的对象,罗清桢的《在路灯下面》、张慧的《城市病了》即是这样的作品。1935 年李桦创作的《怒吼吧,中国》是象征主义的优秀作品,刊载在《现代版画》第十四集上。作品虽然只有 20 × 15 厘米大小,却充满了张力。一个被紧紧捆绑在柱上、双眼被蒙蔽的男人,由于痛苦而扭曲着身体,木刻形象地刻画了他紧绷的肌肉与痉挛的四

---

① 苏联版画展出前,《申报》《大公报》等报纸作了介绍。展览前后,有以下文章:左伊梦《苏联版画研究:写在苏联版画展览之前》(《苏俄评论》1936 年第 10 卷第 1 期);蔡元培《苏联版画展览》(《中苏文化杂志》1936 年第 1 卷第 1 期);少斧《参观苏联版画展览记》(《散文》1936 年创刊号);莫芷痕《苏联版画展印象记》(《永恒》1936 年创刊号);朱人鹤(《青春周刊》1936 年第 4 卷第 2 期);成《从中国现代画说到苏联版画》(《天地人》1936 年第 2 期);鲁迅《记苏联版画展览会》(《生活漫画》1936 年创刊号);徐行《写在苏联版画展后》(《礼拜六》1936 年第 630 期)等,不同阶层的人都有反响。

② 参见:梅湜. 木刻特辑[J]. 读书生活,1935(1).

肢,他正发出吼叫。他的右手向地面抓去,地上有一把匕首。是谁给了他这把匕首?他要用这匕首干什么?他能拿到这把匕首吗?作品充满了象征意味,预示一个民族忍无可忍的抗争与怒吼。

第四节　构成主义设计风格的形成与短暂发展

20 世纪 20 年代,中西方艺术交流的机会增多。中国艺术走出国门,频频办展,1924 年中国绘画展览会在法国期特拉斯堡举行;1925 国际装饰博览会在巴黎举办,林风眠的"海外艺术运动社"主持了中国馆的展览,向世界介绍了中国的艺术;1934 年,中国近代绘画展在苏联国立历史博物馆开幕。与此同时,国外的艺术展也在中国举办,1929 年 4 月日本画家满谷国四郎、和田三造和梅原龙三郎等人的画作在第一届全国美展同时展出,1931 德国版画展、1936 年苏联版画展也相继举办,推动了中西方艺术的交流。

除却艺术交流之外,西方的艺术书籍也大量流入中国。周越然在回忆中提到了六家外文书店,施蛰存回忆当时上海的外版书获取很方便,内山完造回忆当时在上海帮助中国读者订购日版书籍的情形,赵家璧回忆当时的外文书给了他很多编辑的启发,丁聪回忆当时外版漫画给了漫画家创作的灵感,叶灵凤回忆他在外文书店购买西文图书,等等,这些信息都表明这一时期作为国际大都市的上海所具有的交通、生活、文化上的种种便利。

20 世纪 20 年代后期中国艺术界对欧美艺术的学习热情远高于向日本学习的热情。一批留欧艺术家的归国,也带来了艺术的新气象。庞薰琹等归国后成立"决澜社"推动中国艺术的革新,而像刘既漂等也带来了视觉的新感观。

1929 年,陈之佛开始介绍包豪斯;1932 年,另一位设计师张光宇也介绍了包豪斯。西方的现代绘画语言为中国的艺术家与爱好者吸收。作为设计风格,陈之佛、钱君匋、叶灵凤、郑慎斋等一大批设计师都自觉地借鉴了引入了现代主义的设计原则,打破了视觉的惯常观看模式。现代主义表现为对版面分割的模数化特征以及对抽象几何形体的特殊偏好。

闻一多在《巴黎鳞爪》中显现了现代主义倾向。他以解构主义的方式,将唇、鼻、眼、耳、手腿等人体的局部切分开来凌乱地分布在版面上,书名也有适当的旋转,表现出巴黎让人惊诧的碎片化一面。

叶灵凤也是较早尝试现代主义设计的设计师。1926年,叶灵凤创办《幻洲》周刊,共出版两期。《幻洲》被禁后,1928年又创办《戈壁》。《幻洲》与《戈壁》采用立体主义的组织方法,将结构打散又重新组合,抽象地表现出《幻洲》的绿色盎然以及《戈壁》的荒芜。这意象很能代表叶灵凤当时的创作

图2-23 闻一多现代
主义设计作品

心境。1933年的《现代》由叶灵凤担任美术编辑,从1933年11月开始到1934年,一群有西方现代艺术特点的艺术家的作品出现在封面之上,他们是庞薰琹、张光宇、雷圭元、郭建英、叶灵凤与周多。刊物在原有的字体设计风格之上,采用了拼贴与减法,以抽象简洁的对象嵌入来表达①。

图2-24 叶灵凤现代主义设计

钱君匋先生回忆说他也"曾经积极吸收西方美术的风格,用立体主义手法画成《夜曲》的书面,用未来派手法画成《济南惨案》的书面。设计过用报纸剪贴了随后加上各种形象,富于'达达艺术'意味的书面,如

---

① 陈建功.百年中文文学期刊图典(上)[M].北京:文化艺术出版社,2009:127.

《欧洲大战与文学》"①。他设计的《现代》②封面很值得一提。《现代》第一期的封面以纵向两个矩形、横向三个条状割版面,每个切割面填以不同的色彩或者纹样,右上与左下以整饬过的文字写出"现代"与"1",其他次要文字以横写填入其他空间之中。红色的色块又与上方的红星呼应。线条的使用以及版面的开阔使得刊物充满现代感。1933 年第四卷五月号的版面又使用了曲线,仍然显现着纵向的分割与横向的排列。1935 年第六卷第六期则是斜构图,以一个倾斜的十字形切割了版面。他的现代主义设计作品还有很多,比如《申时电讯社创立十周纪念特刊》封面中抽象的几何图案带有构成主义的影子,中文字也被处理成为形体的结合。

图 2 - 25　钱君匋现代主义设计

　　陈之佛在 20 世纪 30 年代创作的现代主义设计作品也很新颖。他为《文学》所设计的封面也有很高的艺术价值。《文学》是取代《现代》的大型文学综合刊物。第一期封面熟练地运用了构成主义的设计方法,其结构是几何主义的,意象是工业主义的,以火车、骏马、车轮等的组合,象征现代工业文明的社会景象,具有强烈的现代感。在《文学》第二卷的设计中,以琴键式的矩形分布于版面下方,而左方以三个矩形构成,与右上角的两个矩形呼应;右侧以曲线,圆形等交织成一个抽象的图形。几何的构图以及对比鲜明的色彩使版面非常具有动感。后面几期类似琴键的使用,是对几何形体的变形与抽象,也是构成主义的设计方式。在《现代学生》中,陈之佛继续将图案与构成主义进行了有机地折中,表现更为抽象。

　　①　张泽贤. 书之五叶:民国版本知见录[M],上海:上海远东出版社,2008:28.
　　②　《现代》,文学月刊,1932 年 5 月创刊于上海,1935 年 5 月出至 6 卷 4 期终刊。现代书局发行。前两卷由施蛰存编辑,第 3 卷起由施蛰存、杜衡合编。6 卷 1 期出版后,改由汪馥泉编辑。

图 2 - 26　陈之佛现代主义设计

　　郑慎斋也是运用现代主义设计较为成功的设计者。他为《青年界》设计的一组封面对几何形体的整饬与表达很有水平。《青年界》第一卷的一个稳定的三角与期名形成视线上稳重之感。三角中嵌入装饰花纹，是对三角的美化，也是中国味道的体现；第二卷中用一个几何化了的女体与一个三角形成前后的对比，第三卷中则对几个不规则体进行了排列，与刊名文字形成对应。

图 2 - 27　郑慎斋现代主义设计

　　鲁迅也进行了现代主义的设计尝试。他在设计《萧伯纳在上海》时采用了现代主义的设计方式。1933 年，萧伯纳抵沪，停留一日之间，中外报纸的评论基调各一，瞿秋白辑译了各报关于萧伯纳在上海停留期间的记载和评论。鲁迅野草书屋出版。他在《写在前面》中说，编译这书的主要用意，是把它"当作一面平面镜子，在这里，可以看看真的萧伯纳和各种人物自己的原形"。封面设计采用拼贴的方法，将各种刊载的报纸叠加起来，形成纷繁无序的背景。用报纸拼贴作品，是达达主义的一种手段。鲁迅运用这设计风格以说明报纸所报道内容的无序与滑稽。

1929 年鲁迅为《壁下译丛》设计的封面参考了日本《先驱艺术丛书》的封面画,几根线条划出现代的城市景观。

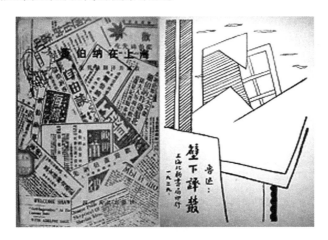

图 2 - 28　鲁迅的现代主义设计作品

　　一些艺术家在归国后也客串进行书刊设计。他们作品中现代主义的影子较重。雷圭元是工艺美术家,他以图案画的技巧,对抽象的几何体进行图案画的编排。庞薰琹是留法归来的现代主义艺术家,归国后成立“决澜社”推动中国艺术的革新。1933 年他为《诗篇》月刊设计的封面采用了解构主义的方式,将流水、庙宇、飞鸟、山川等进行了散点式的排布,整个画面用色淡雅,弥漫了诗的意境。现代主义面目下仍能保持东方的美学意韵。

雷圭元《贡献》月刊
所做的封面

庞薰琹为《诗篇》
月刊所做的

图 2 - 29　雷圭元、庞薰琹的现代主义设计作品

这一时期采用斜线切割版面的设计也比较多,1928 年《创造月刊》的封面设计就体现出现代主义设计倾向。以几何形体来表现城市的建筑、电线架设塔、电线等,在建筑之中嵌入农民耕种、火车工人以及警察等的形象,在正中的位置,又嵌入了一个戴着眼镜的中性漫画肖像,几种形象,用两种褐色形成前后的层次。还有的是将书名进行几何化地处理,用简单的几何体排列版面。

图 2-30 《创造月刊》
的现代主义设计

图 2-31 构成主义风格封面

西方的构成主义是配合喧嚣的工业技术以及意识革新而开展起来的,但是中国缺乏这样的语境。同时,现代主义对于形式的过度追求可能会舍弃对内容的深刻理解从而陷入为新的装饰主义之中。比如郑慎斋所做的潘光旦《冯小青》的封面设计,比较闻一多为其做的插图,可以看出两者的风格相差太大,而封面表达显得有些不知所以。

图 2-32 《冯小青》的封面与插图
(封面设计为郑慎斋,插图设计为闻一多)

形式如果脱离了内容,就会成为无本之木。另外,如果不符合中国语境,强作形式上的追新,也往往得不到继承发展。随着抗日战争的爆发,民族意识的加强,现代主义的设计,没有做出深入的反思,因此渐呈衰落之势。拿来主义的盛行也说明了自创性的缺失。

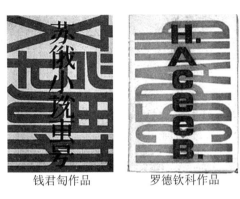

钱君匋作品　　　　罗德钦科作品

图 2 - 33　作品的仿照

第三章　书刊形态的类征方式及表征变迁

书刊形态的终极目是建立表征体系,即通过形态触摸到设计的文化内涵,将设计活动与某种价值追求活动联系起来。霍尔(Stuar Hall)在《表征》中写道:"潜藏于符号学方法背后的基本理由是,出于所有文化客体都传送意义,而所有文化实践都依赖于意义,所以它们必须利用各种符号,因而在其活动的范围内,它们必然像语词一样运作,可以经得起一种分析的检验。"①文化客体的符号意义不是其自身属性的产物,也不是作者或者艺术家意图的产物,而是它与其他符号相区别的产物②。罗兰·巴特认为结构是分析隐喻产生的基础。结构就是差异系统,是关系体系,也就是横组合与纵聚合的关系。在书刊形态上,可以采取一种相似的思维分析,认为在横组合上,逐渐形成了类征的方式;而在纵聚合上,则标志着个体化。设计形态的范式是类征的产物,但它总是处于修正过程之中。

为了体现修正过程,还需引入布列逊(Norman B. ryson)"间隔"这一概念。布列逊探讨了语词与图像的关系,指明一种"图形的图像"超越了图像的语词范畴,利用其在时间维度上的"间隔"功能从而建立起另一种认知的可能性③。我们在分析书刊形态时,必须小心地剥离由印刷技术带来的艺术种类的差异(比如适合于石印的装饰图案的出现)以及创作技巧的差异(比如透视方式的改变),聚焦于图像的表达意义上,将之视为内在的陈说。此外,一个更为重要的任务来自于从图像外部来看待"图像存在"这一现象,这样,分析就会将对象置于一个"时间系列"之中进行对比。

---

① 霍尔.表征[G]//徐亮.西方文论作品与史料选.杭州:浙江大学出版社,2016:509.
② 参见:巴纳德.理解视觉文化的方法[M].常宁生,译.北京:商务印书馆,2005.
③ 参见:布列逊.语词与图像[M].王之光,译.杭州:浙江摄影出版社,2001.

基于以上的分析方式，我们将近代书刊放在文化维度进行思考。正如王一川所说，中国近代文化的是一种后古典远缘杂种文化①。其文化现代性的表征，区别于古典文化的表征，其书刊形态的类征方式也与传统不同，较为显著的有革命主义的表征、人本主义的表征、审美主义的表征以及先锋主义的表征。

第一节　革命主义的类征方式及图像表征变迁

书刊形态的"革命主义"意指，可以理解为是对于社会实践最为热烈的反映。"革命"是近代中国的背景色。从语词上说，"革命"的内在逻辑是"创新"，是不同场域、不同阶级与阶层的"标新"，由各自的角度提示革命的要义，同时创造出一系列表达与旧传统割裂的词语："维新""革命""现代""时尚"等。如果说"维新"的指向是在旧框架下"革新"的话，那么"革命"即有暴力的倾向，其偏向性是对现有政权的反抗，"辛亥革命""北伐战争"正具有这样的含义。而"五四运动""新生活动运动""普罗文化讨论"则取向于文化的标榜。"现代"与"时尚"则取意于时间维度上的向新。因此，在梳理诸多以"革命"为名义出现的新面目时，应关注其在潜在层面建立起的超越的对象和其试图超越的方式。

而创新在书刊图像上的标志则是一种自我标榜，以图像来标榜、宣扬、引导、评价，而这种标榜至始都与民众的发现有关。维新的革命偏向性是向政权的反抗，在意识上是与强势者的对抗，而在书刊形态上则是对民众的启蒙，民众可分为旧民/新民，维新呼唤新民的意识，呼唤时空概念健全的民众。新文化运动，实质是西化新知识分子的精英文化对通俗文化的否定，是贵族与平民、庸众与智识的对立，而"革命"图像的策略是引及西方的艺术资源，实现对旧视觉的否定。这时期《新青年》在图像引入上早期是对法兰西革命的肯定，而之后转向对唯美主义的引入，之后又是对构成主义的发现。

这种差异到了20世纪20年代后期出现了更为复杂的分流，文学上是从革命文学到文学革命的变迁；在意识形态层面，是对小布尔乔亚"革

①　参见：王一川.中国现代学引论：现代文学文化维度[M].北京：北京大学出版社，2009.

命"的反击,图像上受到日本现代主义革命图像的影响,反映出资产阶级与无产阶级的对立。

一、革命主义文化类征方式的形成

近代革命主义是国民爱国主义情绪高涨、立意于对他者的批判以及对大众的引导这几个层面上的产生的。从书刊的形态来说,不只是采用象征性的或者写实的图片能够产生强烈的情绪,版面营造也是有利的手段,版面元素如体号的大小、字体的差异乃至视觉流程的设置以及版面的结构布局都能表现出强有力的意志,更遑论话语主题的制造以及主题文章的汇辑。因此,从书刊形态角度来说,革命的表征就是更有视觉冲击力的版面营造与更有力度的图像组合——革命主义的表征是全方位的,谁熟练掌握了媒介的手段,就能掌控读者的情绪与情感的走向。

1. 晚清人的胸襟:时空坐标的建立与身份识别

1899 年,流亡日本的梁启超打起了"文界革命""诗界革命"以及"小说界革命"等多面旗帜,向传统的文化进行多方面的诘问,并在其主持的《新民丛报》《清议报》等发表文章,一时响应者甚众。从梁启超的"革命三义"来理解,他的革命首先是指文化整体性向前的总体思潮,而其第二层要义是指文化变革,第三层意思才是指政党指导下的革命观。

文化整体性向前使晚清的书刊形态出现了新的气象,它告示了世人一个具有悠久历史的古老国度满怀信心走向未来的姿态。这一姿态是国人对时间维度与空间维度重新定位后得出的结论,而这一意识是建立了西方这一参照体系之后认识的必然结果。

在时间维度上,由于版权意识兴起,出版时间作为书刊形态中重要的版权因子也被呈现出来。出版时间的标记体现为一种纪年方式,它反映出了循环世界观的灭亡以及国人对时间线性进程的重新思考,同时也反映出了纪年成为政治与权力斗争表征的轨迹。纪年方式一直被统治者高度重视。在开埠后西方宗教刊物的纪年方式是以西历与中历并置,这说明外来文化在进入中国之后的"归化"。而在晚清倾衰的颓局之中,关于纪年的文化之争成为晚清政治事件中的一件大事。有识之人开始认识到对时间的重新认识有利于建立全新的世界观,纪年的问题开始在刊物上表现出多样的状态。进入民国之后,关于纪年的表示方法基本统一。帝国以晨钟暮鼓封闭的告知将时间锁定在暗箱之中,而西方却以钟楼向民众宣告着透明的不复回归的时间指向。时间维度的一致,标明了现代人平等的世界观。"从现在以后的中国,是世界的一部分;现在以后的中国人,是世界上人类的一部分。所以无论讲时事,讲古事,都和世界各国相关连。"①这一提法,呈现出早期世界主义者的观念,表现出中国与世界的联动。1912 留欧学生创办的《新世纪》以民国元年纪年,属于较为特殊的个案。

正因为纪年如此之敏感,所以在 20 世纪 30 年代"新生活运动"发起时,蒋介石训谕里的一项内容是出版物上西历纪年要取消。但第二天蒋出面澄清,此说不是正式决定,"凭个人之力,无以作如此大的决定",公元纪年已深入人心。

除了时间维度上的发现,晚清国人也在空间维度上有了新的发现。普天之下,并非只有一国,而中国也远不是世界的中心。此一时期,东方、世界、巨龙的形象频频出现在书刊之上,正是国人对自己身份的审视。民族精神的高扬使得国民在刊物中潜移默化地将自身视为世界人与地球人。

《新新小说》创刊时刊登了五位人物的照片,依次是施耐庵、哈葛德、总撰述吴趼䯲、总译述周桂笙、总经理庆祺君,且名字中英文对照。考虑刊物的性质有理由将此阅读为:中国古代小说巨子、西方现代小说巨子、中国当代小说巨子、西方小说之译作巨子,而整个文化均由出资人掌控。如果考虑到早期所选用的照片是从现有资源中筛选过滤的事实,那么封面的意义也就通过选择、筛选而重现。作为总撰述的吴趼人以及作为总编译的周桂笙正是凭借这样的图片展现而得到了世界小说系谱上的承传关系。图像的修辞方式建立了起来且具有了革命性的说服力。

又比如《小说月报》第二卷第一期中王蕴章依次排列了一组女性的照片:《中国古妆之美人》(明代仕女)、《中国时妆之美人》(清末的仕女)、《西洋裸体美人图》(希腊美人出浴)与《东方美人春晓读书图》(一位和服女孩坐于矮桌前捧书而读的样子)。如果仅从图片内容来看,图片并不出奇,从以后选用浴女的图片来看似乎可以看出杂志对女性的特别关注,将女子与时空进行了关联,从而指向时代向前的隐

---

① 　参见:钱玄同. 论中国当用世界公历纪年[J]. 新青年,1919,6(6).

在内涵。而当时正流行关于对时间的扫描与对比的陈述,比如画报中出现《时尚橱窗》栏目,就是以过去、现在、将来之女性做比较,以反映出时代的变迁。

2. 版面控制:新文化话语权的掌控方式

近代的刊物,大多设有"通信"一栏来保持与读者的关系。《新青年》独出心裁在这一栏目上制造话题,牵引舆论走向。

《新青年》早期刊出通信量较大,释放出读者众多这样的信息,以致远在日本的胡适误认为杂志已经走上正轨。在北大同人执掌《新青年》时,刊物将来信进行了摘录,又对其进行解析式的回答。在第4卷以后的"通信"栏,还常把来信和复信同时刊登,有时还甚至一信多复,既能形成互动,又能满足言说的需要——但有时不免过度发挥,内容过溢。鲁迅就这样说道:"《新青年》里的通信……据我个人意见,以为还可以酌减。"①但这是刊物利用回复信件发语的优势。权力制造了知识,而权力与知识的联盟也需要策划与经营②。精英充分利用了刊物空间,通过版面的经营,将信息切碎重组,制造强势的信息符号,并以之高踞一般智识者层面之上,从而创造出权力,获得话语权。

如果以版面的控制来看钱玄同与刘半农的"双簧戏"③,可以明显看出《新青年》通过策划和版面控制的技巧来有效把握舆论的策略:一般而言,来信是较短的,而此期却将回信原文刊出,大大违背了杂志对通信篇幅的限制。回信更是洋洋洒洒,逐一评论,虽然字体较小,却在篇幅在占据了重要的位置。这一方法被沈雁冰革新《小说月报》时再度采用。

《新青年》之所以成为名刊,不仅是它恰逢其时地与公众话语中心进行了结合,而且通过高端受众的链式传动进行辐射,同时又与公众运动的套路合拍,利用媒体制造话题,不经意间挑动了各个阶层的兴趣。不仅如此,《新青年》质问《东方杂志》的稿件,借用小号与大号字交替编排的方式,版面醒目。小号与大号字交替的做法是1912—1918年间广告

---

① 参见:鲁迅.渡河与引路[J].新青年,1918,5(5).
② 潘艳慧.《新青年》翻译与现代中国知识分子的身份认同[M].济南:齐鲁书社,2008:268.
③ 1918年2月号钱玄同化名王敬轩,大骂文学改革派,刘半农《复王敬轩》详细阐述文学见解。此场争议由于王敬轩的用词将文学改革派置入批判,引起公众对弱者的同情,赢得了文学改革的民意支持。

文本与宣言文中常见的样式，在《新青年》中正文中使用，显得气势咄咄逼人。

再以《小说月报》为例。1918 年第 1 期，《小说月报》即有变革的倾向："小说有转移风俗之功，本社有鉴于此，拟广征各种短篇小说，不论选译，以其事足资观感并能引起读者之兴趣为主（白话尤佳）。"[①]第 2 期又出了通告："本社欢迎短篇投稿，不论文言白话译者文新著。自本期起每期刊印半球美术之稿一二种以唤起美感教育。"这样密度极高的通告，在《小说月报》历史上是罕见的，这似乎也可以看成主编王蕴章在受到外部思潮冲击下的自然反应。此年年末，《小说月报》又想有如下的"大进步"："扩充篇幅，改订体例，特色如下：易俗移风主文谲谏；纤语浮词屏除必尽。文多科学灌输新理；侦探各篇神奇变化。东西新著多选宏富；别类分门搜罗广博。所采各门富有兴趣，近人名作足供观摩。图画繁多取材新颖；通俗博文见仁见智。"[②]可见是想以"博杂"与"科学"改变原有的格局，但改进却因缺乏与新文学之间的纽带人物而无法成功。这样，有着新知背景又有创作实力的沈雁冰就进入了商务印书馆上层的视野。王蕴章与沈雁冰[③]从 1920 年第 9 期开始合编月报。商务印书馆这时或许还认为，通过新旧版势力的合作，可以让刊物既保有原有的市场，又可以接纳新生的力量。

沈雁冰最初以"窈儿生"的名义主持"编后"栏目，位置排于册末，而刊物内容新旧混杂。1920 年第 10 期，杂志又做了变革：将《说丛》一栏删掉，一律采用《小说新潮》栏目，用"最新译著小说，以应文学之潮流，谋说部之改进"，同时"以后每期添列'社说'一栏，略如前数号'编辑杂谈'之材料"[④]，可见此时商务印书馆对《小说月报》只是进行部分修正。但随后几期，《小说新潮》出现的位置越来越靠前，篇幅越来越重。第 9 期沈雁冰编辑页码共有 16 页，纳三篇小说；10 期即有 54 页，有 9 个短篇，4 个长篇；到了 11 期，编辑了 56 页，有 7 个短篇，5 个长篇。新势力

---

① 紧急通告［J］. 小说月报，1918(1)：通告.
② 本社启事［J］. 小说月报，1918(1)：通告.
③ 有资料称郑振铎推荐了沈雁冰。但据资料两人在变革前并无联系。而是变革后沈由于许地山的关系而与北京的郑等人接洽，把《小说月报》变成文学研究会的机关报，商务印书馆没有表态。一是对大前景的看好，有一个短时的不赢利的计划。郑在北京与张元济相商时，张表态月报要变革，但另一杂志则不大可能。可能是对新文学的异质没有相当的估计。
④ 本社启事［J］. 小说月报，1920(1)：本社启事.

的发展,最终将整个版面收至麾下。《小说月报》新旧相杂造成两者所有读者的丧失。全面的改革势在必行。

3. 视觉效果更新:媒介定位与版面元素新置

还是以《小说月报》为例。商务印书馆起先在决策上有失误:不想另设刊物,而希望通过原有刊物内部的更新来适应市场①,这当然是较经济的做法,却过于理想。《小说月报》的改革使旧有读者离失了。沈雁冰在1921年9月1日致周作人的信中,分析了旧读者群的社会构成,道明了新旧文学的读者并不处于同一个层面。激进派重在引导与教化群众,而后者着重于反映生活以及对生活压力的消释。意旨不同,自然言说的方式与姿态也不同,激进派在图像的选择上有意与通俗派的图像做了切割,并试图用不同的视觉形式来凸显和强调自己的言说,分歧与对立在所难免。

1921年《小说月报》改革后,版面从外到内都有了新的变化:第一,在封面上加上了许敦谷的喻义"诞生"的素描画,封面上压上了重要篇目;第二,在目录页的设计上,以左右为一对开设计,用整条的花边打通,花边上采用了影绘的方式;第三,卷首铜图的彩页前用硫酸纸加覆,并用六号朱色宋体解释绘画;第四,内文用新体五号和新式标点,去除了线条画;第五,采用了单页的扉画,使刊物的结构元素更趋完整。

通过精细的版面筹划,新的版面与原有视觉完全不同。这样崭新的出版形态是新文化运动刻意追求的目标。在版面上形态上执着于标点符号的改革以及横排样式的推进,而且在封面的设计以及插图的制作上与旧有出版物做故意的切分,这就引起了视觉上丰富性与深刻性的变化。这样,书刊形态作为思想的外在表现形式而被赋予了更深的内涵。如果仔细分析,版面上最大的区别在于文体与标点的不同,而从内在的指示来看,是立意的差异与精神的对抗。

4. 隐含的结构:寻找主题与追求语言暴力

埃斯卡皮(Robert Escarpit)指出:"文学出版社按常规是不能编订计划的。然而不在最低限度上制订一个规划又无法使出版社生存下去。这一矛盾产生的结果是,文学出版社逐渐通过非文学的动机来争取文学

---

① 张元济北上时,郑振铎两次求见,先次未果,后一次即与张商谈创办新刊物的事项,张回答,此事"他们不同意",绝无可能。可见商务印书馆上层主张革新《小说月报》而非再创一份刊物的决策早已成形。

读者,诸如习惯,赶时髦,炫耀性的消费,以及那种语言的言外之意,即隐含结构的边缘地带的巧妙运用或是文化上的犯罪现象。"①

革命主义既以运动的方式推动,在组织上也倾向于团体化的动作与暴力化的语言。《新青年》向旧文化进行挑战时,找到了林琴南与杜亚泉这两个语言交锋的靶子②,不仅通过向出版的巨擘商务印书馆提出挑战来提高自己的知名度,而且通过居高临下的质问将后者纳入论战之中,刊物不容置辩的口吻即是民间运动的遗痕。

在向通俗文化发起论战时,新文化的策略也是寻找话题,集中力量出击。1929年郑振铎主编的《文学周报》第353期,就是整整一期批梅兰芳的专号。梅兰芳表演艺术精湛、擅长书法,通俗文学作者引以为同道。通俗文化刊物中,梅兰芳出现的频率高于同时期的其他艺人。新文化作者很敏锐地抓住了这点,这一期共有十多篇文章,气势咄咄逼人,用语上纲上线,显示了强硬的态度。

1928年之后的普罗文艺争论亦是如此。其中活跃的"创造社",是自我意识非常强烈的社团③。在建团初期,就有超越其他社团的意图。随着形势的变化,"创造社"内部发生了分裂,但表达意识仍然强烈。1928年,创造社诸人先后回到上海,彼时《洪水》已停刊,因此创造社恢复了《创造月刊》,同时也想恢复《创造周刊》。在先行刊出的广告中,称撰稿人有鲁迅、蒋光慈等。此计划由于创造社后起之秀的集体反对而未果。结果是周刊未能恢复。创造社继又出版《文化批判》,将鲁迅与将光慈作为声讨的对象。于是对前辈文人鲁迅的进攻以及向其他社团如太阳社等的交战,乃至向从创造社出离的前社员郁达夫的开火构成了创造社活力四射的进攻态势,而从创造社分离出来的小伙计也重组团队加入论争。创造社出版举措上的仓促,说明他们虽然也从事出版,却并不视之为事业,而在于铺展平台,进行话语争夺,非商业性动机占有相当的成分。

---

① 埃斯卡皮.文学社会学[M].于沛,选编.杭州:浙江人民出版社,1987:130.
② 包天笑以编辑的眼光看出了这点,所以他在回忆文集说林纾是被迫卷入了论争。而后与杜亚泉的论争也是如此,老到的商务印书馆编辑周越然也看出了这点,所以他感叹:"杜老先生(杜亚泉)上了一个大当。"
③ 鲁斯·本尼迪克特在《菊花与刀》中对日本人性格做过精彩的分析,樱花国度酝酿出来的敏感、好斗而又爱激动的情绪。创造社主要成员在日本留学,所以易于养成这样的性格。参见:本尼迪克特.菊花与刀:日本文化的诸模式[M].杭州:浙江人民出版社,1987.

郑伯奇、赵景深等注意到:普罗文艺争论,由《大众文艺》拉开序幕,"如《文化批判》《流沙》是一团,《戈壁》《战线》是一团,《太阳月刊》是一团,《泰东》《流萤》跟着在摇旗呐喊。这三团都是主张普罗列塔利亚文艺的,但意见略有不同,后来的《我们月刊》似乎是创造社与春野联合的表示。不过叶、潘二氏始终不曾在《我们月刊》里做稿子。攻击这三团的便是《北新》和《语丝》。鲁迅以独力与三支军队开战。"①如果考虑到《洪水》与《创造月刊》(复活版)的前后因替的关系,与创造社相关的刊物就有《创造月刊》《文化批判》《洪水》《流沙》及《思想》《新思潮》《文艺生活》刊物,创造社小伙计脱离后组建的"幻社"以《战线》《戈壁》《幻洲》与《现代小说》等为阵地。太阳社有《太阳月刊》《时代文艺》《海风周报》《拓荒者》《新流月报》等为阵地。鲁迅的阵地主要是《语丝》及基与之关系甚近的《北新》。《中国青年》为中共青年团中央的机关报。刊物在"拼命地讨论普罗列塔利亚文艺"的同时,也进行人身攻击。

文坛重量级人物的争论乃至争斗自然成为众多出版商关注的出版热点,出于商业利益或者出于自我表态的需要,不同性质的出版机构也纷纷卷入争斗:泰东书局有《战线》《泰东月刊》《海风周报》《白露》;现代书局有《畸形》《洪荒》《大众文艺》《现代小说》《新流月报》《拓荒者》;光华书局②有《戈壁》《萌芽》;北新书局有《流萤》《北新》《现代文学》;湖风书店有《文学导报》《北斗》;其他如开明书店《开明》、真善美书局《真善美》、乐群书店《乐群》、金屋书店《金屋月刊》、大江书铺《大江月刊》、春潮书局《春潮》、狂飙社《长虹周刊》、启智书局《引擎》月刊、新月书店《摩登》、暨南大学秋野社的《秋野》等③。作家与出版机构的整合便制造出版的热点,而刊物中,月刊与周刊的结合如同机关枪与大炮的结合,火力密集。

据统计,争论密集性出现的杂志与篇数有:《语丝》38 篇、《创造月

---

① 参见:憬琛.十七年度中国文坛之回顾[N].申报艺术界,1929 – 01 – 06.

② 参见:刘震."革命文学"论战中的报刊阵营与文人集团——以《文化批判》的诞生为例[J].中国现代文学研究丛刊,2005(3).光华书局最初出版的几本书是郭沫若的《聂莹》二幕剧,即《棠棣之花》的前身,和《文艺论集》、周全平的小说《梦里的微笑》、倪贻德的《水彩画概论》、罗西主持的广州文学会丛书等,轰动一时。此外它还发行过创造社编辑的《洪水》半月刊,潘汉年、叶灵凤合编的《幻洲》半月刊,《读书月刊》和鲁迅主持的左翼刊物《萌芽》,经售过章锡琛创办的《新女性》月刊。

③ 刘震.左翼文学运动的兴起与上海新书业(1928—1930)[M].北京:人民文学出版社,2008:134.

刊》22 篇、《文化批判》21 篇、《洪水》21 篇、《泰东月刊》18 篇、《太阳月刊》17 篇、《流沙》15 篇、《北新》15 篇、《中国青年》10 篇。

5.图像选择：选择有力度的画种与形象

革命文化的图像选择是象征性的或者写实的图像。

第一个有力的画种就是赋有强烈政治意味的漫画[1]。漫画就其构成的渊源来说，漫画第一个功能是对社会政治的参与与批判。作为讽刺画，它所具有的暴露与批判的能力，直接与其政治立场与宣传目的相关。由此角度来说漫画直接是受到西方政治漫画的影响的，这也是强调漫画社会批判功能的漫画理论家乐意追溯的源头。

从历史上看，中国漫画第一来源是英美政治讽刺画。19 世纪初期，英国报纸为抨击政治画了一幅公牛闯入瓷器店的漫画，借用了伊索寓言《陶器店里的蠢驴》的模式，以公牛喻英国，以瓷器指中国，嘲笑 1816 年英国外交官阿默斯特勋爵代表英国到中国谈贸易，却不谙中国朝迁礼节而没有完成任务。中国政治性的漫画，其发端于晚清之时。由民间政治热情的爆发，图像被结合于民众运动之中，成为宣传号召民众的有力武器。这一类作品的特性，便于政治以及社会事件结成紧密联系，政治运动的高潮往往构成这一类作品的井喷。如在反教会运动中以及义和团运动中这类画像得到了功能的发挥。

"五卅运动"时期，上海延续着提倡国货的传统，"五卅运动"前后，上海的新闻报刊《热血日报》《民国日报》《时报》《新闻报》以及西方的报纸《字林西报》《大陆报》跟踪着事件的发展，东方杂志《五卅事件临时增刊》中漫画《最大的胜利》《公理、亲善、和平、人道》由黄文农绘制，笔触如刀，酣畅淋漓地揭露方式受到上海市民的欢迎，黄文农一夜之间成为著名的漫画家。上海中华美术专门学校学生每月出版《国耻画报》一

---

[1] 漫画，也被称为"讽喻画""时谐""警画""漫画""时画""讽画"等，旨在对时事进行揭露与批判：讽刺画（1920 年《小说月报》的《讽刺画》栏目、1924《红玫瑰》的《讽刺画》栏目、1925 年《太平洋》讽刺画栏目、《学生杂志》)、"讽画"（1924 年《图画世界》中《时事讽画》)、"讽世画"（1920 年《小说月报》《讽世画》)、"讽谏画"、"讽字"（《北京图画日报》光绪三十四年)、"寓意画"（1909 年《时事报》《寓意画》栏目)、"讽喻画"（1909 年《时事报》《讽喻画》)、"泼克"（《上海泼克》1918)；"谐画"（比如 1924 年《图画世界》中的《中西谐画》《良友》，1927 年的《谐画》专栏)、"漫画"（1904 年《警钟日报》《时事漫画》，1925《小说月报》《漫画》栏目)、"卡吞"（1928《论语》《卡吞》栏目)、"滑稽画"（1907《滑稽魂》、1913 年《真相画报》、1918 年《清华周刊》、1926《红玫瑰》、1930 年《民众生活》)等，大致分为讽刺画、滑稽画、抒情画三个子项。

种(1925 – 05 – 06《申报》),并绘制国耻宣传画一批,印刷数千份分类,用以抵制日货(1925 – 06 – 25《申报》)。上海闲人编《上海罢市实录》,就编入其中一张速写,描绘军警撕毁墙上漫画作品(《二十世纪上海大博览》,转引自王震《上海美术年表》)。

面向于民众的姿态,使得漫画贴近民间。李健民在他关于"五卅运动"时期出版物的综合分析中,将18种宣传手段分为四大类:口头交流、文字著述、图片展示、心理提醒①。图片展示的功能在于宣传,即丰子恺所谓"怂恿","先有一种意见或者主张,欲宣告或劝诱他人,于是想出或找出一种适当的比喻或事象来,描成一幅漫画"②。

因漫画具有的煽动性,在1925年革命军北伐期间,漫画也曾一度加入军事工作,作者包括梁鼎铭、梁中铭、梁又铭与一部分上海漫画家。

在抗战中,郭沫若任厅长的国民政府军事委员会政治部第三厅就下设三处九科,另有4个抗敌宣传队,一个漫画队(叶浅予为队长),一个孩子剧团,总计人数达2000左右,进行抗日宣传活动。漫画的创作主流也随政局与战局在广州、上海、武汉间迁移。

漫画屈从于某种政治意图而进行形式化的图解往往使作品的艺术性减弱,这类作品往往游离于书刊的内容之外,而只成为局部的补白或者独立的招贴。

第二种资源是木刻(画)。有力度的木刻(画)的运用是革命意识的表达的需要,更有"九一八"这样底色的衬托。

20世纪30年代的普罗文学在挖掘民间的语义时,已经改变了西方学术语义中民间是"现代与古老二元对立"的方式,而变成了"平民与政府"的对抗。在这一思维模式的观照下,民间也就成为精英臆想中观念的民间,而非真实存在的民间。20世纪30年代,民间的含义是城市低层的阶级以及广大的农村。1930年赵望云在河北进行了农村生活的写生,其写生与《高邑县志》中收录的农村照片进行对比,可见赵所描绘的是当地最为贫穷的农户,而照片所反映的是写作县志的绅士所选择的农村③,两个农村存在着巨大的差异,表现出有意识的选择与表现的结果。在文

---

① 参见:李健民.五卅惨案后的反英运动[M].台北:"中央研究院"近代史研究所,1986.

② 丰子恺.漫画的描法[G]//丰子恺.丰子恺文集3:艺术卷3.杭州:浙江文艺出版社:浙江教育出版社,1990:281.

③ 黄克武.画中有话:近代中国的视觉表述与文化构图[M].台北:"中央研究院"近代史研究所,2003:63 – 122.

艺领域,作为民众的文学,民歌被赋予了革命性与反抗性;而普罗美术中的民众多是工人、乞丐、农民的形象,这虽然能够反映出中国社会下层人民的生活现状,但却很有可能因臆想而导出夸张的形象。

通过几十年的实践,革命主义在书刊形态各个环节建立起一套表征的体系,从字体作用、版面营造、版面结构的运作、图像与色彩的选择等,都形成了鲜明的特征。

二、革命主义表征的变迁

但是从纵聚合轴观察,革命主义的表征也是随着时代在替换某些元素,使得变化更接近于时代的表达,这也就意味着,范式的修正是表征建立的另一个方面。

1.从文字的表征到图像的象征

在革命主义表征开始时,并不是找到合适的物化外壳。即便在进入新文化运动之后,图像的找寻也并非易事。早期的《新青年》图像缺乏,倚借的方式是在片面中将重要的文字加大、加粗、加上重点号,以区别于其他文字。这一做法并不是新文化刊物的首创,在 20 世纪 10 年代的广告编排中,一般刊物已经使用这种方式来提醒人注意,而《新青年》只不过是将这种方式加以延伸而已。

《创造》采用横式是一个版面的革新,“创造社”同仁也以之为荣。这一方式在后来鲁迅主编的一系列刊物中得到了延续。因为苦于没有合适的图像,1920 年胡适为其新诗集《尝试集》所作的封面就相当一般。《尝试集》是对传统诗歌样式的挑战,无疑具有崭新的思想内涵。但是《尝试集》只有一个简单的外壳。鲁迅早年的《呐喊》是对传统的宣战,他一直想在封面上画一个骷髅,但是最终没有做成,只是在色彩上却使用了红与黑的强烈对比,抽象地表达了革命的意味。同样还有闻一多的《红烛》,闻一多希望为这部自认为非常满意的新诗集设计一个非凡的封面,但远在美国的闻一多显然不能操纵大洋彼岸的设计,诗集最终只有一个文字的外壳。这充分说明在技术没有提供充分的保障之前,喷涌而出的情绪也不能找到合适的表达。

2.图像风格从讽刺、隐喻到直白

如果我们追溯革命主义文化的兴起,在底层文化与顶层文化合谋的运动中这种文化所具有的图像杀伤力充分暴露出来。就目前义和团运

动遗存的资料来看,极多通过丑化与夸张的描绘来讽刺敌人的图像。1900年,"民间出现发售义和团杀洋人之版画,因西人向清政府上海当局抗议而遭查禁"(《申报》)。后来传教士整理为《谨遵圣谕避邪全图》的图画集,这是由32幅动物形象的图片组成,"该图片集在利用动物抹黑基督徒方面起到了独一无二的作用,一系列猪、羊的形象出现在集子中的每一页,猪成了耶稣的化身,而羊代表洋基督徒。有意思的是,另一群动物,包括老虎、豹子、狮子、猎狗,正帮忙消灭猪、羊。选用这些动物,特别是老虎,是因为它们勇敢和坚强。反基督教人士相信他们自己如老虎、狮子、豹子等一样强大,相反地,基督徒不过跟猪、羊一样。"①如义和团运动时期的《射猪斩羊》图,图像隐喻来自于中国文化的谐音的修辞,如"耶稣(主)"和"猪"发言相似,"洋人"的"洋"和"羊"也是同音,表达的意思就是"杀洋灭教"。反袁斗争时,这种直白式的表达再次表现出生动的表现力,比如钱病鹤以猿喻袁世凯,就是使用这样的修辞方法。早期漫画的直白还表现在对对象的直接的辱骂,比如晚清《过去之汉奸相》《现在之汉奸相》即是对李鸿章等人的肖像进行攻击与侮辱。正如后来鲁迅指出的:无故地将所攻击或暴露的对象画作一头驴,恰恰相反如拍马将拍的对象做成一个神一样,是毫无效果的,是胡闹,是辱骂。但因为这样的图片具有淋漓尽致的表情效果,便于情绪的发泄,与普通大众的观看口味达成一致,因此在民间运动高潮时容易得到响应。这样的形式也被反复地运用,导向于宣传的艺术。

第一批漫画家有钱病鹤、张聿光、马星驰、丁悚、沈泊尘、汪绮云、但杜宇等。如果把他们的代表作品串读起来,就能梳理出清末到五四时期的重大事件的发展脉络:马星驰《官司与民之担负》(1910年,揭露晚清民众生活真相)、张聿光《加人一等》(1911年,揭露清王朝的外交政策)、沈泊尘《秋风秋雨愁煞人》(1912年,揭露清廷杀戮革命志士)、钱病鹤漫画组画《老猿百态》(1913年始,揭露袁世凯攘窃革命果实的嘴脸)、钱病鹤《自作孽不可活》(1917年,讽刺张勋复辟)、汪倜厂《北京新出独脚戏》(1917年,讽刺军阀段祺瑞)、马星驰《玩弄于股掌之间》(1918年,控诉日本对山东的侵占)、但杜宇《国耻画谱》(反映五四运动时期的史实)。此期的漫画作者,能够自觉地从社会批判的角度来揭露丑恶现象,反映百姓真实的生活状态,表现出讽画重大的社会功能。此

---

① 黄贤强.1905年抵制美货运动[M].上海:上海辞书出版社,2010:155.

期的漫画创作从技法上来说,多采用中国传统的线条画法,视觉感觉类同于《点石斋画报》,只是更为简练一些,舍弃具体的背景,人物的刻画也较为简略,但基本上还是侧面重于写实。

而新文化的革命图像是隐喻的、收敛的。比如鲁迅的《呐喊》以极抽象的表现发出的呼声也并没有用具象的形象表现。这种力度在鲁迅那里是始终被克制着的。即使是新旧文化的交锋,充满了言辞上的大不敬,在图像中也只是竖立了一个靶子,而没有采用图像的丑化。图像隐喻意义的加强,提供了一种理解的方式。《小说月报》图案画人物出现之后有两条线脉在延伸,一条是叶灵凤在《创世纪》与希腊的神话中得到了灵感,他画古远鸿荒、画亚当与夏娃、画天使以及各种面目不清的西方精灵,这种远离使其画面获得了一种异样的力量,另一条是在女性图案画的发展,健康的、时尚的女性代表了新的力量,之后,裸女的形象被作为革命的潜台词。《创造季刊》第 2 期封面是全裸的夏娃站在海边注视着远航的帆船。1927 年,泰东图书局的朱穌典为郭沫若的《女神》找到了一个合适的外壳,以全裸的女性形象标识出一个完全不同的女性。半裸的女性也在《短裤党》中出现:赤裸上身的女子两个表明自由的呼声,而短裤则是身份的标志。

时局却将文人含蓄的表达打破了。1926 年第一期《良友》的昆仑醉酒公司广告口号:提倡本国货,打倒舶来品。"打倒"的口号成为版面的一种惯用语的时候,图像却未能把这种有力度的语言表达出来。反日货时期,图像用欧美的较多;反对美货,则少用美国的图像表现;有时为了避免使用西洋图像,报刊故意开了天窗。但这是远远不够的,革命必须有更鲜明的表征。革命主义的图像不是提示,也不只是讽刺,而是宣传,是鼓动。战争的加入使得现实主义以及有力度的作品出现。北伐时期梁鼎铭的"战史巨作"作品以写实主义的真实感获得了强有力的力度。而漫画以简便而快速的线条的流动将一种强烈的情绪表达出来。

20 世纪 30 年代对于普罗主义的讨论引发了对于普罗艺术的图式思考。普罗艺术的图式是普罗文学的同构。普罗的表征,必须通过题材的更新,引向于大众的觉醒与领导。插图成为语言争斗的延伸或者另一种表现。革命的语言让其执有者获得了一种合法与正统的地位,因此当社会观念被当成艺术价值的存在标准的时候,"主义"便泛滥成为个体思想群化的方法,而通过"主义"的标签而上升为意识形态。普罗文化则通过对大众生活近距离的触摸,唤醒平等的意识,用反抗现实来达到摧毁现实的作用。

这样,日本普罗主义图像得到了肯定。这些作品中主题、题材以及表现的方法都得到了统一。"大部分的作品以群众为题材:罢工宣言、工人代表报告、上海无产阶级之战,罢工之前有群众、呼号,但是没有个人的,每个人都沉浸在群之中。所谓的风景是工场、矿山、是污秽阴暗的劳动区,其他题材多为牺牲、牢狱、法庭等:色彩是浓重的,笔触是粗糙的,题材是斗争、群众、牺牲、工场、贫民窟——这一切宣传了铁一般的坚硬,火一般的热烈,野兽一般的狂暴,大地石般的沉默,使观者感觉到这个的一个时代将到来,而这里是预举了一个信号。"①

日本普罗主义图像给了中国革命图像很大滋养,并迅速形成了一套表征的体系。如果说革命是一级母题的话,那么光明与反抗就是二级的子题,通过用太阳、红色代表光明与未来的希望;用劳动者、底层民众代表来表现民众的苦难。普罗的表征将对力的歌颂提到了首位。较早做出反应的是《创造》,其封面上的仙女换成了工人,而《泰东月刊》则找到血与火、骷髅②的形象。之后的几期,朱穌典在插图中反复描绘了惊涛骇浪、迎浪花前行的小舟这样充满了张力的作品。蒋光慈主编的《太阳月刊》卷头诗,"太阳象征光明","为光明而奋斗的鼓号",阿波罗男神站在阳光之中,头戴自由巾,着罗马式服装。徐迅雷"所做的插图,强调画光明的期待和闪电与狂风,有力而优美"③。林林的画作表现出工人搏斗的场面。迅雷的作品均是以黑红与强烈的对比来说明对抗。1930年《拓荒者》封面主角换成为了男性,孔武有力,还有红旗与镰刀做着辅助的说明。叶灵凤似乎找到了红色与革命之间的共通点,1930年《现代小说》第一卷选用了俄国人"红的天使"一图,表明"红的天使将革命的火焰向世界上散布"。郑慎斋在《青年界》则借用了男子的形象,表现出奋力、挣扎与搏斗。

---

① 林南.日本第二普罗列塔利亚美术展览会[J].现代小说文艺通信,1930(3):149-153.
② 1928年第八期是(朱穌典设计)封面:一个烈焰中起舞的少女裸体,火下是一堆骷髅。卷头语是为其配的诗。
③ 村人.编后[J].太阳月刊,1928(2):编后.

图 3 – 1　革命主义文化的图像表征

三、"革命主义"表征图像的变体

1."革命":"摩登"与"浪漫"的纠缠

陈独秀曾经感叹:"什么觉悟,爱国,利群,工和,解放,强同,爱国,卫生,改造,自由,新思潮,新文化等一切新流行的名词,一到上海便仅仅做了香烟公司,药房,书贾,彩票行底利器。呜呼! 上海社会!"①革命的弱化,是上海气质性的特征。在 20 世纪 30 年代都市文化氛围下,革命经过转译,也被戴上有色眼镜观看,革命的表达偏向浪漫与时尚。

如果关注创造社作品图像前后的变化,前期是借助唯美主义以及新艺术运动的影响,后期是转向了日本左翼美术的创作以及现代主义的表现。图像表现与立场的错位似乎特别能够折射出小布尔乔亚在进行革命主义表征时的尴尬。叶灵凤的创作中,特别喜欢使用的元素是郁金香。郁金香是西方唯美主义的喜爱之物,而叶灵凤却想将之与工人的形

---

① 陈独秀.独秀文存[G]//王观泉.独秀文存:第 2 版.贵阳:贵州教育出版社,2014:180.

象对接①。这说明了对革命内涵了解并不清晰。1926 年,由于涉嫌"革命"而被捕的叶灵凤感叹:"像我这样的人,也会被人硬归到革命的旗帜下,我真叹息中国现在稳健的诸君恐怕连'革命'两字的形体尚未见过。"②"事情终是太滑稽了! 出来后我才觉得心里难过,觉得这次因了旁人的陷构,竟使我对于'革命'二字作了一度的侮辱。我太可愧了!"③他对自己的阶级归属做了明确的界定,由此可以想见创造社的图像表征与革命理想之间的偏差。

无独有偶,20 世纪 20 年代末的革命浪漫主义作家蒋光慈写道:"革命这件东西能给文学,宽泛地说的艺术以发展的生命;倘若你是诗人,你欢迎它,你的力量就要富足些,你的诗的源泉就要活动而波流些,你的创造就要有生气些。"④在蒋光慈作品中,"革命"是爱恋故事的调味品。蒋光慈的作品受到市场的热捧。在 1920—1936 年间有 12 个出版单位为其出版过作品,如泰东 1927 年出版的《短裤党》(中篇小说)、创造社出版部 1927 年出版的《野祭》(中篇小说)、春野书店 1928 出版的《哭诉》(诗集)、现代书局 1930 年出版的《异邦与故国》(日记)设计出彩,而重要的设计师能见署名的是郑慎斋、朱穌典等。

这些作品中倾向于浪漫与抒情的图像表现,其反映革命的使用西方艺术资源中的革命形象:阿波罗、自由女神、红星与镰刀等。但是这些图式下表现的却是对革命浅层的理解。

2."革命":被消费的客体

张静庐《在出版界的二十年》中说,在新书的黄金时代,即 1925 至 1927 三年,社会资源迅速转化为出版资源,北伐战争、三民主义的宣传、共产主义都成为书刊的出版内容,在这些出版活动中,"革命"成为一种消费。鲁迅看到:"革命,革革命,革革革命,革革……"⑤革命的本身被悬置起来,有关于革命的描述以及象征却兴旺起来。波德里亚认为,当一个文化实体,"其内容并不是为了满足自主实践的需要,而是满足一种

---

① 参见:叶灵凤. 噩梦[J]. 戈壁,1928,1(2).

②③ 叶灵凤. 狱中五日记[J]. 洪水,1926:增刊.

④ 蒋光慈. 十月革命与俄罗斯文学[G]//蒋光慈文集:第四卷. 上海:上海文艺出版社,1983:57.

⑤ 鲁迅. 小杂感[G]//鲁迅. 鲁迅散文全集. 哈尔滨:哈尔滨出版社,2016:65.

社会流动性的需求"①,这时,文化实体就被消费了。冯乃超在《创造月刊》第2卷第2期的"卷头语"中,将艺术的商品化列为首要的敌人:"我们的斗争对象不能不直向借革命艺术的美名密输布尔乔亚的意识的所谓'民众艺术''农民艺术',揭破它的美丽的面绡,暴露愚民政策的真相。"②从一个侧面对曲解革命的商业行为进行反击。

但是20世纪30年代革命主义图像有商业化的现象。郭沫若翻译了辛克莱尔③的《石炭王》。这是一部表现美国矿工罢工的小说。现代书局对《石炭王》的评语是:"(辛)克莱氏是美国新兴文学的前卫作家,本书是尽了他暴露能事的最高著作。"而《乐群》上刊登辛克莱尔《石炭王》译作,广告却这样写道:"写革命的事实,而读之精神愉快,如看卓别林的电影。"将"革命"视为一种时尚的娱乐品。此一观点受到《现代小说》的批判:"乐群书店做新书广告的先生,是受了爱立司洋行或三德洋行出卖X药的广告术的教养。"④但是毋庸置疑的是,在商业氛围浓厚的城市里,"革命"也是一种被消费的资源,而20世纪30年代将革命当成时尚,不仅有张资平式的叫卖革命,也有刘呐鸥式的文学形式的革命,还有杜衡等的伪装革命。

张资平在这一时期出版了许多以革命为大背景的恋爱小说,如1930年复兴书局出版的《跳跃着的人们》,1930年上海乐华图书公司出版的《红雾》,1931年光明书局出版的《明珠与黑炭》,1931年文艺书局出版的《紫云》,1932年现代书局出版的《黑恋》,1933年上海晨报社出版部出版的《无灵魂的人们》等等,但其格局如鲁迅所说就是三角恋爱。

这些书刊设计也是将"革命"作为一个卖点,比如《红雾》的封面,以红旗、圣杯、女性裸体为元素,在版面切割中拼贴,女性形象向页外冲出,可以引申为对自己阶层的背叛;上方的红星与圣杯是信仰与理想的符号。作品关注女性的命运,但是却没有挖掘革命的价值而落入平庸的俗套中。

其他小说的设计显然也是从通俗小说的角度去立意的,女人体、红色是常见装点。其中值得一提的是《跳跃着的人们》。其书在20世纪30年代先后由复兴书局、文艺书店与中华书局再版,书名也一再更变,

① 鲍德里亚.消费社会:第4版[M].刘成富,全志钢,译.南京:南京大学出版社,2000:96.
② 冯乃超.怎样地克服艺术的危机[J].创造月刊,1928,2(2):4-5.
③ 辛克莱(1878—1968),美国作家.
④ 薇薇.辛克莱与卓别灵[J].现代小说,1929,3(1):341-342.

可以猜想张资平当年书的畅销。此小说是讲工人与资产阶级的斗争,但这部小说充满了臆想,工人的女儿与资产阶级的少爷的结合过于荒唐。虽然张资平在1929年明确表态要从浪漫主义转向于其他方向,但是"革命"在小说中如海市蜃楼般的虚幻。小说的封面设计也只是用最流行的影绘之法勾勒几个舞蹈的人形,与内文表达严重脱节。上海文艺书店出版此书时更名为《紫云》。这一封面回到了唯美主义的设计道路,以一比亚兹莱似的女性形象侧面而立,一边是一丛丛唯美的郁金香。这似乎也很明确地道明张资平小说的本质。1932年文艺书店出版精装版时书名改为《恋爱错综》,其封面更是从人物虚化为一株芭蕉。

图3-2 张资平小说封面

图3-3 《跳跃着的人们》的再版与更名

"革命"退缩于意识形态的场域之中,但是"革命"一词却被消费了。在出版的视野下,"革命"成为一种商品。辛克莱尔说:"一切的艺术是宣传。普遍地,不可避免地它是宣传;有时是无意识的,大底是故意的宣传。"①在当时的文字监察中,发生过只要书刊封面是红的,就要禁起来。

---

① 辛克莱尔.拜金艺术[J].冯乃超,译.文化批判,1928(2):87.

当时的进步刊物,也正好利用这样的视觉错觉,给进步书籍装上香艳的外套以逃避书刊审查。

第二节　审美主义的类征方式及图像表征变迁

中国的审美主义文化似乎可以追溯到宋代知识分子的日常审美主义。审美是文化的最高原则,是士大夫精神的写真,可以称为古典审美主义。近代的审美主义与古典的审美主义不同。"近代以降,伴随着现代稿酬制度的建立、现代文学制度的确立、现代公共领域的形成,审美创造和审美研究已然在严整的学科建制内成为一种职业,在这样的时代语境中,20世纪中国审美主义思想不可能只是古代凌空蹈虚的审美情怀的现代翻版。"[①]近代审美主义接受了民间感性审美的观念,又接受了现代性的审美经验,将时间的审美纳入审美的范畴之内。表现在书刊形态上,是在不同的文化领域有着不同的呼应。

一、审美主义近代发展及表征方式

1. 感性审美主义的发展及表征方式[②]

在古典审美时代,文人的审美是近于神性的审美,这一审美要求将一切物化的东西都可以抽象成为生命与世界的规则,使自己的生命融入永恒的天理之中。具体在中国古籍中,古籍排列以人的五官来命名就能隐约能表现出书籍是微缩的人体,是与天道相契的。

在晚清这一主流的审美受到了挑战。近代商业的发展以及小传统文化的被强调迫使大传统向小传统倾斜。"海上画派"的图式改变说明了艺术发展的趋势。近代印刷文化的发展,为感性审美的扩张创造条件。印刷技术出现以及工商美术家的出现也刺激了感性审美主义的发展,而公共知识分子的暂时缺席使得现代审美没有迅速向精英审美靠拢。感性审美是与"身体好安逸"的本能要求相适应的,这一审美要求将感受生命的愉悦用视觉的方式固定下来,其表现对蓬勃生命的歌颂。因

---

① 叶世祥.20世纪中国审美主义思想研究[M].北京:商务印书馆,2011:5.
② 余虹提到有三种审美主义的类型:理性主义、游戏主义与感性主义。本书大致遵循这一分法。参见:余虹.审美主义的三大类型[J].中国社会科学,2007(7).

此,感性审美不回避生活的百相,不希望将美纯粹与沉静下来,消除混乱与噪音。感性审美在空间向度内是对物质文化的真切感受,在时间向度内是永远不停歇地追新。

落实在书刊形态中,具象化、世俗化是其主要的特征,仕女形象是最重要的表现对象:器物的质感、环境的光感、女性的装饰与神态等。将女性置于观照之下虽然承袭了传统的审美方式却赋有新的含义:女性是历史变迁的最好证人与载体,挖掘女性与社会进步之间的关系,借由女性的视角来梳理变革的过程,成为刊物图像津津乐道的主题。而趋新是刊物形态的另一标志。正如周瘦鹃在20世纪20年代就认为20世纪10年代的《礼拜六》太旧,20世纪30年代的刊物又认为20世纪20年代彩色石的封面女郎不够时尚,如何利用新的印刷手段模拟人存在的真像,成为感性审美的价值追求。相较之下,通俗类的读物与新印刷技术的结合程度越高。

在内涵的挖掘上,感性的审美又有几种表征形式:

(1)赵苕狂的"趣味"

在郑逸梅的随笔里,赵苕狂是个有幽默气的书生。其人嗜酒,酒风不佳。一个消息说他每次酒会第二天必访毕昨日赴宴之人询问有无失礼得罪之处。他主编的《红玫瑰》与《游戏世界》也颇有这种有趣的疯劲。

1924年《红玫瑰》创刊时,赵苕狂强调了对小品文的采用以及插图的选用。小品的主旨,"大概不外乎三点。一短峭。二滑稽。三通至于陈义过高。及稍涉沉闷的。概在屏弃之列"。"本刊对于铜图。也想十二分的注意。""本刊排列。主旨在求美观。凡花花绿绿。徒足眩乱人之目光的。概非所取。"①这一立场,首先把文学作为休闲娱乐的工具,将其与新文学的使命感剥离出来。编后又说:"本志自诞生以来,已有上了五年的历史。在这五年之中,虽什么急进主义,没有多大的进步;但是始终跟着这时代的潮向前进,不肯落后一步。"而刊物的主旨,"常注意在'趣味'二字上","在求其通俗化、群众化"②。

赵苕狂主编的《游戏世界》在形式是对20世纪10年代刊物的延续。《发刊词》表达了一种非常奇特的心理,起意是针对社会现象的不满,然而作为文人"只好就本业做起",于是搬出了孔子的"游艺"说。说明了"善戏谑兮"作为智育发挥的上乘境界,既与食古不化腐朽有着认识上的

① 赵苕狂.花前小语[J].红玫瑰,1924,1(1):编者话。
② 原载1929年9月《红玫瑰》第5卷第24期。

不同,而且还与西方的哲学认知相通。这样的定位,顺利地达成刊物在道德上与智识上的优势。"《游戏世界》是诸君排闷消愁一条玫瑰之路。"刊物是对"唤醒那假惺惺的护法家、统一家、自治家、牛后的大吹特吹(的人)",较为严肃的主题材寓意在看见消闲的文字之下,《游戏世界》开列了说苑、谈会、歌场、趣海、文坛、艺府、余兴与附载几个栏目,几乎是把 20 世纪 10 年代附庸位置的栏目做成了主要栏目,增加了非虚构的内容。刊物使用了辑封的样式,总共有 160 页左右的内容,并开始增加《滑稽画》插图栏目,力图作品轻松化。《游戏世界》1922 年第 5 期封面上一位穿着短袖宽口橘色短袄的少女坐在月亮上,手牵丝带,向读者招手。她的穿着,是五四运动之后的时尚穿着。深蓝的夜空,传达出静心敞意的舒适。整个封面是宁静安详的,而人物通过变形展现出戏谑的效果。《游戏世界》1922 年第 6 期封面是一位现代着装的女性对着一只蝴蝶对话。《游戏世界》1922 年第 16 期封面就一现代女性逗玩一只小猫。这些图像由于主题的直显而失去深度,只表现出生活的情趣。

图 3 - 4　《游戏世界》封面

版面的更新表现出娱乐的精神。《红玫瑰》画报版式上有了更新,分上下两栏排列,表现着娱乐精神。为了造成审美效果,作者俞天愤写了侦探小说之后,请人饰演小说内容,并搭布景拍摄用铜版印出来,但是太贵。《编辑琐话》评论:"俞天愤之《玫瑰女郎》,是他近期之侦探杰作,并由他为所邀集同志,照篇中事实化装起来,摄了好几张影片,附在是间,更是侦探小界中一种破天荒的举动。"

20 世纪 40 年代,赵苕狂突然忆起 20 世纪 20 年代《红玫瑰》的发行盛况。于是准备模拟这一刊物重新创办起来,结果读者寥寥,才办一二期就下马。这一事实也说明时代的娱乐有时代特征。"趣味"也是时时会有变化的。

（2）周瘦鹃的"盆景"美学

周瘦鹃一直受到读者的拥护的原因之一就是他注意到与时俱进地提高审美的效果，推崇极致的审美。他的编辑代表之作有《礼拜六》《半月》与《紫罗兰》系列刊物。但是其审美还是着眼于人物画的开拓，结合更加年轻的商业画家，提高插图的技法，运用更加先进的印刷技术来迎合市场与读者。

周瘦鹃自诩是"美的信徒"，具有唯美的审美气质①，所以他用这向美之心精心打造他的刊物。正如周瘦鹃自己所说，他的刊物，是当时通俗刊物中最美的刊物。这表现在几个方面：

第一，反映在版式与开本的别出心裁上。《礼拜六》初度复活时期的第116期上，为特号《爱情号》。"字图画都非常可观，插图都用双心作轮廓，处处饱孕爱的色彩。封面上画一个爱神，由袁寒云题字"，可谓周的得意之作。20世纪20年代的几种代表性刊物，在开本上就做到与众不同，《半月》为狭16开本，《紫兰花片》为64开本，《紫罗花》开始为20开本，此风一出，跟随者众多，一时间出现许多方型开本的刊物。

第二，刊物翻样非常迅速。"他觉得商业性杂志不能老是一副面孔，几年下来，读者就有看得腻烦的感觉，应该换刊名与版式了，凭着自己众多的'粉丝'，换了刊名，'粉丝'仍会跟踵而至；而大换版式，更会使读者眼前一亮，产生新的刺激与新的期待。"②四年换一个刊名，一年换一个开本，现在看来是刊物模块设计的大忌，周瘦鹃却能够在熟稔读者的心理基础之上轻车熟骑地驾驭。

第三，版面设计元素运用多样而且娴熟。周瘦鹃较为得意的就有仕女图与图案画的混排；封面镂空技术，如中国的月窗一样美；使用画报样式进行图与文的混排等。《礼拜六》的封面总是力求花样翻新，使之富于装饰性变化。在前百期中，"每期封面都是丁慕琴的时装仕女，或者漫画"，偶然也采用其他人的历史画和梅兰芳的剧照，笔法虽然稚拙，风格亦颇俗艳，但因为三色套印，确实引人注目。在后百期中，周瘦鹃将体例略为变动，每期卷首选刊名人诗词一首，由丁慕琴就诗意词意作画，很觉新颖。这里的诗配画，即使不是首创，也该是较早的。

---

① 徐蕾.周瘦鹃作品审美气质初探［G］//朱栋霖.苏州文艺评论.南京：凤凰出版传媒集团，2008：146－149.
② 范伯群.名编周瘦鹃的标新立异精神［J］.苏州教育学院学报，2011（2）：6.

同一时期,《半月》出版。其第一卷第五期征稿:"风景、名妓有及一切有趣味的照片。"《半月》中有大量的谢之光、庞亦鹏的画。由于版幅的限制,线条画面积也变小了,图的结构也变得简单,《半月》里丁悚的插图很多呈现出小品化的趋势。装饰的功能则随着画画的开发而大大地发展了。陈映霞在为《半月》所做的插图中,有的是线条画,有的是剪影画;胡亚光做的插图,有的图案花,有的抒情线条画,多样的面貌使《半月》的视觉多样灵活。

而《紫罗兰》则是其更私人化的作品,版面也更为精致。"杂志中的铜板图,向推《半月》来得选材精美,排列新异,但是我们还觉得太呆板。因此本刊新翻花样锦,发刊一种《紫罗兰小画报》;每期四页,用重磅道林纸彩色精印,铜锌图每期至少在十面以外,方的、圆的、长的、狭的、椭圆的、长方的、不等边的种种都全,并加以极新奇的图案,排列成极特别的格式,以期引起读者的美感。铜图之外,插入各种名贵短隽而有趣味的文字,比较普通的画报,更为精美,而可以宝藏。"①

《紫罗兰》它的确能给读者一个新颖和美观的好印象。精印的封面是镂空的,就像苏州园林里的漏窗,扉页是彩色的仕女画或图案画,通过封面这扇"窗户"看到的是那扉页画中最精彩的一部分,翻开封面才看到扉页画的全貌,而画上又配了相映成趣的诗,如"再三珍重临行意。只在横波一转中。""紫藤花底坐移时,抱膝沉吟有所思。还是伤春。惜心事少人知。"虽然不像苏州园林的廊窗是成排的,使游客有"移步换形"之乐趣;但《紫罗兰》杂志酿窗户使封面与扉页组成的"隐"与"露"对比,再加上诗与画之间的"情"与"景"至交融,使它们相互构成了一个独专题式的,如法国沙龙名画号、曼殊上人纪念圈号、华社摄影杰作号、解放束胸运动号等。

印刷技术与图像品质的追求也更有高度。《紫罗兰》"二难"既并与"四美","封面三色版的封面,因为制板、印刷费俱贵,又须有好画稿,所以各杂志都不敢用,即有也如昙花一现,惟有《半月》则四年各一,并不改易。而且谢之光先生是和本刊有特约的,现在庞亦鹏先生又允常常作画。二位都是著名的画师。'二难'既并,又加以大东书局印刷所的制板和印刷,海上向推独步,那么并可算得四美兼具了"②。

纵观周瘦鹃主动策划与主编的刊物,不难发现他的刊物追求的是小

①②　周瘦鹃.周瘦鹃的新计划[J].半月,1925(15):16.

巧精美的艺术效果,也就是一种"盆景意识"。周瘦鹃祖籍苏州,对苏州园林的布局架构非常了解,他也擅长盆景制作,喜欢借盆景"临摹"古今名人的画作。所以他制作的盆景,从意境、构图、章法、笔墨,都能做到与原作酷似,而且更深入成为立体的、有生命的画。精、巧、韵的盆景制作的精髓,影响周瘦鹃的创作与书刊形态设计。"盆景意识"体现出小巧而含蓄,丰富而又精美的版式特征,尤以《紫》系列的表现最为突出。下列的一系列《紫罗兰花片》封面需要以之文与事的组合来整体考察。每期均由名人名人题字,配以仕女画家的力作,题刊以花边镶嵌,图片色彩浓郁,刻画细致。

图 3 - 5 《紫罗兰》封面

2. 新文化理性审美主义的发展

新文化的美学理想既是古典美学的继承,同时受到小传统美学与西方美学思想的影响。

(1)"唯美主义"的流行

西方哲学对中国近代新文化的审美有着巨大的影响,叔本华、尼采的学说被引入,在启蒙精神下将审美成为积极的人生应对态度或者是自我救赎的方式。审美作为生活的最高理想,是生活的标本。但是在美学资源上,精英要正视的有两种情况:一是对文化的整合,既对西方文化有敬仰之情,又要对中国传统文化有尊重之心。审美如果不能在这两个资源上做出协调,那么也就不能有一致的审美要求。第二个是小传统资源的利用,这其实也提出了审美如何与现实生活接壤的问题。如果只是维持古典审美那样保持超然于世外的隔离态度,就绝不能在近代的传播格局中起到作用,那么这种审美也就是不健全的。因此这种神性的审美是对神性进行再度改造之后的审美重构。

在中国首倡美育是王国维先生。1906 年,王国维提出在中国要以美育取代宗教的缺位。1915 年,蔡元培先生提出"以文学美术之涵养,代旧教之祈祷"①,1907 年,他更是将其具体为"以美育代宗教"。蔡元培先生的倡议,是基于中国信仰维度的根本缺失以及中华文化遭受空前困惑的前提之上的。这在晚清的文化传播开辟了一条道路,即将审美视为科学与道德之中的生活原则。晚清文艺的格局,即是在这一思想上展开,所谓文艺刊物是文学与艺术的整合体,而新文化也要在艺术与生活之间重建关系。西来的艺术元典与中国的文化源头结合成为新的审美对象,这样既能容纳传统思想中的内敛含蓄,也能接受西方注重视觉、以艺术为生活之最高标准的理念,培养出精致的生活与理论的美学态度。精英审美一致地滑向唯美主义正是具有这样的精神渊薮。甚至新文化运动的元典"《青年杂志》(即《新青年》前身)第 1 卷第 3 号封面上,就赫然登载着王尔德的肖像"②,因为"审美现代性中的革命主义原理其实就内含着审美主义的前提:由于美的艺术可以改造生活丑、成为生活的美的典范,因而艺术革命才是合理的"③。唯美主义的引进似乎可以解决这样的问题,既能使士大夫对隐逸生活态度的现代转型甚至革命行为提供理论的依据,又能提供生活模仿艺术的绝好理由,让精英继续在社会污浊的空气中找到摆脱现实的借口。

新文化人中钟情于唯美主义的不在少数。周作人力求艺术与生活之美;鲁迅介绍比亚兹莱的画作到中国;创造社的核心人物对唯美主义推崇有加;弥洒社、狮吼社、新月派以及之后的新感觉派都对唯美主义有着特殊的情感④。落实在书刊形态上,是图案化、抽象化的人物形象的出现以及西方艺术的引入与表现。面目模糊、身份模糊、场景模糊能够回避感性审美的低俗,而人物画的进入是对小传统的借鉴,也是对西方艺术的致敬。

其中,创造社与新月派的表现最具有代表性。

创造社前中期的作品中,由于对唯美主义的推崇,比亚兹莱的画风得到展现。叶灵凤对比亚兹莱的模仿非常成功,女性的侧影、拉长变形的身躯、回转曲折的线条很有比氏之风,比如为周全平小说集《梦里的微笑》设计的七幅插图有很浓重的比亚兹莱的影子。其他如《白叶杂记》

---

① 蔡元培.哲学大纲[M].蔡元培全集:第二卷.杭州:浙江教育出版社,1997:339.

②③ 王一川[M].中国现代学引论:现代文学的文化维度.北京:北京大学出版社,2009:113.

④ 参见:赵鹏.海上唯美风——上海唯美主义思潮研究[M].上海:上海文化出版社,2013.

封面、《苦笑》封面、《菊子夫人》封面都有着唯美主义的色彩。

20世纪30年代，政治意识极大程度影响了文艺，但是仍有坚持与意识形态进行切割的主张。邵洵美与徐志摩的绅士之风以及优雅的风度，在唯美派的《新月》刊物中得到延续。《新月》是以"纤弱的一弯分明暗示着，怀抱着未来的圆满"①。梁实秋回忆："新月杂志的形式与众不同，是一多设计的。那时候他正醉心于英国19世纪末的插图画家璧尔兹莱，因而注意到当时著名的'黄书'（The Yellow Book），那是文图并茂的一种文学季刊，形式是方方的。新月于是模仿它，也是用它的形式，封面用天蓝色，上中贴一块黄纸，黄纸横书宋楷新月二字。"②"新月"成员中，徐志摩率性的举动表现出他对唯美派的狂热喜欢。他最心仪的艺术家中就有就是罗赛蒂兄妹，在《吸烟与文化》他将诗人罗赛蒂作为剑桥的一种象征。因此他请大师范绘制罗赛蒂的画像与刊出罗赛蒂的作品，都只是个人心性所趋，表现出唯美、浪漫的、怀旧的情怀。画作中女性优雅、美丽、恬静，又有奇迹性的梦幻与迷惘，与徐的审美观有着高度的一致。

图3-6　唯美主义文化的图像

（2）"唯美主义"的变体

与新月派的主张较为一致的、想从意识形态下分离出来的"论语派"，则在其创办的刊物显示出新的审美尺度：士大夫"隐逸派"审美加上英伦的"幽默"，重新调和出了新的审美格调。

与完全的西化与模仿不同，"论语派""完全是'古隐逸'之士的生

---

① 徐志摩说："我们合不得'新月'这名字，因为它虽则不是一个怎样强有力的象征，但它那纤弱的一弯分明暗示着，怀抱着未来的圆满。"（徐志摩.《新月》的态度[J]. 新月1928,1(1):4-11.）

② 梁实秋.《新月》前后[G].梁实秋散文集:第五卷.长春:时代文艺出版社,2015:284.

活,完全是隔离了'现代'的生活"①。中国传统的审美是在"天道轮回""天人合一"的思想框架下产生的,是对过去的崇拜,而现代人是从现代生活中审美,这是近代审美区别于古典审美的标志,而林语堂却从五四的战士沦为一个颓废者,自称是"性灵派"与"语录派"的继承者。不过依笔者看来,林语堂的刊物向新的地方是对漫画的使用,因此不纯粹是完全的反向或者开倒车,而是一种想在十字路口重建象牙塔的企图,是想在喧嚣的世风中保持"闲适"。

"林系出版物"包括 1932 年林语堂创办的《论语》,1934 年创办的《人间世》,1935 年参与创办的《宇宙风》,以及与《论语》风格相应的杂志,如简又文主编的《逸经》、黄嘉音主编的《西风》、陶亢德主编的《宇宙风》、海戈主编的《谈风》,其他如《东南风》《阴阳风》等。下将林系代表性的出版物前几期的形态样式比较如下:

表 3－1　林系刊物版面特征

刊名及创刊 时间、机构	《论语》,1932 年,时代出版公司
主编	林语堂
页码及栏目	32 页,栏目有群言堂、古香斋、雨花、月旦精华、幽默文选、卡吞
封面	如古籍排列,刊名题签式,辑用了郑孝胥的文字,实底反白。版式设计曹子美。封面底纹时文时画②
版式	书眉下加短线,居上方两侧,为篇名,下方外侧为页码。标题标宋体三号,二行居中,作者四号标宋。内文宋体五号。有直线、波线,以×线为行间隔断
插图	卡吞为漫画专栏,《论语》的漫画中除采用《幽默客》《笨拙》《纽约客》《字林西报》等西人的作品外,主要作者有语堂、I. PAK, NIK、嘉音、破弓、精生、古巴、猛克、同光、六平、颖振宇、静、(陈)静生、文杰、程弓、士英、梦弱、李雄、李德尊、颂全、英、玄、志、无朋、鲁东、金沫、忘我等人的漫画作品③

① 周作人正是"论语派"的干将。(阿英. 周作人书信[G]//阿英文集. 北京:生活·读书·新知三联书店,1981:202.)

② 林达祖,林锡旦. 沪上名刊《论语》谈往[M]. 上海:上海书店出版社,2008:124.

③ 唐沅、韩之友、封世辉等编著的《中国现代文学期刊目录汇编》第 3 卷《中国文学史资料全编(现代卷)》(知识产权出版社,2010)所记录的《论语》1—17 期的漫画作者。

续表

刊名及创刊时间、机构	《人间世》,1934 年,半月刊,良友图书印刷有限公司合作
主编	林语堂
页码及栏目	60 页左右,内容包括随感录、读书随笔、诗、译丛、杂俎、今人志、书评、小品文选
封面	封面以撒拟金底纹,中间一竖黑框的书签,手写体的刊名,框左右两侧为反白的古器纹饰
版式	全仿古籍的版式,单线边栏,栏边为篇名及期页码。大标题为二号仿宋体,二行居中,或者用手写体,作者名多为手写体。小标题一行居中,也为仿宋体。内文仿宋体双栏每行 25 字。有分上下两栏、三栏以波线分开。特用仿宋体排出,"以符小品精雅"之意
插图	卷首铜图有文人画像、名人手迹,装饰画海生
刊名及创刊时间、机构	《宇宙风》,1935 年
主编	陶亢德
页码及栏目	内容包括小品随笔、小说、诗歌、报告文学各类体裁的作品,另有"姑妄言之""小大由之"栏目
封面	题签式,手写体刊名,仿宋体出刊日期,封面有字以仿宋录出
版式	内文单栏框,栏右侧边为栏名及中文页码,左栏外侧为篇名与中文页码。标题为楷体三号,三行居中作者用手写体或者小五号楷体。内文分三栏、两栏,以单线分开,宋体,双栏 26 字每行,文中标点
插图	有高龙生、丰子恺、黄嘉音、雷达、老黄、蔡振华、慧和、古巴等人漫画
刊名及创刊时间、机构	《逸经》,1936 年,人间书屋
主编	简又文
页码及栏目	60 页左右,有史实、人志、特写、纪事、游记、秘闻、诗歌、考古、图象、杂俎、书评、小说等栏目
封面	题签式,手写体刊名,仿宋体出刊日期,有线条图为压底纹
版式	内文单栏框,栏上为书眉,边齐,均为刊名与期号,左右栏边为篇名及期页码,栏下外侧为阿拉伯数字的总期页码。大标题仿宋体,三行居中,通栏;作者名多为手写体。小标题二行居中,仿宋四号。内文分上下两栏,以单线分开,宋体,双栏每行 26 字
插图	图象一栏多为历史性的图片,以铜版图插入照片,以单线划出区域

　　题签、传统纹饰压底、封面的仿古体现了这一派文人的精神面貌,而漫画部分提示着与现代生活的联系。总体来说,版面开着时代的倒车,相比之前的包天笑,"论语派"确实缺乏内省与向前的意识。

图 3 - 7　林系刊物封面

● 鲁迅:"现代性"与"抽象性"结合的审美

　　鲁迅进行书刊形态设计的几十年也是不断寻找设计语言的过程,而他每个时期都能站在某种高度之上,以俯瞰者与前行者的姿态架构着设计原则。早期他就将希腊女性画像表现于封面之上。在其他新文化书刊源源不断地引入西方的女神与天使时,鲁迅已经在民族与现代中的视野中寻求新的表现方法。他不重视具体形象的出现,因为具体形象总是有时空的限制。他欣赏陶元庆的作品,不吝用夸奖的语言来赞美陶的作品。通过对陶的肯定也表现出他本人对于把封面插图的图案性与装饰性认识提高到了抽象的高度。鲁迅重视图像的隐喻性、象征性,同时渴望着先锋性,并在此基础上寻找外在与内容相切入的最佳表现。

　　与"林系刊物"不同,鲁迅主编的一系列刊物与编辑的一系列书籍试图在所求永恒的审美价值。在编辑"鲁系刊物"同时,鲁迅也进行高端印刷作品的编辑。1933 年,鲁迅与郑振铎编辑《北平笺谱》,此稿由北平荣宝斋印行,线装一函六册,纸本,磁青封面,白色题签纸左侧上角,由沈兼士题名。《北平笺谱》的编辑过程颇烦琐,是由郑振铎多方搜罗,寄至上海由鲁迅选定。郑再寻至原家考访刻工名录以及商谈印刷事宜。考访刻工名录即颇费周折,但由其努力,除少数不能查考之外刻刀者姓名均由郑考证清楚录名于册中。鲁迅对印刷笺谱的纸张、装订用色都有设计。颜料用矿物颜料,以免日久褪色;纸宜用宣纸;装订采用绢包角、打眼、粗丝线装订,并且在印刷过程中,鲁迅反复与郑振铎讨论。此书拼版、调色也极费周章,最后印刷品印成 100 部。在装订之前,鲁迅亲自筛选画页,将色彩不准的质次画页检出。1934 年,两人又编辑《十竹斋笺谱》。1936 年,鲁迅生前最后出版画集《凯绥·珂勒惠支版画选集》。此画集是其精品意识的完美体现。画集选用中国宣纸为材料,采用超大的四开本,封面用传统线装样式,磁青色底,洒金题签,书名横排,手写体居中对称,以珂罗版精印。珂勒惠支是西方人,而鲁迅仍以中式版本来装订,这说明在审美观念中,传统的文人意识仍然占据主导地位。

但是鲁迅不仅仅是古典审美的维护者,他的功绩在于对现代快进形态的不断探索,以期在视觉上符合当代人的需要,在精神意义上达到世界人的要求。1928 年代末至 1930 年代初,鲁迅主编的一系列杂志如《朝花》(旬刊)、《奔流》、《文艺研究》、《萌芽月刊》、《译文》与《海燕》有着更为自觉的向前意识。

表 3-2　鲁系刊物特征

刊名及创刊时间、机构	《朝花旬刊》,1928 年,朝花社
主持编辑	鲁迅、柔石
封面	封面由鲁迅设计,用了英国阿瑟·哈克拉姆的一幅画为刊头,刊名有魏碑的金石之气。单色印刷
版式	横 32 开本,天地宽敞,首页无书眉,后书眉由双线框出,左为卷名、刊名与卷页码,右为期数、篇名与卷页码,每页 17 行,22 字,向着版心移动,使版面不再拘束于单面的中心,而是以双面为一整体做了视上的调整
插图	国外的木刻作品
刊名及创刊时间、机构	《奔流》,1929 年,北新书局发行
主持编辑	鲁迅、郁达夫
封面	封面由鲁迅设计,美术字题刊名,如同流动的绿色河流双色印刷
版式	与《朝花》相近 18 行,每行 26 字
插图	与内文相关的图片选择,多采用外国图片配合文章穿插图片①

---

① 比如惠特曼的主题,共用图片 5 张:惠特曼的画像、照相各一张,惠特曼的《草之叶》插图一张、惠特曼的笔迹一幅,以及惠特曼晚年的住所照片一张。又如有岛武郎的专题,共选用照片五张:有岛武郎照片一张、有岛武郎农作图一张、书房照片一张、钢笔画一张、亲笔所写的明信片一张。立体式的呈现方式,图文意识的体现。

刊名及创刊时间、机构	《文艺研究》,1930 年,上海大江书铺
主持编辑	鲁迅
封面	封面有构成主义的特点,以点线面的简单布局形成扇观看街道的窗,美术字题刊,注意了反白的运用,蓝红双色
版式	25 开本
插图	采用独立插图的形式,插入肖像画如第一期中的《N. Chernyshevski 像》(绘画,作者未详)、《芥川龙之介像(刻石)》(方善竟作)
刊名及创刊时间、机构	《萌芽月刊》,1930 年,鲁迅主编,冯雪峰、魏金枝、柔石等助编,由光华书局发行。
主持编辑	鲁迅
封面	封面刊名是鲁迅亲自题写的,美术字题刊,萌与芽两字的草头处理为三角之状,如嫩芽初长的样子
版式	与《朝花》相近 18 行,每行 26 字
插图	名人照片
刊名及创刊时间、机构	《海燕》月刊,1936 年,海燕文学社
主持编辑	史青文、第二期耳耶,鲁迅设计了第一期封面
封面	鲁迅题写"海燕"两字,印红放在封面下部,白底色,一个竖长的人物照片,黑色反白字的汉语拼音,设计上在寻找组合,红黑二色。双色印刷
版式	横开本,宋体标题与内文,下角外侧置页码36 行,每行 22 字,双栏
插图	木刻、漫画

鲁迅选用更为科学的横排方式,采用美术字题写刊名,插图中采用漫画与木刻这样较为新颖的插图形式,而在文字的运用上则仍然坚持使用宋体。中西的融合建立在更为理性与科学的基础之上。

图 3-8　鲁系刊物封面

3. 折中的审美主义

对于感性审美的拒绝以及对理性审美的质疑形成了第三种审美主义,余虹称为"游戏审美主义",而笔者更愿意称为"折中审美主义"。这种审美试图调和两者间的紧张关系,并打破艺术与生活的界线。

在近代史上,这种审美随着对工艺美术本质与属性的认识而得到了加强。晚清随着洋务运动的开展,设计与图案的教学进入现代的教育制度之中。而新文化中精英在西方对艺术谱系的书写中看到了工艺美术的价值,并且将之收纳至精英美术的观照之内,并且收回了话语权。工艺美术家陈之佛、雷圭元、庞薰琹等都进行了探索。

陈之佛强调装帧设计的功能就是其实用性。他一再强调要对"图案"的要领做彻底的了解美术工业是"适应日常生活的需要的实用之中,和艺术的作用抱合的工业活动"。在工艺美术普及的过程中提升大众的审美。陈之佛表现形图案画是把中国传统的纹样与人物的图案画结合在一起,形成以人物为主体的图案画造型。这些图案看上去是美的,同时又能为大众服务。而在技法表现上,陈之佛能够将古典的形象放在现代的框架中,以呈现出现代的面目。

与雷圭元等抽象的图案相反的是,陈之佛的图案画还是在中国书刊线条画的基础的图案化,是大众习见的人物形象,他在传统的图案画的现代转型中找到了两种传统结合的方式。

在20世纪30年代审美主义的代表人物张光宇更是创新装饰风格的设计语言,将民间特色纳入现代的审美机制之中,从而使得审美主义从形而上的观念中走入民间。他的图像符号取材于民间的年画、剪纸,但是通过了现代性的转译,成为充满现代感观的作品。

二、审美主义的表征方式差异与变迁

从空间轴看,审美主义的表征的差异既表现在不同阶层的实践之中,也体现在同一阶层的不同个体之间;从时间轴看,审美的表征方式也在发生变化。

1. 审美主义的表征方式差异

无论是通俗文化的审美,还是新文化的审美,都是编辑深藏情结的外显。通俗读物更喜欢风花雪月的浪漫图像以及文人雅集、古品收藏这种风流的事情,而在新文学中可见的是对艺术严肃的展现与介绍。

通俗刊物喜欢选择马克斯·司冬①的画作,从20世纪10年代的《礼拜六》一直到20世纪20年代的《红》杂志,都有司冬作品的呈现。司冬的画面沐浴在温暖的阳光之下,明亮而又充满了温馨。无论表现少年男女的情爱还是女性的端庄都有着精致而柔和的味道,特别能够表现出对日常生活的意境的拔高和对生活细节的过滤后的展现。

而德加②与高庚③进入新文学家的视野并非偶然。从《小说月报》开始的一系列新文学书刊都把介绍西方近现代艺术作为自己的使命,因此对其介绍脱离了个人的好恶而具有了责任感与义务感。当然,这些新艺术流派特别适于新文学将把空间与时间的关系整理和表达出来。德加与高庚审视世界的独特角度似乎也给了新文化持有者以新的领悟。

从整个格调上说,与新文学的阳刚之气正好相反,旧文学刊物缺乏切入社会政治的热情,而是引导向家庭、游戏、娱乐与消闲的回归;前者取名《创造》《洪水》,而后者喜用《星》《月亮》《梨花杂志》《蔷薇花》等。正如周瘦鹃在中华人民共和国成立后反省的,他们这些文人力量用限,极少对时事做贴近的批判,也没有宏大的叙事,所以后代评价就不高。20世纪20年代通俗杂志中的插图,更像他们自我展现的舞台,将生活中的琐碎进行娱乐似的分享,表现出他们的闲情雅致与审美情趣。他们的精神领袖之一是袁世凯的二子袁克文(寒云),此人有名士作风且才艺卓群,但刻意与政治划分界线。而新文化人心仪的艺术家则是比亚兹莱,他们的企图是建立起艺术的至高王国,并把美的理想填满世界的每一个角落。

2.审美主义的表征图像变迁

通俗文化的图像是对对象的写实刻画。但即使如此,图式还是随着审美的时代变化而变化了。这一图式的变化可以从图像的内容、构图方式来解读。

---

① 马克斯·司冬(马库斯·斯托,Marcus Stone,1840—1921):英国皇家学院画家.早期擅长画历史性事件,后期他的人物画,带着明亮的光线与清新与兴奋的情绪,典雅而温馨的感觉。

② 德加(Edgar Hilaire Germain de Gas,1834—1917):法国画家。早期擅长以"现实主义"的创作态度将对象从古希腊经典的形式中解放出来,后期以一组舞蹈演员诠释了印象派创作中对形体、光线、运动的反映。

③ 高庚(高更,Paul Gauguin,1848—1903):法国后印象派画家。被西方称为"景泰蓝主义"即用大胆的单线平涂色,黑线勾边。高更的画法是对印象主义的突破,色彩经过整理变得简洁,采用平涂的方法,而注重异域风格的展现。

通俗文化时期的仕女是反映时代变迁的切入口,通过仕女的活动,可体会到时代的进步。封面女性被赋予新的身份:学生、运动者、劳动者、慈母等,身份设定特别丰富。从编排上讲,在20世纪10年代之初,仕女是作为背景图充满整个的版面,到20世纪10年代中期《礼拜六》图形开始向小品化方向发展,图像被去底,进行局部的裁切,放置在版面的中心位置,保持中心对称的布局。

20世纪20年代的通俗读物仕女图,处在摄影技术的发展以及新文艺图像的影响之下,在画面中流露出对技术写真的追求。摄影技术不仅影响了画像中人物姿势与眼神的变化,而且表现在编辑者尝试以照片仕女取代手绘仕女的努力。《红玫瑰》1921第1卷第7期以花线做出外框,将单色仕女照片植入,第1卷第22期又做出月光版外形,将照片插入。但因为照片的铜版只能以单色印刷,所以虽然真实,却并不美观。所以稍做尝试马上换回手绘仕女,总体上依然保持手绘的风格。这一时期的构图,图像只是作为设计一个元素,不再铺满封面,而且外形进行了更多的变化,矩形、圆形、心形、不规则形均出现。像1921年《礼拜六》106期谢之光作的封面仕女,仕女的身躯完全隐没有于橙黄色的背景之中,仕女的脸与手用了反白的手法勾勒,仕女的头顶突出了矩形的框架,同样的构图可见于丁悚为102、209期《礼拜六》所作的封面。《礼拜六》220期悦明的封面装饰性非常强烈,人物勾勒出简洁的轮廓,衣服上规则的纹样,与几何纹的地毯,窗帘、台布形成对应的关系。如果关注到1921年左右新文学出版物上涌现的图案画风格的封面画,或许可以理解为图案化的仕女图是对新艺术的一种适应或者调适。

20世纪20年代后,女性肖像突然从全景换成了特写,女性的半身像或者脸部特写变得频繁起来。女性的身份变得统一,都是都市中的时尚女子。随着照片使用的频繁,女明星、女运动员、女学生的玉照也频频出现。1931年柳庆溥发明彩色照片制版技术并被推广运用,使得人物写真的还原性到达崭新的阶段,小尺寸的仕女图被照片取代的技术基础形成了。因此,20世纪30年代,以写实为特点的彩色照片仕女冲破了手绘仕女的统治,大量地盘踞在文艺与时尚刊物的封面之上,建立了新的女性审美观照方式。

这一时期,由于国际主义艺术风格的输入,对传统仕女图的观看提出了新的要求。多数刊物都由手绘走向照片使用,如《妇人画报》到第

25 期就采用照片来刊出。这样,对手绘仕女图的使用则是编辑者有意为之的行为。比如梁得所主编《小说》半月刊①封面,是请梁白波等手绘女性形象,"走一条传统美女形象与现代气息相结合的新路"②。这种意图是对时尚模式的偏离,从而获得另一种意义。如果说通过照片,可以使人体验到都市生活的真实存在,那么手绘的图片则承担了更为情感化与艺术化的追求,表现于既融于现实又与现实距离的希望。这样的探索具有冒险性,茅盾即批评《小说》是"小市民的休闲点心"③。

图 3 - 9　仕女图表征
方式的变迁

从仕女图的设计来看,前期的设计表现女性在干什么,而后期表现的是仕女在凝视读者,由一种封闭的人物自述转向人物向读者的目光交流,这是摄影艺术对绘画者的影响,也表现出不同时代的审美倾向:表现意义在失落而审美性在加强。

第三节　文化主义的表征方式与图像特点

"文化主义"是指人类学与历史主义的结合研究。文化主义以人与人自身的历史为核心梳理我和他者的关系,因此它较为理性地审视自身文化同时也注意到与世界文化的关系。本书取其审慎思考自我与世界建构关系这一层面作为文化主义的内涵特征。

一、文化主义的表征方式

在强烈的革命主义以及相对封闭的审美主义的对照下,"文本主义"的符号显得内敛、平静,能够有效控制强烈的情感流露。内容的模糊性决定了文本主义文化书刊的采用设计方案的多样性。但总体而言,它的图像气质较为平和,线条的采用不那么锋芒毕露,色彩的调子比较统一,

---

① 《小说》半月刊创刊于 1934 年 5 月。前两期是月刊,第三期起改为半月刊;为 8 开特大本。版权页上显示的基本信息是,该刊由梁得所主编,编辑丽尼、黄苗子,大众出版社出版,发行人是黄式匡。

②③ 李勇军.刊发名小说家手迹的《半月刊》小说[M]//图说民国期刊.上海:上海远东出版社,2010:182.

而形象的刻画也较为温和。

1. 设计意图与图像主旨的精神同构

从符号角度来看，文化主义的图像是有主题的，但主题适当开放。设计主体的精神通过图像的形象得到显示与写照。直接意指构成蓄指层面的所指，而不需要通过转译与修辞。

（1）包天笑的"兴味"

包天笑选择了"兴味"作为其编辑思想的一种核心的价值。"兴味"一词，早在梁启超那里得到过阐释，即是上升到理性主义的有趣味，它与"责任心"并举，成为梁启超人生哲学阐释的一个高度①。包天笑是较早提出的"兴味"观的通俗作家。他的审美观同通俗文学中周瘦鹃唯美的"为伊消得人憔悴"的苦情主义不同，也与新文学鞭挞现实、揭露现实的文学功能说不同，更和庸俗作家不道德地炮制恶俗文学的低级情调不同。他的"兴味"是一种无害、有情趣的审美观照。在《小说大观·例言》包天笑标明"无论文言俗语，一以兴味为主，凡枯燥无味及冗长拖沓者皆不采"，这说明他的文学与社会现实的触摸方式不是切入的，而是轻轻掠过、点到为止的。"兴味"也成为包天笑判断作品优劣的最主要的标准，也是多数通俗文学作家文学创作的基调，比如王钝根提倡的"消闲""趣味"等与包天笑的提法一致。

"兴味"是包天笑编辑思想的表述，也是他图像选择的一种标准。比如在第一期《妇女时报》的封面中，描绘两女性正在阅读此期的《妇女时报》，而刊物的封面上即是这两个女性，这种表现方法是传统"重屏"技法②的再现，通过图像的再次折射，来表达对生活的一种趣味态度。

在编辑《时报余兴》时，包天笑采用了滑稽画为插图，表现出对世俗生活的旁观态度。在20世纪20年代的《星期》刊物中，他采用了朱凤竹的世俗滑稽画，奠定了幽默诙谐的刊物基调。《星期》创刊号是一个小男孩子坐在虎头上，与《小说画报》时代有生气的虎像完全不同，虎的驯化似表明了人到中年的主编不再担负着高尚的出版理想而愿意转向对生活趣味的追求。

《星期》的封面基本上是朱凤竹所绘，其中若干由丁悚绘制。长达几

---

① 参见：方红梅. 梁启超趣味论研究［M］. 北京：人民出版社，2009.
② "重屏"在南唐周文矩《重屏会棋图》中即已有表现。

十年的编辑生涯,包天笑与画家朱凤竹、丁悚的合作最多。朱凤竹[①]是民国时期的画家,被视为"新国画"的代表人物[②]。他在1926年发起主持形象艺术社,旨在探究艺术的真谛。形象艺术社也出版刊行过一系列美术方面的书籍。朱凤竹擅长画市井风俗画,他的审视面很窄,视角很小,能够从家庭、百工以及市井的一角中挖掘出生活的悲欢苦乐,反映家庭如《孝子别解》《节制生育之研究者》,反映百工如《西瓜摊》《塌车夫》《行灶》,反映社会如《登高运动》《资本家之刑具》的,都能让人忍俊不禁,而且表现温和,将讽刺的力度进行了大幅度的削减以增加图像的普适性。而丁悚的幽默画也是对生活细节的挖掘与展现,"其中最为常见的,是以顽皮可爱的孩童和恋爱中的男女关系为题材的插图"[③],儿童、婚恋、家庭是平凡生活中主题,细节的抓取、夸张的描绘都指向了略带苦涩的微笑,体现的是戏谑与滑稽的基调,是对平凡生活轻松的解读。

不仅如此,内文中的题饰也是多以简单的幽默画来呈现。50多页的册子,目录上不做严格的归类,而是把题目排出,表现出小报化的倾向。号称"滑稽大师"的徐卓呆的文学作品频频出现。《星期》还设置了《谈话会》,这一栏目不是争取与读者的积极沟通,而是成为作者群体发声的场所。设置上小品化、非虚构性,而封面是幽默诙谐的。

图3-10 《星期》封面

---

① 朱凤竹,生卒年不详,谢其章在《蠹鱼集》曾提及其封面设计,张泽贤《民国出版标记大观》曾记录形象艺术社的出版标记,他还出版过《形象水彩画》(1936)、《铅笔淡彩速写画法》(1935)、《古今中外人体服装画谱》(1926年)、《中西美术字谱》(1935),笔者从《期刊研究》资料获知朱与陶冷月是同学,1927年任国立暨南大学中国画系讲师。

② 李寓一指其是"以中国画之纸笔色彩相思感情,应用西洋画方法以表现出之者"。(李寓一.教育部全国美术展览会参观记(一)[J].妇女杂志.1929,15(7):2-6,7.)

③ 参见:汤正龙.从《小说画报》到《星期》:"五四"时期通俗小说研究[D].上海:上海师范大学,2004.

（2）丰子恺、胡奇的"东方神韵"

在书刊形态设计领域,因为书刊设计的从属原则,因此设计应该是与时俱进的,而文化主义基于自己的独特理解,却能显示出艺术的持久性。

文人漫画的风格,在丰子恺这里发挥到了极致。1924 年,丰子恺以《人散后,一钩新月天如水》的漫画而为人所知,之后以《我们的七月》《我们的六月》建立起漫画方面的声誉。由于文学圈的推荐,他为许多书籍与刊物创作封面画、扉画与栏花。丰子恺的漫画,大致可以分为诗境画、童趣画和世态画。与朱凤竹的表现方法不一样的是,丰子恺始终是以城市他者的角度咀嚼乡村的厚朴与童年的纯真。他将文人画的气息融入作品之中,从而让人感到脱俗的清新之感。

这一画风,也与其审美观相通。丰子恺认为画也就是诗,他在 1935 年出版的《人间相》序言中写道:"吾画既非装饰,又非赞美,更不可为娱乐;而皆人间之不调和相,不欢喜相,与不可爱相,独何欤·东坡云:'恶岁诗人无好语',若诗画通似,则窃比吾画于诗可也。"①因为诗是表现美,表现善的,所以漫画也需要以同样的要求来衡量的。而诗画同源,是中国文化主义的典型的思想。

丰子恺在对漫画进行本质勾画时,提到漫画的本色是与人心的"趣味"相一致,"人心有讽刺的趣味,漫画也有讽刺;人心有幽默的趣味,漫画也有幽默;人心有游戏的趣味,漫画也有游戏"②。但是由于过度的提纯而使漫画显得有些苍白和无力,既然没有了生活的杂质,也就失去了生活的醇厚,漫画就成为臆想与呻吟。因此,除了技法上的东方化之外,丰子恺还以佛家之爱的宽容与温厚滋润了画作,用无限的怜悯与善意勾画人物。下面所选是的其最具有意识形态色彩的封面画,分别是《中国青年》1926 年 125 期与 139 期的封面③。125 期这期《编辑以后》有一段话:"封面是特别请丰子恺君为我们画的,特在此表示我们的谢意:这画的含意是唐张巡部将南霁云射塔'矢志'的故事④,我们希望每一个革命的青年,为了被压迫民族的解放,都射一枝'矢志'的箭到'红色五月'之

---

① 丰子恺.《人间相》序言[G]//丰子恺. 丰子恺全集 10:艺术理论艺术杂著卷 4. 北京:海豚出版社,2016:196.
② 丰子恺. 谈日本的漫画[J]. 宇宙风. 1936,10(26):120 – 126.
③ 毕克官,毕宛婴. 走近丰子恺[M]. 杭州:西泠印社出版社,2011:53 – 54。
④ 唐张巡被困让南霁云突围求救于贺兰进明。进明设宴待南以留南,但不发兵。南拔刀断指而去。临出城,南以箭射佛寺浮屠以示决战之心。

塔上去!"《中国青年》是中国共产党的重要报刊,这又是纪念"五卅"一周年的期刊,此画的含义不言而喻,而丰子恺的创作仍是以抒情性的笔调对这严肃的事件进行了视觉的软化,强调其象征义而削弱其革命性,表现出人文化的态度。后期一幅是顺接前幅,鼓舞革命青年砥砺前行的,而丰子恺的那种温雅之气依然明显。

图3－11　《中国青年》1926年封面

　　除了丰子恺之外,天津的漫画家胡奇①也擅长软笔漫画,时称"南丰北胡"。《大公报》《北洋画报》等报刊时邀其作画。时人评价其"深得丰子恺神韵"。

　　但是书刊形态的设计毕竟不是画家自由的发挥,个人气息过于浓厚与于某些书刊是适宜的,但对另外一些却并不合适。所以,当文学研究会的成员为丰子恺的漫画型设计封面叫好时,《申报》上就有读者批评丰子恺的封面画基调过于雷同,形式过于单一,风格变化不多。而丰子恺本人也苦恼于对生活不能够近距离地贴近,作品的力度不足以反映复杂而深广的社会现状。

图3－12　胡奇漫画

---

①　胡奇(1902—1969):天津人,漫画家。

二、由整体化设计带来的文化隐喻

罗兰·巴特认为现实主义作品的意义是其对意图极好的伪装。或者说在图像存在中缺乏了有意义的情况，而意义只是能从外部世界来渗透的。书刊形态设计是占据时空的艺术。在空间上，当书刊被喻为建筑时，它就具有了三维的空间，可以通过各个结构的布置与呈现来传达文化意味；而在时间上，书刊由个体手扩展为整体时，通过时间系列的展现也能传达意义。具体来说，在前者，书刊比较注重整体的表现与图像的选择，根据读者来调整形态，进行读者定位，以显示书刊的文化定位。在后刊，丛书与杂志形成的文簇就有规模化的效应。这两个方面，在 20 世纪 30 年代慢慢得到体现。

1. 空间化设计体现的文化价值

《生活》周刊是一本社会中下层职业发行的刊物，是一本低价位（三分五）运行的刊物，其版面风格可以用"密不透风"来描述。《生活》开始时用一张六页小周刊，每一版上用报头与目录摘要，中间版面依靠铅花进行划分，华丰仿宋体的标题，与宋体的内文，排列较密，显得内容丰富。第三卷以后用册装，增加到有十页至十二页的篇幅，还有照片与漫画插图。为了优待读者，加量不加价，所以引入广告来维持运转①。第五卷之后定价二分半，16 页的篇幅插入 30 多个广告，又有两幅以上照片以及两幅以上插图。各种栏目按照主次前后排列，主要版面条块分割清晰，便于阅读，但在较为长篇的版面中会插入一花框嵌一段隽永语或名言，或者插入漫画与照片，版面活跃，见缝插针又能井然有序。这样的版面引起了其他刊物的模仿②。

而《良友》定义为都市的综合画报，因此它选择精美的图片，通过熟练的编排技巧，以跨页的整体化表现方式来传达意义。

---

① 第三期中《编辑随笔》记："用册子格式后的费用增加，以及种种改进之后的费用亦与日俱增，不得不增加广告借资历维持及扩充。"

② 韬奋《肉麻的模仿》："本刊的排印格式，自信颇有'独出心裁'的地方，但是近来模仿我们的刊物，已看到不少。听见一种刊物的'主人翁'竟跑到印《生活》的那家印刷所，说所印的格式要和《生活》'一色一样'。我们以为夫论做人做事，宜动些脑子，加些思考，不苟同，不盲从，有自动的精神，有创作的心愿。总此有所树立，个人和社会才有进步的可能。"参见：韬奋. 肉麻的模仿[J]. 生活，1928,3(39)：449－450.

图 3 – 13　良友的版面表达

什么是现代都市？

《良友画报》中《都会的刺激》是这样描绘的，蒙太奇一般拼贴出都市的景观：爵士乐队、穿着旗袍的姑娘狂舞不止、摩天大楼、跑马场看台、《金刚》电影海报……诸如此类，以满版的方式造成极大的视觉冲击力（1934 年《良友画报》第 85 期）。

何谓都市中的现代生活？

《二十四小时之生活》的跨页图片描述了中产阶级白领一天的生活景象，锻炼、散步，是每日生活的必要环节；精致的早餐、简单的工作中餐与讲究的晚餐是一天的标配；一定要看报，一定要阅读书籍，这是白领的特征——工作之余，生活如此丰富！通过整体的隐喻，《良友》倡导了城市白领的生活方式（1935 年《良友画报》第 102 期）。

对于版面空间的经营已经超出了对对象如实的揭示而上升为对一概念服务，表征指向了文化的建构。

2. 时间系列设计体现的文化价值

时间系列的文化表征，也即布列逊所谓的"间隔"带来的图像隐喻。不像通俗刊物愿意时常变换的开本以及封面图像的属性来满足市民阶层的喜新厌旧的猎奇心理，文化主义者选择的是在稳定的视觉效果中来突出或者强调某些部分以引起沉思。近代书刊的实践中，成功的例子并不多。原因很多。其中原因之一创刊到终刊的运营周期过短。20 世纪 30 年代虽然是杂志众多，但许多刊物的寿命只有两三年，有的甚至只有几期就夭折。原因之二是运作的人员变更太快，每任主编都有自己的定刊理想，刊物的文化倾向也在不断变动之中。在这种情况，能够持续四年多的《艺风》就算是当时表现优异的文化刊物了。在众多集成"大书"的书刊中，如果对其一定时间跨度内的形态进行考察，必然会对其内在的文化性有一定的了解。上文中对于《小说月报》改革前后的版面的梳理可以挖掘出新旧文化势力的博弈，其意义其实也指向了文化。下面的例子是形态发展史上较为典型的例子。

（1）《真相画报》对真相的拷问

由"岭南画派"高奇峰、高剑父创刊于1912的《真相画报》是中国较早的画报。高奇峰、高剑父都是同盟会的成员。在辛亥革命成功之后，深谙革命的不彻底性，"本报执笔人皆民国成立曾与组织之人，今以秘密党之资格转而秉在野党之笔政，故所批评用皆中肯"①，因此这份政论性的画报从一开始即是一个旁观者的身份对时局进行观察与评论。从其内容来看，刊物确实对时弊进行了鞭挞。而"二高"又于艺术造诣颇高，因此这份政论刊物具有不同凡响的深度，从而与只做记录的《点石斋画报》与后来都市传声筒的《良友》拉开了距离。《真相画报》一组封面故事提示了刊物的立意："这样一组封面故事，都出自高奇峰之手，画中的主角似乎是同一个人，一个消瘦、面无表情的西方男子，分别化妆成画家、摄影师、掀幕人、照镜人，而在不同的封面中，呈现了不同的行为或动作，他们在绘画/书写、拍摄、掀开或揽镜自照，这种动作又与《真相画报》之'真相'产生某种微妙的关系。"②陈阳认为画报对于真相的揭示分成几个层面，第一，现实即"真相"；第二报道即"真相"；第三，照片即"真相"③。

但是封面图像传递的内容更加复杂。主角就是编辑的自我隐喻，他们的行为是揭开事实之真相，而"真相"究竟是什么？是画者之画像，是书者之所书，还是揽镜之镜像，抑或是幕后的他者。在高奇峰的封面画中，本相的面目是不清楚的，画板之上空无一物，摄影机前虚空一片，而镜中之人也是若隐若现。真相与本相是不同的，经过了传递、转译的本相是不是等同于世界的本来面目，高奇峰的回答是本相需要一个旁观者的梳理。

如果对高奇峰其进行资料搜索，非常清楚地可以看到革命者在一次

---

① 《真相画报》创刊词[J].真相画报,1912(1):创刊词.
② 张慧瑜.从《真相画报》看摄影师的主体想象[J].中国摄影家,2014(4):97.
③ 参见:陈阳.《真相画报》与"视觉现代性"[D].上海:复旦大学,2014.

不彻底的革命之后体验到的痛苦与失望。在《真相画报》里,他通过漫画告诉民众国家的真相:过去的民国是一个专制政权下的国家,现在的国家是一个争权夺利的国度,而真正平等自由的国家乃是未来之国家。对当下的事实的考察需要出一个公正客观的观察员来执行,这就是刊物的编辑。

米歇尔认为:"我们的认识是,观看行为(观看、注视、浏览,以及观察、监视与视觉快感的实践)可能与阅读的诸种形式(解密、解码、阐释等)是同等深奥的问题,而基于文本性的模式恐怕难以充分阐释视觉经验或'视觉识读能力'。"①对于图像观看的能力成为现代生活中的必要能力,而通过观看来建构意义则是当代社会文化阐释的组成。《真相画报》通过观看反复的描绘,引起读者对主角角色的考虑,从而揭示了画报的存在价值。

图 3-14　《真相画报》封面

（2）陈之佛《东方杂志》封面的国族意识考量

从 1925 年到 1930 年,陈之佛承担了《东方杂志》22 卷至 27 卷的封面画的创作。李华强在梳理《东方杂志》的封面变迁时,强调了"书籍不仅思想空间的容器,也是时间的媒介"②,《东方杂志》直白体现了民族的意识,从其早期的地球、龙纹到后来的辑(集)字法均是如此。如果说,早期的意识表达还是较为直观与镜像的话,那么陈之佛的表达更有文化的气息,他采取了更为隐晦的比喻方式以及更加宽广的视野来表达国族意识。

---

① 米歇尔.图像转向[M]//陶东风.文化研究:第 3 辑.天津:天津社会科学出版社,2002:17.

② 李华强.设计文化与现代性——陈之佛设计实践[M].上海:复旦大学出版社,2016:303.

首先是国家形象以母性化的表达。在中国的神话精神中,男性是创造与毁灭的力量,而女性是维护与拯救的力量。陈之佛以女性的形象来塑造国家形象,是对其宽厚仁爱的品质的肯定,也是与世界其他文化进行视觉匹配的需要。

其次在 26 种封面画中,是在世界文化的体系中考察中国文化的。由于陈之佛不是商务印书馆的工作人员,因此可以看出封面设计的体系性不是太强,事先的规划也不是很严谨,因此各期封面画之间的逻辑关系不是太突出。但是创造的主题是很明显的,就是将中华民族的传统视觉形象视为世界文化传统的一个组成部分,通过世界文化的图像展示,来确认中华民族的民族地位。如果反观历史现场,"五四"之后"整理国故"又回到大众视野之中,一时激进的文化态度也渐有了深沉的文化反思,陈之佛的图像呈现正与这样的背景相符。而图像结构的大致相同,形成了认知的图式。

第四节　先锋主义的实践及图像表达变迁

在有代表性的对"先锋艺术"的论述中,比格尔(Peter Burger,1936—　)从艺术的历史类型学角度入手,将艺术作为社会的子系统而进行的自我批判。他认为先锋艺术"否定"了资产阶级艺术自律,因而从艺术与社会的关系中看到了艺术干预生活的力量。但正如刘海分析的那样,比格尔使用的"艺术自律"一词是包涵多个层次的。"否定资产阶级艺术自律",实际上是从政治化审美伦理角度出发,"以自律的艺术精神为伦理原则对社会(启蒙现代性造成的'市侩的现代性')进行抵抗,甚至以独立的、超然的、先验的艺术精神来教化社会、改造社会"[1]。只有理解了这点,才能更加深刻地理解比格尔"先锋艺术"的内涵。"艺术为生活赋权",比格尔不再纠缠于艺术的形式与内容,"先锋"不再指艺术作品的内容而指其应具有社会意义[2],指"艺术在社会中起作用的方式。这种方

---

[1] 刘海.艺术自律与先锋派——以彼得·比格尔的《先锋派理论》为契机[J].文艺争鸣,2011(11):17-21.

[2] 沈珉,冯贤静[J]."反庸俗"与"反柔媚"——民国精英出版物封面设计的潜在命题与历史价值.浙江传媒学院学报,2017(12):72-77.

式与作品的具体内容一样,对作品的效果起着决定性的作用"①。

反观中国艺术现场,自宋以后形成的文人画,作为精英艺术的代表,始终保持着一种优越性与对艺术的评判权。社会与艺术处于分离状态之中,"艺术自律"是艺术内部的自律。而晚清开始的文化下沉以及与西方的文化碰撞,使得社会场域内的艺术子系统变革始终与外部的变革相适应。正如高名潞所说,中国艺术的"现代性"与"前卫性"是整一性的概念②,即便是艺术内部的更新也多少与社会的实际发生关系,而缺乏纯粹"为艺术而艺术"的现实。从这个角度讲,近代"艺术自律"是对宋以后形成的"艺术内部自律"的改变。但这种变化呈现为"常态"的变化,无论是"由外来观念冲击与新工具材料所引起的语言方式的转化"③,还是"内在的观念的接纳、整合、重组",都可视被为现代化过程中的"演进",没有产生与过去决裂的迹象。比如与文化启蒙同时进行的美术革新,是以中国画为本位对西方艺术的借鉴与利用,如岭南画派的实践以及后来金城、陈师曾等人的创作实践;而在"美术革命"后,则是由西方艺术为本位对中国传统艺术的改造,如徐悲鸿的现实主义创作、刘海粟为代表的具有东方特色的野兽派作品、林风眠表现主义倾向的作品,再到庞薰琹等人现代派风格创作等,均在艺术的范畴内展开。而"先锋艺术"不能"仅仅理解为某种形式上的创新,而更应该将其视为这样一种有意识的努力:即在艺术与生活之间导入新的关系、进行新的实验"④。因此,我们只有在超艺术的场域才能探讨"先锋艺术"的社会价值与立场。

晚清开始的现代化进程,其外在的标志是工业化与都市化,艺术生产、观念与审美的趣味也随之变化。一方面各种机构培育产生出近代工艺美术人才,并在社会文化领域崭露头角;另一方面纯正艺术也不断与小传统进行交换。因此,从19世纪开始到20世纪30年代的艺术现场,总体格局表现为大传统的消解与小传统的激活,形成几种来源与系统的共存:①中国精英美术传统(大传统);②中国通俗美术传统(小传统),

---

① 比格尔.先锋派理论[M].高建平,译.北京:商务印书馆,2002:120.
② 高名潞.现代和前卫的标尺是什么?——中国现代性的另类逻辑[G]//李健,周计武.艺术理论基本文献:中国近现代卷.北京:生活·读书·新知三联书店,2014:346-356.
③ 郑工.演进与运动——中国美术的现代化[M].桂林:广西美术出版社,2002:16.
④ 唐小兵.试论中国现当代艺术史中的先锋派概念[G]//杭州师范大学学术期刊社.中国文学再认识.上海:复旦大学出版社,2012:196.

前期表现为乡土民间美术，后期表现为都市流行美术；③西方古典美术传统；④西方现代美术传统。这几种资源的渗透、借鉴以及融合形成中国近代美术发展的基本途径。而小传统不受节制的膨胀以及大传统过度地向小传统交换即形成了"市侩现代性"的产生。因此"先锋艺术"的前卫性表现在借用外来的力量进行对大传统的改造与对小传统的调整，这是"先锋艺术"发生的逻辑起点。

但是"先锋艺术"是将隐在的"演进"变成显在的"运动"，因此需要有思想储备与人员储备。马泰·卡林内斯库（Matei Calinescu）认为，先锋派需要具有两个条件，一是"其代表人物有被认为或自认为超前于自身时代的可能性"；二是"需要进行一场艰苦斗争的观念"①。查常平更是认为先锋是对神学设定诸关系的有向度的表达②，这种表达需要有强烈的身份意识，并且由身份的优越性来击穿艺术的边界。但是在 20 世纪初艺术生产机制发生巨大变化的过程中艺术精英是缺席的：由于传统认知力量，工艺美术主体没有对艺术发言的权力；而纯正艺术的功能又退缩到无法对社会施加影响的程度。因此，对艺术的批判这一使命是由文学界承担的。其发生的时间在"文学革命"兴起、对艺术的改造问题被重捡之后。"先锋艺术"也成为配合知识分子在公共领域话语权的伴生品。由于公共知识分子的参与与引领，"先锋艺术"是跨越艺术领域的发言与实践，兼有艺术本体的先锋性与社会的先锋作用，相比之下，社会的先锋作用更为突出。这也就形成了这样的一个现象，当艺术回到本体之后就在社会场域中失去话语权，林风眠等人被边缘化以及"决澜社"的黯然离场都是这一结论的佐证。

而如果仔细审视的话，实际上"先锋艺术"经历了前后两期。第一期的时间从新文化运动开始到 20 世纪 20 年代末期，第二期是 20 世纪 20 年代末至 20 世纪 30 年代中期。第一期实践是对启蒙艺术时期工业化带来的艺术形式以及大众审美趣味进行批判。第二期实践是与都市艺术的对抗。

---

① 卡林内斯库. 现代性的五副面孔［M］. 顾爱彬，李瑞华，译. 北京：译林出版社，2015：132.
② 参见：查常平. 中国先锋艺术思想史——先锋艺术的定义［J］. 东方艺术，2013（3）.
查文以从关系美学的角度来考察先锋艺术，引申出先锋艺术是在语言、时间、灵性、物性、他性（社会中的他者）、史性、神性诸向度的表达。

一、先锋主义的实践过程

1. 第一期实践的内容：新文化运动对通俗审美的否定

民初商业画家自觉将西方的绘画技法与中国俗文化进行结合，但这并没有带来艺术实质性的变化。不仅如此，为与大众的审美习惯相配合，产生了仕女画这样普及性的绘画，格调之低，不仅令郑振铎这样的新文化持有者反感，也使传统文化坚守者包天笑感到审美疲劳，这一现象也引起了艺术家吕澂的注意。

吕澂在投稿《新青年》时，已经认识到庸众文化在视觉上拉低民众的审美水平的现实，其发言隐含着对市民性的批判。因此，他希望澄清美术的历史与功能，提高大众美术欣赏能力。陈独秀却没有与之对接，反而开出"写实主义"方子，将斗争的焦点投射到传统文人画上。但实际上，写实主义虽然是"文学革命"良方在艺术界的投射，但它既不能同列于当时的世界艺术之林，也并不具有真正意义上的前锋价值。在大众媒介渐起的背景下，将斗争的焦点投射于日渐捉襟见肘的中国画，诚然是没有找到超越的对象。

相反，如果我们注意同期鲁迅对艺术的发言，倒是可以看到先锋艺术的思想萌芽。1919 年，鲁迅在《新青年》发表了一篇随感录短文，直接提出了"对于中国美术界的要求"："进步的美术家，这是我对于中国美术界的要求……我们所要求的美术家，是能引路的先觉，不是'公民团'的首领。我们所要求的美术家，是表记中国民族知能最高点的标本，不是水平线以下的思想的平均分数。"①

鲁迅这番话，意义已远超过其在 1913 年《拟播布美术意见书》的见解，直接将艺术家的作用定位于"引路的先觉"，是高于大众的先锋。其作品不论形式，必须有精神与意义存在，令人产生共鸣，共促前进。可见，随着五四运动的深入而站在文化舞台聚光灯下的文学精英并没有囿于艺术内部强调艺术技法的改变，他们更关注的是如何在给视觉注入活力来感染民众，也即如何调整小传统的希望。

新文化对出版的使命的追求，意味着它必须与旧文化做出切割，形态上的切割也是其中一项使命。但是 20 世纪 10 年代后期新文化试图

①　参见：鲁迅.随感录四三[J].新青年,1919,6(1).

夺回市场时,精英面对的市场是通俗文化相当成熟的市场,他们发现人物画已经成为习惯性观看对象。如果说新文化运动之前精英对俗文化表现出一贯的忽略或者漠然,那么此时的精英文化遇到难题是对大众性图像题材的评价。《新青年》采用了新青年的图像,意味着人物画主题的再次回归。这就带来了一个悖论:为使书刊形态更加吸引人,就必须使用人物画,但是为了形态的高格调,就要回避人物画——用既有的"雅"与"俗"的标准来对人物画做出评价出现失语状态,形态设计陷入了尴尬境地。

其实不只是人物画,所有的插图绘画也是历来受到精英美术家摒弃的。精英美术家认为要把插图驱除出艺术的殿堂。显然,对插图的点评溢出了美术与文学批评的界线。先锋所赋予的激进思想与摧毁传统的意识需要借助于新生的力量,所以他们只能在同道中寻找知音,或者培育新一代的商业美术家承担起这个使命。新文化书刊的图像由具有纯正西画功底的画家带头,西方经典的画作以极隆重的形式被介绍给中国读者,同时封面上也采取了不同于旧时的设计图像,在向传统美术发难的同时新文化找到了图像的另一个来源,承认西方的图像资源的合理地位。

1921年,《小说月报》改版,与内容的大幅度改革相一致的是其在视觉上的焕然一新。这年其书衣上出现了许敦谷的《乳》,寓意"新生";1922年,采用"耕种"图像;1923年,又采用"播种"图像。这几幅作品无论技法还是形式都无甚创新,甚至"播种"就是丢勒作品的模仿,但其中"革命的意味"[1]明显。1922年《创造》季刊第二期中四个天使的书衣画则是另类意义的诞生,1924年《创造》采用了米开朗琪罗《人的诞生》作品插图,意味着强有力生命的诞生。

这几幅作品的意义在于为先锋艺术指明了一个方向:即以人物画为突破口,以西方艺术为圭臬,在图像中获得一种意义。在这样的情境下,装饰性的、异域型的女性形象大行其道,因为与现实拉开一定距离,就能避免写实的难题。新文化仕女图案中的女性面目模糊成为一种常态,丰子恺的女性没有嘴脸、叶灵凤的女性脸部总是被长发遮盖,陶元庆女性的脸是变形扭曲的,叶灵凤的人物画取材于古代的神话,陈之佛与许敦谷展示了异域的女性,这些努力似乎共建了人物画的标准。虽然人体进

---

① 米勒的《播种者》在当时也被认为有革命之嫌,被拒绝进入官方沙龙展览。

入了书刊的封面，但是这人体是抽象的、图案的，非现实的，因此也就不是低俗的，肉欲的。

裸体女性图像的出现，也不只是一个纯粹的艺术现象，表现的是在西方艺术引入之后视野的开阔"开显的"身体的展示。早在晚清民初，裸女形象随着泰西爱情画的发行而出现在刊物之上，如《小说月报》第一卷中的泰西美人铜图。毋庸讳言，泰西裸体美人的刊出表现出淫乱的春宫图被禁之后色情成分寻找另一种载体的结果。1915 年郑曼陀的《贵妃出浴图》之类暴露的图像仍然是体现着"色情的""体验的"身体。女性裸体手绘插图进入书刊是在新文艺兴起之后，较早可见的是 1921 年《小说月报》第二期刊出《出乐园》插图，夏娃的形体就是全裸的；《创造》季刊第一卷第一期三版时，也由卫天霖绘制了怀胎十月的夏娃望着一艘航船绕地球漫游的图案[①]；陶元庆《苦闷的象征》中出现的半裸女性。"裸体"与"革命"相关而与"色情"无关，这样的诠释给"开显的身体"做了一个很好的注脚：裸体画可以作为社会进步的指向标。1924 年，《创造周报》35 号发表了刘海粟的两幅裸体模特绘画，随之 38、52 号分别刊出关良与鲁少飞的女性裸体人体习作。这一事件，作为对上海美专女模特事件[②]的回应，显得意义非凡："开显的身体"成为"新艺术"自我标榜的标志，成为"前卫进步"代名词。其他新文化中人物的开显尺度是非常大的：屐妲为其夫李金发《为幸福而歌》所作的封面画是水彩裸体，关良为《创造月刊》所作的封面，女性也是全裸的；叶灵凤擅长披纱的裸女，其显露的尺度之大，远远超过了通俗文化书刊中的人体。

但是由新文分子作为激进因素带有的对于人体与的认识由于主题

①　按张勇的说法，他在《1921—1925 中国文学档案"五四"传媒语境中的前期创造社期刊研究》中记述这张画为《创造季刊》更版时的封面（张勇.1921—1925 中国文学档案"五四"传媒语境中的前期创造社期刊研究[M].济南：山东人民出版社，2012：29.）。但此应该为第三版的封面。证据有三：一是陶晶孙自己的回忆。二是根据孙金荣《卫天霖年谱》载卫天霖 1922 年 5 月为《创造季刊》绘制封面。（见柯文辉.孤独中的狂热[M].北京：首都师范大学出版社，2013.）。三、李俊在《创造季刊创刊号考释》中说季刊第一期三版用的是卫的封面，发行日期是 1923 年。而 1922 年的 2 月 13 日二版的《编辑余谈》里郭沫若说："本期改版后，得卫天霖兄的封面画使增色彩。"（见《中国现代文学馆馆藏经典作家文物文献研究》）。因此《创造季刊》一、二版用陶晶孙的插图画，三版后用卫天霖的封面画。

②　1924 年，上海美术专科学校因为进行女模特裸体素描引起社会的热议。当时上海县知事危道丰等下令："美专的模特儿课程，淫秽不堪。将从严查禁，如再违抗，即予发封"。美专校长刘海粟在《申报》上立陈模特儿写生课的必要性，引起社会的极大关注。

的共享而偏离价值朝向。"开显的人体"成为新文艺经典的样式,其艺术性代表就是陈之佛所做的《小说月报》上系列精美的装饰女性裸体画。之后,新文化机构、保守的出版社、大众期刊社、激进期刊社等多种出版机构纷纷采用了女性裸体画。精美与工商美术家都有裸女作品面世,书刊上裸女形象泛滥。而共享即标志着"先锋艺术"的"先锋性"的丧失。

2. 第二期艺术实践的主题:对抗都市文化的软媚性

1927年底,上海的钟楼竖立起来。这一事件,在李欧梵的描述中是一件大事,标志上海进入了现代性的计时之中①。此时第一期"先锋艺术"的胜利已留下了长久可享的盛宴:西方艺术获得合法的身份,并且成为新的官方艺术②;精英引入的"新兴艺术"成为共享的视觉作品。接着,它走向了反面而成为时尚艺术。

随着城市文化的发展,这种合流的趋势更加明显:新文化成为正统的出版资源;不同背景的出版机构将新文化作品作为一种重要出版类型;设计师培养背景的相似、设计活动的交叉,加之更多社会大众对形态设计的参与以及西方现代艺术的流入,使得基于崇高使命的人物画以更为抽象或者更为写实的方式进入书刊之中,大众的口味显得愈加低下。20世纪20年代末,鲁迅已经敏锐地感到曾经作为先锋艺术的唯美主义正与都市的矫饰风格结合,表现出柔媚的趋势。

1928年年底,鲁迅给北新书局的李小峰写了信,希望能够出版坂垣缨穗的《近代美术史潮论》,他给此书做了介绍:该书以"民族底色彩"为主,"从法国革命后直讲到现在,是一种新的尝试,简单明了,殊可观"③,他还希望在每一期的翻译中加入一幅插图,使图与文有良好的融洽关系,使中国读者能够得到"统系的知识",这说明鲁迅是在对西方现代艺术有了更直观的了解之后想系统提升中国大众艺术水平的设想,这是第二期先锋艺术之始。

第二期的"先锋艺术"主要是要超越柔媚低俗的都市艺术,但它却有

---

① 参见:(美)李欧梵.上海摩登一种新都市文化在中国[M].北京:北京大学出版社,2001.
② 1918年开始公立院校的西式课程比重增大,1928年,国立艺术院成立,是西方艺术教育体制的全面移植。
③ 鲁迅.致李小峰[G]//鲁迅.鲁迅选集:书信卷.济南:山东文艺出版社,1991:110.

更为复杂的社会背景:被新艺术体制压制的青年艺术家①的参与与对新艺术的诠释,北伐革命之后革命图征的影响,左翼文化中大众化意图的落实,以及20世纪30年代国际形势的变化等等,都使这期的"先锋艺术"带有强烈的意识形态色彩。

这期实践的策略还是从西方艺术中寻找资源。鲁迅的对西方版画关注较早。早在读书时,看外国文读本上的插图,非常惊诧于它的精工,又看到英文字典的精致插图,于是初识木口雕刻。鲁迅先是用"拿来"的方法介绍西方版画。1927年《北新》第二卷第四期刊出鲁迅的一封信,信的意思是,鲁迅觉得刊物的插图总有些太乱,零星的介绍,不成系统,白白地浪费了版面,不如"择取有意思的插图"②,"论文与插图相联系",给读者一个系统的认识,"比随便装饰赏玩好",于是就有了之后的《近代美术史潮论》的连载,卷首插图确实与内文达到了对应。1928年的《奔流》即有对国外优秀插图的介绍,其中包括木刻作品,比如对法人Raoul Dufy的介绍,称其《禽鸟吟》的木刻尤有名,后《朝花》旬刊第一期就使用其木刻。鲁迅致力于输入外国的版画,"来扶持一点刚健质朴的文艺"。1928年12月《朝花》周刊第一期面世。封面是英国阿瑟·拉克哈姆的木刻作品。《朝花》周刊19期共介绍了9幅国外的木刻作品。1929年《朝花》旬刊12期共介绍了9幅国外的木刻作品,主要是欧洲国家的作者。

同年鲁迅托赴德国留学的徐诗荃(徐梵澄)代为购买德国的版画书刊和名家作品原拓,此年开始仅一年时间内出版了四辑《艺苑朝花》:《近代木刻选集》(一)(1929年1月,印1500册)、《蕗谷虹儿画选》(1929年1月)、《近代木刻选集》(二)(1929年2月,印1500册)、《比亚兹莱画选》(1929年4月)。按最初的设想,《艺苑朝花》一共要出12辑,即还要出《新俄画选》《法国插图选集》《英国插图选集》等。鲁迅在广告中说:"虽然财力很小,但要介绍些国外的艺术作品到中国来,也选印中国先前被人忘却的还能复生的图案之类。有时是重提旧时而今日可以利用的遗产,有时是发掘现在中国时行艺术家在外国的祖坟,有时

---

① 1928年南国艺术学院成立,与此年一起成立的国立西湖艺专不同,它是完全"在野"的艺术人才培养学校,在发展过程中曾与后者发生尖锐的对立(刘汝醴.南国艺术学院琐忆——以此敬悼田汉先生[G]//艺术放谈.南京:江苏美术出版社,1986:39.)。

② 鲁迅.致《近代美术史潮论》的读者诸君[G]//鲁迅.集外集拾遗补编.北京:人民文学出版社,2006:307-313.

是引入世界上的灿烂的新作。"①这是《艺苑朝花》的出版目的。

在《近代木刻选集》(一)的"小引"里,鲁迅先生第一次提出了"创作木刻"的概念:"所谓创作的木刻者,不模仿,不复刻,作者捏刀向木,直刻下去……和绘画不同,(木刻)就在以刀代笔,以木代纸或布。中国的刻图,虽是所谓'绣梓',也早已望尘莫及,那精神,唯以铁笔刻石章者,仿佛近之。"②在《附记》中他还对所选的木刻做了简要的评论,目的是为让初学者认识木口木刻。"出版的《艺苑朝花》四本;虽然选择印造,并不精工,且为艺术名家所不齿,却颇引起了青年学徒的注意。"③木刻"在印刷业不发达的中国是很相宜的,因为它可以印刷不很失真,而且可以广为流布,不像长卷,只能固于一处,仅供几个人的鉴赏"④。反观当时的出版界,当时能够印刷三色版的,没有几家,且不同版次的色彩不能保持一致,与原作相距太远。所以鲁迅对木刻的提倡,首先是对插图艺术负责这一层面上开展的。

20世纪20年代末鲁迅努力推进木刻运动,之后木刻虽然受到青年艺术者的喜爱,但一直为正统的美术排斥。先锋主义"以艺术参与生活"的主张并没有得到美术界主流的响应。20世纪30年代,良友公司出版麦绥莱勒连环画四种(《一个人的受难》《没有字的故事》《我的忏悔》《光明的追求》);鲁迅自费出版《引玉集》;良友出版《苏联版画集》。其中《引玉集》是鲁迅从其收藏的苏联版画作品中精选的作品,前后共印刷两版,印565部,引起了艺术界的轰动,木刻的艺术性才得到了艺术界的肯定。1936年南京中苏文化协会、中国美术会、中艺术社与苏联对外文化协会四团体联合举办了"苏联国版画展览会",共展出版画作品239幅,之后由鲁迅代选、良友出版《苏联版画集》,木刻的影响力进一步扩大。但木刻在艺术中所处的边缘地位并没有得到根本改变。

正统的美术体制中直到1939年才成立了木刻版画科。这也是战争形势的逼迫,并不能说明木刻本身所具有艺术成就得到的美术权威的认可。1942年,徐悲鸿在重庆参观了木刻展后,发出感慨:"毫无疑义,右

① 鲁迅.《艺苑朝花》广告[G]//鲁迅.集外集拾遗.北京:人民文学出版社,1973:487.
② 鲁迅.《近代木刻选集》(一)小引[G]//张望.鲁迅论美术.北京:人民美术出版社,1982:52.
③ 鲁迅.《木刻纪程》小引[G]//鲁迅.且介亭文集.北京:人民文学出版社,1973:432.
④ 鲁迅.《奔流》编校后记(十)[G].鲁迅.集外集.北京:人民文学出版社,1973:458.

倾的人,决不弄木刻(此乃中国特有之怪现象),但爱好木刻者绝不限于左倾的人。"[①]这也可见作为木刻形式后所隐含的意识问题。

但因为战争的爆发,则使其意识形态化更加明显,特别是木刻画在延安时期得到本土化的改造,被意识形态所收纳。第二期"先锋艺术"结束。

二、先锋主义的图像表征变迁

1.第一期先锋主义的图像表征

人类学家道格拉斯(Marry Douglas,1921—2007)认为:"社会的身体构成了感受生理的身体的方式。身体的生理的经验总是受到社会范畴的修正,正是通过这些社会范畴,身体才得以被认知,所以,对身体的生理的经验就含有社会的特定观念。在两种身体经验之间存在着持续不断的多种意义的交换,目的在于彼此加强。"[②]通俗刊物选择人物画作为书衣是符合大众读物的观看要求的,因为相对于风景画来说,人物画显然具有更高的视觉度,况且人物画作为形象也是当时欧美大众读物的通行做法。对人物画,特别是仕女画的解读,构成了此期的对抗焦点。

在第一期实践中,先锋艺术引入了西方元典中的人物,夏娃、天使等,并引入了西方的唯美主义艺术,又对中国小传统的人物画进行了改造。总体来说,先锋艺术的表现有两种样式:一是以西方风格引入来改进传统表现方法,强调新的观看效果;二是开挖传统图案中的新意境,以"陌生化"形式带来迥然不同的观感。

在前一种中,西方唯美主义以及现代派的影响较大。闻一多在1921年的《清华年刊》上就刊出了一张颇有比亚兹莱风格的《梦笔生花》,画作描绘少年书生在熟睡中梦见笔头生花的场景。线条的使用与构图表现出明显的比亚兹莱的风格。叶灵凤的作品较多,叶因此被称为"中国的比亚兹莱"。他的笔下重现了西方宗教画《失乐园》的画境,在《洪水》复刊时"那一幅魔鬼张了翅膀掩盖着大地"[③]的图像颇令人震撼。

---

① 参见:徐悲鸿.全国木刻展[N].新民报,1942 – 10 – 18.
② DOUGLAS M. Natural symbols[M]. Harmondsworth:Pelican,1973:93.
③ 叶灵凤.记洪水和出版部的诞生[G]//陈子善.叶灵凤随笔合集之三:北窗读书录.上海:文汇出版社,1998:266.

而后一种中,如鲁迅《心的探险》中以魏晋古风营造了神秘的氛围。而闻一多的作品则较为成功,《落叶》中仅以落叶为主体,在浅黄的背景之前,以文人画的写意笔法,描绘数片落叶自空中飘然下落的情景;《猛虎集》则以大写意的方法,飞白的笔意,粗粗扫出虎皮上几道斑纹,笔触之间,显尽霸气。这两幅作品,虽从意象与技法来说是纯粹中国画的表现,但从画面局部放大这样的视觉效果来说,则明显带有西方的透视以及设计中"陌生化"的概念。

以新的技法对传统仕女图加以改造而成就最高的,当属陶元庆。他的画,在当时的精英阶层受到欢迎,丰子恺称其具"音乐之美"[1],钟敬文称其有"飘逸之气"[2],陈抱一称为"纯真"的"柔弱阴沉"[3],唐弢称"惊才绝艳"[4]。鲁迅由衷地赞叹:"元庆并非'之乎者也',因为用的是新的形和新的色;而又不是'Yes or No',因为他究竟是中国人。"[5]"我想,必须用存在于观今想要参与世界上的事业的中国人的心里的尺来量,这才懂得他的艺术。"[6]

陶元庆作品的意义在于超越了中国古典的传统,也超越了西方古典与现代的传统,脱离了时空的桎梏,因此,是在解构东西方艺术差异之后又将艺术视为人类共有财产之后做出超越性的艺术建构,是对参照系的瓦解与突破。解读这段评价,可以体味鲁迅对"先锋艺术"的要求。

1929 年陶元庆去世,陶氏风格也随之云散。而唯美主义却大行其道,不同阶层属性的画家都追随比亚兹莱的画风进行创作。

作为先锋艺术提倡的副产品,裸体画也为新文化书刊上的流行图案。并进行了分化:《泰东月刊》的郑慎斋、《太阳月刊》徐迅雷引入红、海等视觉元素与裸体形象交合起来形成更为激进的语言,而漫画家则将裸体与都市文化结合起来表现更为市侩的场景。

① 丰子恺.我对于陶元庆的绘画的感想[G]//丰一吟.丰子恺文集:艺术卷三.杭州:浙江文艺出版社;浙江教育出版社,1990:97.
② 钟敬文.陶元庆先生[M]//湖上散记.上海:明日书店,1930:127.
③ 参见:陈抱一.回忆陶元庆君[J].一般,1929(4).
④ 唐弢.谈封画面[M]//晦庵书话.北京:生活·读书·新知三联书店,1980:122.
⑤⑥ 许钦文.鲁迅与陶元庆[G]//许钦文.《鲁迅日记》中的我.杭州:浙江人民出版社,1979:80-102.

图 3 - 15　裸女形象演变

2.第二期先锋艺术的图像表征

第二个实践期,现代表现主义的版画补介绍了进行。而且鲁迅特地挑选了木刻画作为有力度的画种引入,顺接了中国传统的"木版画"艺术。这其实是一种故意的误读。从雕刻方式来看,欧洲表现主义艺术家的木刻是木口木刻,是在纤维细密坚实的横断面木材(如砧板状)上刻作的版画,而中国传统木面木刻是在纤维细密的纵剖面木材(如桌面或箱板)上刻作的版画。从制作目的上看,表现主义艺术家的木刻是创作的手段而中国传统木版画是复制的手法。因此"新木刻画运动"是着眼于艺术层面而非书刊装帧层面的美术运动。但美术运动的推动者不是艺术界而是文学界,这也表现出"先锋艺术"并非在纯艺术范畴内的视觉更新,而是艺术切入生活的实践。

这些作品,风景占了较多的比重,也有把目光投向妓女、乞丐,城市的下层民众、军人等,木刻画以强有力的线条与光暗,在构图上形成强烈的张力,同时也带有阶级意识与立场。

由于木刻画的个体意识强烈,因此并不易于作为插图被内容接受。20 世纪 30 年代出现的麦绥莱勒木刻连环画故事是单独以木刻为插图形式的绘本,文字说明极少。刘岘的文本插图创作,很多没有能够放入书中。1947 年冀鲁豫根据地出版的《铁流》,才见由刘岘的木刻插图,是按照文字情节配图的。

黄新波是另一位颇有创造力的画家,他有木刻连环画《平凡的故事》,苏联版画家法复尔斯基的木刻版画《法复尔斯基选集》(15 幅)等,单独出版。鲁迅将黄新波推荐给叶紫、萧军、萧红等作家。黄新波为叶紫的小说集《丰收》创作了木刻封面画和插图 12 幅。

三、先锋主义对他者的对抗

陈思和认为,"先锋"是以"他者"的存在而证明自身的。"先锋"不仅与被超越者交锋,也要与先锋群落里的其他人交锋①。这确实是"先锋"存在的显著特征,其内在张力时时表现出与"他者"的对抗甚至冲突。

1. 第一期先锋主义与他者的对抗

早在1919年,鲁迅就对模仿西画的漫画家提出了批评。表面上,鲁迅指责漫画家对新文化不理解,但实质上,鲁迅强调了发言者的身份而不是创作的形式掌握着新文化的发言权。即便艺术形式是新的,也只是表面的新,而精英阐释的内容之新才更具先锋性。正在同年,有深厚美术功底的闻一多对陈独秀《新青年》的封面表示了不满。闻认为,《新青年》封面的设计像三井公司的商标,全无一点新文艺书刊的样子。在闻一多看来,当代艺术应该是中西方艺术的"宁馨儿",要以融合之道来体现新艺术的样态。

在"先锋艺术"发展过程中,同样的对抗发生在《小说月报》与创造社的书衣上。从1921年开始,由文研会控制的《小说月报》所采取的图像策略是对西方艺术的采借,刊物一改过去使用中国山水画的做法,刊出了西方包括了德加、马奈、高更等一大批现代名家的作品,以表现进步的倾向。创造社则表示:"要加上插图也只想加上我们同人自己的作品。插上名画只徒作为一种装饰品时,就譬如一位乡下姑娘向着贵妇人借了一只金钗来插在头上的一样,究竟配不起,倒不如不加修饰,荆钗布裳的好得多了。"②

这段说辞可以与1921年郁达夫在《时事新报》的一段文字作为呼应:"自从文化运动开始后,我们国家的新文学就被一个或两个崇拜人物所垄断控制,而艺术领域里的新能量就全然浪费了。创造社的成员起来打破各种社会规约,倡导艺术的独立,并追求有未名作家共同发展,来为未来中国创造一个民族文学。"③

艺术只是一个表面形式,而实质上暗含着创造社与文研会的对抗以及希望掌握话语权的企图。在艺术上,创造社风格更为坦率与简朴,向更幽远的年代唤醒一种激情与热度。1923年,郭沫若将自己的一幅画版

---

① 参见:陈思和.试论"五四"新文学运动的先锋性[J].复旦大学学报(社会科学版),2005(11).

② 郭沫若.编辑余谈[J].创造季刊,1922,1(2):编后.

③ 参见:郁达夫.The Yellow Book 及其他[N].时事新报,1921-09-29.

画刊出,面画是一光束刺穿森林。而创造社的陶晶孙、倪贻德、叶灵凤、许幸之等都为刊物做过设计。叶灵凤的画在年轻人中曾风靡一时,但鲁迅指出了他的弱点——"抄袭"。叶灵凤唯美主义还只是视觉范围内的革新,那么鲁迅对比亚兹莱的论述显然比叶灵凤深邃。鲁迅区分了"装饰家"与"插画家"两个概念,他认为作为装饰艺术家,亚兹莱是无敌的,但"他失败于插画者,因为他的艺术是抽象的装饰;它缺乏关系性底律动—恰如他自身缺乏在他前后十年间底关系性"①。唯美主义的反抗,不只是形式的精致,而是"在自觉中显示出强烈的理智和对现实讽刺性"②,是以颓废表现出对时代的反抗,但唯美主义但却因对形式的极致追求而丧失对社会的干预。因此,"他埋葬在他的时期里有如他的画吸收在它自己的坚定的线里"③。

第一期先锋艺术中文研会、创造社这两个文学团队艺术作品的选择并没有与其主张做很好的协调,前后也发生了风格变异。但是文研会总体来说艺术创作并不出色,即使在1927年刊出陈之佛一系列精美的装饰画时它的思想性也并不突出。创造社则因对书刊有较大的控制权而在艺术创作上更为人瞩目。在创造社发展的三期中,前期的朴素与坦率,到中期唯美主义的发展,而后期则开始倾向于立体主义与构成主义的尝试,表现出与意识形态的接近,这又与此时鲁迅《莽原》沉静幽深的作品意境拉开了距离。

2. 第二期先锋主义与他者的对抗

在第二期的先锋艺术中,由于普罗主义讨论的热烈,普罗艺术的讨论也随之而起。20世纪30年代的意识形态对文化的影响巨大。形势的发展敦促文化必须带有鲜明的意识形态色彩。此时,木刻画以如此刚健的面目进入,必然为形态力量左右。因此,此时的作为艺术引入的木刻对抗的一方面是软媚的都市文化,另一方面,是平庸的革命主义。

丰子恺认为,政治对艺术的操纵使艺术沦为宣传艺术、商业对艺术的操纵使艺术沦为商业艺术,在此现实下,艺术的走向是与大众化的要

---

① 鲁迅.《比亚兹莱画选》小引 [G] // 鲁迅. 鲁迅全集:第6卷. 北京:人民文学出版社,2014:40.

②③ 宋炳辉. 比亚兹莱的两副中国面孔——鲁迅与叶灵凤的接受比较 [J]. 译文,2002(5):184.

求结合,而能够把西方技巧与东方观看结合的表现主义的木刻艺术,则完美地体现了民族性的需要以及艺术技术更新需要①。因此木刻艺术需要在技艺的角度里审视。

在木刻画的推进中,鲁迅的初衷是以刚健的民间艺术来补济都市艺术的软度。如果考虑到鲁迅曾对《北新》孙福熙所选美术插图的不满,可以很清楚地看到鲁迅引进国外艺术的指向是为了插图样式的更新,而木版画是其关注的一个种类。1930年5月《新俄艺术图录》(因朝花社已停,交光华书局更名《新俄画选》)的出版标志鲁迅将木刻与革命结合起来思路的形成。李欧梵在研究中注意到了鲁迅在私场域与公场域审美的差异:在公的场合,他为"革命的中国新艺术"选择的版画符合普罗美术表现的特点,高耸的烟囱、示威的人群、对抗、斗争等。《文地》上署名何干的作者曾刊出鲁迅的遗作《全国木刻联展专辑序》:"木刻是属于大众的艺术,明人曾用之于诗笺,近乎雅,其实只不过是对大众艺术的践踏,格还是俗的,但现代的木刻却是形式上的旧与精神上的新。"在《苏联版画集》请瞿秋白从苏联《艺术》杂志上译出楷戈达耶夫的《十五年来的书籍版画和单行版画》一文等。这一些都表现出鲁迅对木刻的革命性的肯定。但他又在个人空间的对笺谱艺术大加推崇,在私人信件里他也对木刻青年指点了艺术上的不足,指出艺术性是木刻的第一要素。时代的发展也修正着他对木刻看法与观看的角度。鲁迅提到的木刻家,有美国木刻家左舒拉、华惠克;意大利木刻家迪绥尔多黎;瑞典雕刻家麦格努斯,拉该兰支;珂勒惠支;苏联木刻家亚历克舍夫、版画家克拉甫兼珂;日本版画家永濑义郎、蒋谷虹儿;法国木刻家凯亥勒、哈曼·普耳;英国杰平、惠勃、司提芬·蓬、达格尔力秀;其他还有格斯金、麦绥莱勒等,风格多样。说明了鲁迅在艺术立场与政治立场上发言的差异。

由于战争的开始,木刻作为方便的插图技巧被放大使用,在内容上也成为政治美术的手段而失去部分丧失了艺术的本性。黑白艺术的光辉隐晦于政治言语太于强大的表白之中,木刻成了有特定意义的艺术。离其倡导者"方法不妨各异,而依傍和模仿决不能产生真艺术"的初衷相距甚远。

总体来说,20世纪初的"先锋艺术"超越的对象都是"市侩的现代

---

① 丰子恺.将来的绘画[G]//丰子恺.丰子恺全集:艺术理论艺术杂著卷10.北京:海豚出版社,2016:206.

性"，在"反传统"与"反庸众"的两重命题中是在"反庸众"中整合了"反传统"的思想。而且策略都是援引西方艺术资源来改造大传统并调整小传统。

两期"先锋艺术"不同之处在于，第一期的艺术外援多少是对西方近代之前艺术的借鉴，第二期则是对当下艺术的横向移植，在时间趋向于中西方的一致。第一期"先锋艺术"是找到了艺术革新的载体，突破了"雅俗"的观念之争，为艺术的现代阐释打通了道路。第二期则更注重于媒介的价值，从而更回归到艺术的本位。从终结方式而言，第一期"先锋艺术"是由于其视觉的优越性而为都市文化吸收从而丧失其"先锋性"；第二期则由于意识形态的力量迅速向政治化艺术靠拢。

先锋主义的实践实际上说明说明了文化对于符号建构的巨大力量。只有在含蓄意指的过程中，符号才能完成隐喻的任务。

第四章 中国近代书刊形态
设计理念的变迁

　　由当下反观历史现场,会产生一种"历史的幻象":书刊形态设计只是既设思想落实过程的再现,历史的片断是按照某一发展的主轴焊接在年代之上的,前后发生的事件有着必然的因果关系。也就是说,当我们反观历史的时候,没有将自己客观中立化,因此历史在现代看来只是老套理论的回顾。伽达默尔肯定了主观性的介入,认为历史就是在主观化中被理解的,而结构化的解释就是主体客观化后的产物。在符号学中,巴特在讲到神话系统的时候还表达了这样的意思:神话通过剔除历史把历史变成自然,一切都显得"不言而喻"。

　　那么在符号的隐喻中,是否有潜在的文化假设? 这样的假设是否认了文化是迭代的产物而仅是一个截面的景观? 伽达默尔与巴特都提醒我们必须注意符号创造的原境。历史的变化与观念的产生是相互作用的,观念并不是一成不变而是在时时履新的。一个观念产生刺激了行为的跟进,而行为的跟进又促使观念再次更新,如此递推才演绎至当下。

　　本章的内容是作为符号产生的文化背景来表述的。由书刊设计的本质讨论、梳理,才知道民国时期漏窗版的构图为何增多,因为在 20 世纪 20 年代的讨论中,封面画已经作为一种图案画的范式加以运用,而图案画的概念已突破了二文连续或者四方连续的纹样构图。对属性的探讨,实际上提示了符号解码的方式。对设计范围与结构的认知,是形态编码机制完善的过程梳理。而对书刊运用图像的认识,也反向提供了符号隐喻的意义变化的原因,使我们了解漫画与木刻图像运用为何有其缺陷。对设计主体的变迁的梳理,也有助于了解符号所指的构成原因。以上的梳理,对形态符号的文化解读有着重要的参考意义。

第一节　书刊形态设计本质与属性的认识变迁

一、书刊形态设计本质的认识

1. 从图案画到工艺美术

书刊形态设计是为书刊内容服务的,是提示内容外观的一种方法,属于工艺美术。但是这一简单的道理却是近代形态设计中要解决的首要问题之一。

近代工艺美术的发展需要有理论的指导。但是在近代早期,"美术""图案""工艺"这样的概念得不到廓清:哪一个是上位的概念,哪一个是下位的概念,彼此如何发生关系,这都是比较模糊的。

实际上,"图案"一词的引入,是与"技"联系在一起的。洋务运动之时,"大量的日文新词被引入中国,丰富了中国的语言,并对思维方式产生了一定的影响。与造物有关的'工艺美术''图案''设计''意匠'等名词就是这一时期由前辈学人从日本引进"[①]。1906 年,两江优级师范学堂图画手工科创建,其图画中即以西洋画、中国画、用器画与图案画并列。

"美术"一词在 20 世纪 20 年代以后使用渐多。20 世纪 20 年代戴岳在《美术之真价值及革新中国美术之根本方法》一文中写道:"美术既能促进物质文明,故与工商有关。虽美术有独立之性质,不必以实用者为基;然美术者,技艺中之最精巧者也。其国人既能制细致雅正之美术品,则手术必精巧灵敏。故各种技艺,自鲜窳恶之患。"[②]这里的"美术",是指"美"之"术",那么,也就变成工艺美术。"美术"概念有时等同于艺术,比如 20 世纪 30 年代《美术人生》,而"艺术"的概念也非绘画、雕塑,有时也包括文学、音乐,比如 20 世纪 30 年代的《艺风》即是社会艺术类的刊物。从 20 世纪初到 20 世纪 30 年代的讨论,最后也没有形成一个权威的说法。但可以得出的结论是,在 20 世纪 20 年代初,在"美术革

---

① 卢世主.从图案到设计 20 世纪中国设计艺术史研究[M].南昌:江西人民出版社,2011:2.

② 戴岳.美术之真价值及革新中国美术之根本方法[G]//东方文库.上海:商务印书馆,1925:67.

命"争论之后,美术上升为形而上的一个概念,在美术下有"实用美术""工艺美术""商业美术"等词语来标明具体的形态范畴。

20世纪20年代,理论学者在"美术"的框架下讨论图案。李毅士以"纯理的美术"与"应用的美术"①替代了精英雅美术与匠工俗美术,在语词学上重树精英对通俗图像的掌控权。纯理的美术是为了求得美术真理的发明,而应用的美术是"在诱发社会上对于美术的兴趣和赏鉴的识力"②,用以感化社会。1926年,俞剑华在《最新图案法》总论中呼吁:"国人既欲发展工业,改良制造品,以与东西洋抗衡,则图案之讲求,刻不容缓!"③他把"图""案"合成"图案"一词与design对译,强调了图案与工艺的结合,由此有关于图案的创作便纳入工艺美术的大框架中讨论。实用美术的价值便在于与器物结合,在生活层面给大众一些美的教导。

比如,陈之佛指出:"图案内容的意义,则颇有不同的解说……综合以上各种定义想来,图案是因为要制作一种器物,想出一种实用而且美的形状、模样、色彩,表现于平面上的方法,决无可疑。"④图案有两种:"自然物的表象"和"纯粹的图案"⑤,前者指器物的造型图案,后者指装饰图案。

丰子恺则认为:"图案画,就是装饰化的绘画。例如瓷器上的纹样、织物上的纹样以及家具的样式、商品的装潢等,都是属于图案的。其画法亦以写生为根据,不过把物象加以变化,使成为装饰风。"⑥装饰图案有三种:"第一,是把为单位的形象加以装饰化的画法。第二,是在一定的轮廓内装入美的形象的画法。第三,是把某形象向二方或四方连续反复而表现图案美的画法。"⑦第二种隐约指向封面画,并且提供了构图的模式。丰的文章发于20世纪30年代,但实践早于理论的发展,在20世纪20年代,"漏窗型"封面插图方式突然流行起来,突破了单纯纹样造型的构图方式。"图案"将之吸纳进来,也是一种对应性的理论改造。

传统美术中,书衣被视为插图而被驱除出艺术的殿堂,而在新文化运动之后,艺术家试图从实用美术的角度再次接纳插图。

---

① ② 参见:李毅士.我们对于美术上应有的觉悟[N].晨报,1923-12-01.
③ 俞剑华.最新图案法.总论[M].上海:商务印书馆,1926:1.
④ 参见:陈之佛.装饰概说[J].中学生,1930(10).
⑤ 陈之佛.美术工业的本质与范围[J].一般,1928,5(3):339-357.
⑥ ⑦ 丰子恺.绘画概论[G].//丰陈宝.丰子恺文集:艺术卷三.杭州:浙江文艺出版社;浙江教育出版社,1992:148.

李毅士认为,"纯理的美术"与"应用的美术"这两者间并没有高低优劣的分别。所以,既然要立志去研究"应用的美术","便应该直向应用的方面去研究,无须存心积虑,再想以清高自居。所有全部的精神,简直便从研究社会的心理上去着想"①。他具体的方法是"运用一种美术的广告画,或是出版物的封面画,引起民众对于图画发生浓厚的兴趣;并可运用美术的方法,改进住屋的装潢和街道的布置,藉以引起民众审美的观念和爱好的思想"②。这样,把文人"雅俗"之分导向现代纯粹艺术与实用艺术两个领域,主旨是消弭由于身份界定而带来的设计师的自我迷失,从而唤起设计师为大众而创作的热情。"比如再就绘画说,肖像画哪,风景画哪,图案画哪,以及广告画和小说的插图哪,都是在表现实像,辅助思想,诱发兴趣,暗示宗旨,鼓吹主义上的一种媒介物。其功用和效力,也是非常伟大而不可磨灭的!"③从商业美术的美学定位来强调大众性的属性,以启发大众的美学。

而在李朴园看来,与大众和社会最能对接的工艺美术,就是图案,因为像纯美术的普及缺乏社会的接受性,而建筑这样的美的设施又缺乏经济实力,所以以实用为特征的图案,就最可能为大众接受。而且图案也由于"是以单以纯美为条件的,所以用不到如何深奥的思索,一接到眼睛,便感到美好"④。书衣作为图案的一种,有承担大众艺术启蒙的责任⑤,而审美尺度的掌握,在其看来是最重要的。陈之佛更是强调图案(包括书衣)的社会意义,"图案装饰的优劣就可以分别这民族的文化程度的高低"⑥。

20世纪30年代,是在工艺美术的框架下讨论书形态设计。张光宇撰写了《近代工艺美术》,在工艺美术的框架下来讨论包豪斯,也就是说,张光宇是把包豪斯视为是一种现代工艺⑦。他认为应加强包豪斯设计风格的学习。这是国内较早提出此观点的设计师。他关注装饰的功能性,这样,又把书刊形态设计的理论向前推进了一步。

理论的探索与书写,是工艺美术理论学者的优势。20世纪20年代之后,通过大学与媒体的双重传播,现代的设计理论已经得到扩散。20

①②③　参见:李毅士.我们对于美术上应有的觉悟[N].晨报,1923-12-01.
④⑤　参见:李朴园.美化社会的重担由你去担负[J].贡献,1928,3(6).
⑥　陈之佛.图案概说[J].中学生,1930(10):1-10.
⑦　参见:张光宇.近代工艺美术[M].上海:中国美术刊行社,1932.

世纪 30 年代,除了像文明书局、大东书局等传统的通俗读物出版机构的书刊封面图像依然采用中国画的题款样式之外,多数都采取图案画和现代的构图法。

2. 在实践中认识封面画的功能

在封面未列入设计范畴之前,这一问题简直是多余的,因为书衣只是一张色纸,用以保护内文不受损坏而已。但是由于印刷与装订技术的变化,其被纳入设计的范畴之内,这一情形就发生了变化。

同时,既然书刊封面作为图案的一种,便有了承担大众艺术启蒙的责任。

20 世纪 20 年代的工艺美术家对包括书刊在内的设计提出见解,其面向两个方面展开,一是设计的大众化目的,一是对大众审美的提高,这与吕澂在《美术革命》中提到需要提高的是大众的鉴赏能力的思想是一脉相承的,只不过美术革命的根本行为在于反对大传统(文人画),调整小传统(民间美术)。对民间美术的结合却由于其本质的大众性反而滑出了美术家的视野。

近代书刊早期的封面还是传统封面的延续,即用简单的文字列出书名、著作者名、出版机构名,有的还加入出版的时间。封面画的加入,使得书刊的面貌出现了巨大的变化,使其在商业的竞争中占得优势。因此,早期的封面画,就是绘画向书刊领域的横向移用。封面画与书刊内部的关联度较低,几乎是编辑与商业美术师等联手而进行的操作:商业美术家绘封面底图,书刊名由名家题写,编辑把两者合在一起。仕女图、中国画以及一些带有外来视觉特征的图案画均出现在封面页上。

五四之后,知识分子认识到了封面画的重要性。唐弢认为画封面是从五四之后开始兴起。实际上,他表达的意思是有意义的封面画是从这一时期开始的。首先对封面画提出设计要求的是闻一多。他在《出版物底封面》一文中从功能的角度对封面提出了要求:“封面虽是一种装饰,实在也要与杂志有一些关系才好。”①也就是作为一个符号,它要与内文形成对应。他批评名刊《新青年》的设计不能保持在一个水准上,封面上压一个莫名其妙的井纹,看上去像日本的商标。

与早期通俗出版物的情况不同,新文学的出版,使得有更自觉意识

---

① 参见:闻一多.出版物底封面[J].清华周刊,1920(187).

的设计概念被提出来。比如,注意到封面与内容的相关性,注意到版面的空间与各个元素之间的安放的关系,也关注到设计通过技术还原的可操作性。因为出版的意义不只在商业的操作上,而是在个人理想表达的层面上。1922年,通俗作家范烟桥则建议将本期中最好小说的最好一节描成一幅简单的画作为封面,"倒也是很有意味的"[1],这种说法得到了另一位通俗作家胡寄尘的认可。这种直现式的表达接近于皮尔斯所说的图像符号,是直接的镜像。自然这一方法最为方便,而且节省制版费用,也有编辑采用了这种方法。这一时期的通俗刊物的封面也有了较大的改观。但是在讨论的广度与深度上,精英们有更大的兴趣。

孙福熙在《淡墨写在纸边缘》以及《北新》的编辑琐言中探讨了封面用字与内文表达的相关性。因为题字有强烈个人审美的流露,未必能与书刊发生共振,有时反而削弱书刊的表现。在这背景下,美术字慢慢兴起。美术字的规范性是对个体书法特征的制约,同时也使设计的形式感加强。形态的各个元素是要构成"横组合",这一组合上的每个要素需要有统一的基调,否则,形态的指意就会含糊不清。

另一方面是对图案画的强调,对之有较深理解的是陈之佛。他给图案画一个宽泛的概念,直接指向于图案画的目的:图案与绘画的区分,在于图案是适合于他物为目的的,而绘画自有其本身的目的;绘画是独立的东西,风景与花鸟都与外部无关,而图案必须与器物相符;绘画是主动的,而图案是被动的。也就是说,书刊上的图案带有附庸的特征,必须遵循版面空间的要求,对比例、色彩、位置都有规定。陈之佛还认为,对图案的形状、色彩、装饰模样三者要有一个"精密的考虑",以符合美与实用之目的。陈之佛的装饰画主观的流露具有流动的生命力。而就其形式来说,图案与绘画有时是一致的,图案有时是近于绘画的,有时是图案化的。

20世纪20年代,书刊设计的表意功能得到了体现。鲁迅认为:"书籍的插图,原意是在装饰书籍,增加读者的兴趣,但那力量,能补助文字之所不及,所以也是一种宣传画。"[2]他提示了插图不仅有"互文"的作用,用力地补充内容,甚至可以替代文字,起到教育大众的作用。

---

① 参见:范烟桥.小说杂志的封面[J].最小,1922(2).
② 鲁迅."连环图画"辩护[M]//鲁迅.鲁迅全集编年版:第6卷.北京:人民文学出版社,2014:806.

形态设计关注点是封面,开始认为封面是纯粹的装饰,然后是与内文互文关系的揭示,再到封面的宣传广告作用。这一认识轨迹,与设计的风格变迁相符,说明形式是需要与内容结合的,装帧不是表面的装饰,而且有更深的含义的符号,能够吸引人阅读,给人以感染力。

二、书刊形态设计属性的认识

书刊形态设计的从属属性,也是在实践中加深的。从属于市场,从属于物材,也从属于内容。

1.设计从属于市场与读者

近代出版的启蒙目的也需要精确地框定读者,将目标人群的细分与视觉匹配从而达到目的。早期的出版实践,是发现了基本的"大众"。按照欧美出版的惯性思维,妇人与儿童是扩增的市场。比如李提摩太就注意到了妇人的阅读能力。他认为,书籍的市场是可以预计,各个省府的官员及他的太太就是新式书籍的读者,按照一个可以设定的百分比就能将书传达到最基本的读者。广学会还出版了《孩提画报》《训蒙画报》《成童画报》等儿童读物,扩大了儿童市场。

《新小说》体现的是梁启超的出版思想。在梁启超的想象中,小说乃是政治工具,是意识主张发布的另一种形式。"欲新一国之民,不可不先新一国之小说。故欲新道德,必新小说,欲新宗教,必新小说,欲新政治,必新小说,欲新风俗,必新小说,欲新学艺,必新小说,乃至欲新人格,必新小说。何以故?小说有不可思议之力支配人道故。"①为了实现小说与"道德""政治""风俗""学艺""人格"之间的投射,则必须用"四字诀",即"熏""浸""刺""提"的方法来教化。这四字中,"提"最为重要,通过"提"将读者拉为理想的国民,小说成为塑造新民的手段。梁启超沿袭了李提摩太的读者想象,即以局外人的方式来观照,将小说视为单向度的宣传,将"群"的内涵进行无限度的扩张,而正是由于对读者过于宽泛的提法,读者的边界恰恰被模糊和虚化了,被启蒙的大众实际是被悬置的概念。"四字诀"持有人与实际产生了隔膜,其结果是太功利的创作理念与文学的审美发生了严重的偏差,作为文学作品的小说便难以为继。所以梁启超虽然提出高举小说的旗帜,但他的作品则属于"烂尾工程",而

---

① 梁启超.论小说与群治之关系[M]//林文光.梁启超文选.成都:四川文艺出版社,2009:165.

且由于《新小说》在其实质掌握者手里做了目标的变动。《月月小说》的编辑人马由《新小说》而来，其刊对读者的理解仍然是宽泛的。

相比而言，《绣像小说》是较纯正的文学杂志，而且有较清醒的读者意识。夏曾佑在《绣像小说》第三号上发表《小说原理》，明确指出文学分雅俗，以满足各方面之需求："综而观之，中国人之思想嗜好，本为二派：一则学士大夫，一则妇女与粗人。故中国之小说亦分二派：一以应学士大夫之用，一以应妇女与粗人之用。"[①]相比之下，对妇女与粗人的教化更借助小说的功用。"夫正日不暇给之时，不必再以小说耗其目力。惟妇女与粗人，无书可读。欲求输入文化，除小说更无他途。其穷乡僻壤之酬神演剧，北方之打鼓书，江南之唱文书，均与小说同科者。先使小说改良，而后此诸物，一例均改。必使深闺之戏谑，劳侣之耶禺，均与作者之心，入而俱化。而后，有妇人以为男子之后劲，有苦力者以助士君于之买力，而不拨乱世致太平者，无是理也。"[②]正是基于这样的思考，《绣像小说》中将属于传统民间文学样式的鼓词、弹词、歌谣、时调、新剧等通俗化，但同时也保留了笔记小说之类的方体，放入杂俎等栏目中。设置相应的栏目加以发挥，显示目光向下的努力倾向，直接将妇女与儿童置于启蒙的对象。

《小说林》的编辑则表现出更为理性的出版理念，主编黄摩西质疑在以民众启蒙旗帜下推出的小说是不是都能改造成国民、小说的出版者真的全为了公益而没有顾及自己的私利、小说的内容真的能与既定的标准合拍、读者是否真能承认小说的功能这样切实的问题，提出小说先要符合文学的写作要求，再谈其改造国民的功能，对小说被夸大的作用进行了纠偏。

徐念慈则在《余之小说观》中分析了小说的购买群体："余约计今之购小说者，其百分之九十，出于旧学界而输入新学说者；其百分之九，出于普通之人物；其真受学校教育，而有思想，有财力，欢迎新小说者，未知满百分之一否也。所以林琴南先生，今世小说界之泰斗也，问何以崇拜之者众？则以遣词缀句，胎息史汉，其笔墨，古朴顽艳，足占文学界一席而无愧色。"[③]针对四种具体的社会类型：学生、军人、实业社会和女子，应该有不同的消费类型，应该在五个方面进行切实的改进：形式、体裁、

---

① ②　夏曾佑.小说原理[J].绣像小说，1903（3）：3.
③　参见：徐念慈.余之小说观[J].小说林，1908（9－10）.

文字、旨趣、价值,"要言合于社会之心理而已"。他针对读者对象提出了形式上的要求:

> 一、学生。其形式则华而近朴,冠以木刻套印花面,面积较寻常者稍小,其体裁为笔记或短篇幅小说,或记一事,或兼数事,其文字,则用浅近之官话,倘有难字,则加音释,偶有艰语,则加意释。
>
> 全体不逾万字,辅之以木刻之图画其旨趣,则取积极的,勿取消极的。
>
> 二、军人。同学生之所需。
>
> 三、实业社会。则概用薄纸,不拘石印铅印,而以中国装订,其体裁,用章回小其文字,用通俗白话,先后以四五万字为率,加以回首之绣像,其旨趣,则兼取积极与消极略示以世界商业之关系之趋势竞争之信用。
>
> 四、女子。形式与商人略同,而合普通女子之心理。①

从上可以看到,对读者对象的描述是在渐渐清晰与明确的,读者中,实业社会与女子是被教育的最末流,因此最靠近传统的形态,与较新的读者存在差异:浅近之官话与章回小其文字,木刻套印花面(西式装订)与中国装订,木刻之图画与回首之绣像形态中语言形式、图像样式与装订样式,以传统的形态符合低端的读者,而以先进的形态符合高端的读者。

大众的发现使得出版成为普世的事业。它不再是知识分子的专利,而只是技术与文化的合体。传统出版中,精英对书刊的价值评断是唯一的标准,精英的出版要求自然影响了大众,这种结构是不容置疑的。近代密集度颇高的历史事件,戊戌政变、义和团运动、废除科举等,在一定程度上驱除精英:义和团运动,打造使权力与底层结合的运动模式,美术的小传统借之进入公共视野;科举的废除,使得传统的主流文化层次断裂,新兴的教育机制又无法在短时间内提供文化精英。机械出版商业化的运作,最早吸纳的正是被主流边缘化的文人如黄韬等,而启蒙文化也使得文化下沉的速度加快,在这样的背景下,底层的评断与审美对出版物产生影响。同时,近代的印刷,拒绝了传统画家的进入,最早受到西方

---

① 参见:徐念慈.余之小说观[J].小说林,1908(9-10).

文化熏陶的画师转型成为第一批的形态设计师，又受到西方通俗书刊的设计影响，俯贴于生活的层面，为大众的生活造型，也是非常顺理成章的事情。

但是由于更高价值观的缺失，文学的走向偏离了崇高的理想，渐渐向市民社会倾斜了。通俗的形象与最先进的印刷结合，就是仕女画的流行。1913年，岭南画派的高剑父与高奇峰两兄弟创办"审美书馆"，出售月份牌、明信片，也请当时的仕女绘图名家郑曼陀绘制美人画，由高剑父题诗。这是大传统与小传统进行商业化结合的最好例子。当通俗读物的延续着人物画的传统而将视觉的口味倾向于市民时，在很长一段时间内精英是缺席的；另一方面，这一时期出现的设计师无法担当图像意义指导的重任。于是小传统突然活跃起来，其图像充斥了出版市场。徐念慈在《余之小说观》中敏锐地指出绘画艺术的不精进与印刷技术不发达带来的负面市场效应，期待出版界的进步。

新文化兴起后的读者市场稍有变化，读者主要着眼于新学制下的知识分子群体而非妇女儿童。文化书籍从一人手中转到另一人手中，书皮都被翻烂，这种现象将书的"链式传播"扩展为"点面传播"，公共图书馆的建立更加大了书刊传播幅面。书刊的影响力不能以纯粹的发行量来统计。当然这一现象既与书刊进入公共领域的背景相关，也与知识的传播系统相关。这一时期，新文化传播依赖的是出版与高等学府的结合，呈现出金字塔形的传播方式。书刊的出版方式多为同人关系，出版与掌握话语权互为因果，相互促进。而没有获得话语权的群体则依靠读者市场，比如创造社出版时曾有"众筹"之法，吸纳社会资金作为出版基金，而以定期的刊物作为兑付方式。这一思路，即把出版与下游读者的利益绑定起来。无论从引导读者还是从依赖读者的视角看，读者已成为出版链上重要的一环。

在20世纪20年代末期，都市文化所带来的商业氛围使设计的格调更接近于生活，西方艺术的导入经过了过滤与筛选后，小传统又一次迎合了都市文化的要求，庸俗的设计充斥书刊版面。有读者评论，当时的图案"专在女人的双腿间看世界"。西画家庞薰琹等试图以纯正的西画技法来修正中国绘画的现状。

在另一领域，在普罗文化的讨论中，"大众"的概念得到了进一步的梳理。如果梳理下"大众"一词的历史脉络，可以发现，启蒙时期注意的是"妇女"与"粗人",而通俗文学时期其实针对"旧学界而输入新学说"的那部分读者,是过渡时期的知识分子。精英知识分子20世纪20年代的歌谣整理反映出文学西化口号对民间概念的修正与补充,但是出版物虽然名为大众,但其实还是面向小知识分子。所以普罗文化面对的出版读者还要向下挖掘。而置于争夺话语权以及救亡的语境之下,大众不仅成为文学所指向的目标,也成为革命依托的对象。郁达夫对大众是这样界定的:"革命的,无产阶级的大众,以城市的工人与农民为具体指向的大众。"大众文化首先与西方文化对立,然后与精英阶层隔离,同时也与都市大众区分。名义上,"大众"的地位借由讨论得到提高,但在潜意识里,大众成为被教导的对象。

这样,出版物对读者进行了分流,一部分是为都市市侩熏染了的庸俗大众,一部分是革命与浪漫主义结合影响下的布尔乔亚们,而另一部分是被引导的劳苦大众。这一时期作为与出版大众的匹配,宣传艺术得到了发扬。在技法上,传统的美术形式与民间美术语言被大量挖掘,漫画、木刻、连环画、插图、宣传画成为最易识别的美术形式。作为表现主义的木刻,由其刚性的品格而被引入。因为民众是需要强有力的图像来激励、鼓动的,西方木刻中高耸的烟囱、示威的人群所表现的就是对抗与斗争,这是能引领大众的图像,因此木刻画的内容迅速转向,成为宣传的武器。它在出版中的使用对当时过于低俗的书刊形态有了适度的校正,但总体来说在书刊中作为插图使用的情况并不算多。

而真正底层的大众,还是喜欢连环画这样的图像出版物,内容也多为历史故事、猎奇与武打等。在出版木刻连环画的同时,鲁迅曾请赵家璧去调研小摊的连环画创作,但因为缺乏有力作者而没有进行改造。

近代对书刊出版属性的探讨影响了形态设计的走向。"为大众"这样核心意义的挖掘在形态上走向两个极端,一是俯就大众的口味,与大众的审美相契,以致走向媚俗;一种是位于大众之上,执意引导与教育大众,以致走向宣传;还有一种走向,较为私人化但却指明了未来的方向,即是符合大众的审美心理,以象征的方向,以民族性传达书刊的意义。

2. 设计从属于内容与物料

书刊设计是一种戴着镣铐的舞蹈,这一观念越来越为设计师理解。丰子恺认为,"艺术,极少有独立的艺术品,而大多数是利用艺术为别种目的的手段,即以艺术为加味的"①,"民间故深入民间的艺术,不是严格的,是泛格的,不是狭义的,是广义的;不是纯正的,是附饰的,不是超然的,是带实用性的。灌输知识,宣传教化,改良生活,鼓励民族精神,皆可利用艺术为推进的助力"②。在他的思想中可以很清楚地看到日本柳宗悦工艺思想的痕迹。在柳看来,工艺美术的意义比纯美术更伟大,所以应该提倡这种艺术。而书刊设计,也是工艺美术的范畴,应该为民众服务。

设计元素使用不仅要合乎书刊的性质,而且要在版面分布中恰到好处。陈之佛在论述版面分割黄金比例时,曾做以下论述:"1.长短边之比不过近似亦不悬殊,而能明示着区别;2.主的长边能伸张其势力;3.从的短边无势力不能压倒长边。"③北新的出版物也保持了一个长形的版心就是为了让书刊的面目有一个比较工整的样式,以规范内容的展示。

设计同时还要考虑色彩。因为成本关系,20世纪20年代一般书籍都用彩石石印技术。色彩越多,制版的成本越高,成本也就越高。三色制版封面是最多的,有经验的设计师比如郑慎斋(为《青年界》的设计)所用的就为三色,而鲁迅的许多书籍只有两色印刷,同样能够起到夺人耳目的作用。孙福熙开始做设计时将他的油画作品刊在封面,铜版制作三色精印,成本较高;而当他做《北新》的编辑时,采用两色印刷封面;到20世纪30年代他主编《艺风》时,这种明快的风格一直保留下来。而客串设计的画家往往对此考虑较少,将李金发的太太坦的形象作封面时就用了油画。颜色经过印刷会走色,有经验的编辑往往要"跟看"。精于印刷的设计师还利用视觉的错觉来塑造书刊的高档印象,比如陈之佛在为《东方杂志》设计时,调用拟金色印在深蓝的封面上,形成富丽的色彩效果。

除了插图与色彩,还要考虑纸张的运用。纸张是带动技术更新的重要因素。因为早期使用国产纸印刷,纸张不能两面印刷,因此即使采用了西式机械,也不得不单面印刷、折页装订。纸张的更新,使得书刊的双面印刷成为可能,西式的装订才开始被广泛使用。纸张的质量,也体现出了书刊的品位。鲁迅就对纸张的选择颇用心。在他的精心选择下,纸张成为体现价值的一个组成部分:版画的印刷选择宣纸可以吃墨,显得墨色鲜艳;精装用优质道林纸显得绵厚;而一般的书刊他也选择用道林纸,而不用白报纸,显出品质。现代机械的使用,必须要考虑印张的准确

---

①② 丰子恺.丰子恺全集:艺术理论艺术杂著卷11[M].北京:海豚出版社,2016:67.
③ 张道一.造物和艺术论[M].福州:福建美术出版社,1989:231.

数。有时为了节省成本,内页先预留空白位置,彩色插页是分开印刷然后裁切贴入内页之中,这样的做法在 20 世纪 30 年代的刊物如《文华》中仍能被看到。因此要在这样多的限制之下,进行自我风格的显现以及将设计的观念传达给读者,是需要设计者精心考虑的。

20 世纪 30 年代以后,书籍的定位与成本的核算成为编辑的基本功课。比如赵家璧在设计出版物时,对精装书与平装书的用纸进行区分,而在印刷方式上,也加以区分,烫压的方法更显出精装的品质。

抗战时期,由于印刷条件的艰苦,很多出版物采用土纸印刷,纸质粗糙。有一位画家回忆,当时他作插图投稿给出版社,出版社一看他的画作需要三色以上才能印出,当场退稿。因为条件不允许,只有单色的插图才能被考虑。因此,木刻画在战争时期的优势显现出来。

第二节　书刊形态设计范围与结构的认识变迁

一、书刊形态设计范围的认识变迁

对形态设计范围的认识,也不是一步到位的,而是经历了从封面设计、书刊整体设计到丛书规划设计这样一个过程。从这设计范式的不断修改可以看出艺术家加入到编辑工作之中的事实,也可以看出编辑在形态设计过程中所起的积极作用。

1. 封面画设计

近代书刊形态的设计一般是指封一的设计。1980 年,钱君匋在文中谈道:"现在我们所说的书籍装帧,仅指封面一项而言。封面设计是书籍的外观,不是整个书籍装帧。20 世纪 30 年代的书籍装帧,一般指的就是封面,不涉及其他。"①这应该是道出了那时对形态设计的一般理解。

在 20 世纪 10 年代,来自日本的纹样图案占据书刊封面。20 世纪 20 年代,图案画仍是封面画的重要方式。比如鲁迅取自六朝墓砖上的图案所作的《心的探险》的封面画、取自古代纹样的《民谣》以及《桃色的云》,以及商务印书馆取材于汉画像砖上的纹样,都是从图案的角度来选材。

而在设计操作方式上,习惯性的做法是编辑负责内文版式与封面的

---

① 钱君匋.钟声送尽流光[M].北京:地震出版社,2014:76.

文字与图片组合,而美术家只提供封面画。在早期的《小说月报》《东方杂志》中可以见到采用的是国画家的作品,版面添加结构性元素将图像纳入固定的框架之中。有美术编辑的出版机构较少。从包天笑的封面设计实例、钱君匋的"钱画例"形成事实来看,封面设计来自出版机构之外。

如果再对 20 世纪 20 年代到 20 世纪 30 年代的封面设计加以考察的话,我们还可以发现 20 世纪 30 年代虽然在形态上呈现丰富多彩的面貌,但是设计理念其实并没有很大程度的提升。一大批名画家,像林风眠、雷圭元、周多等,虽然也参与封面设计,但是他们提供的是封面画,也就是封面模块中可以撤换的一个元素,而不是整个的设计。这种情形,在《现代》刊物上得到清晰的表现。《现代》是施蛰存主编的一本文学刊物,刊物的封面向各个美术师约稿。在某期中他特地写道:"封面为叶灵凤所画,不敢掠美。"设计理念实践是由编辑来维护的,通过图像的选择与版面的调配把形态的符号价值开发出来。

2. 整体设计

1921 年,丰子恺从日本引入"装帧"。这是很重要的节点,表明书刊的设计不再只是一个封面那么简单,而是要把设计工作贯穿到整本书刊之中。在对新事物做出界定时,国人的习惯做法有二:一是受到传统归化思想的影响,喜欢在自身的知识系统中寻找相近的语词进行定义,将西方的术语引入传统的词汇之中;二是在中国没有办法找到相近的意思的词汇之时,才引入新词。可以推想,丰子恺没有在中国已有的词汇中找到相应的表达才不得已直接使用了日本的称谓,尽管并不贴切,但确实将书刊形态的设计变为一项事业。整体设计形态使用符号的指向可以通过设计来达到一致。实际上,"装帧"一词的概念厘定,是在 20 世纪的最后 20 年中。在经过了反复的推敲之后,"书籍设计""书籍平面设计"被一一否定,现在通俗的称法是"书籍整体设计",即对于书刊形态的事先的计划与安排,包括书刊的外观、大小,书刊的设计元素的使用以及结构的设定,材料与印刷、装订方法的计划等。

但这种意识,在 20 世纪 20 年代就产生了。产生的前提是书刊形态的设计者要深度介入作品生产过程中去,能够参与作品生产的各个环节。编辑与设计师身份的合二为一在这里提供了极大的便利。

丰子恺较早尝试了整体设计。他设计的《爱的教育》与《一般》刊物就是整体设计的典范。丰子恺设计的《爱的教育》为 32 开本。封面底色为米黄色,上面套印红色和棕色,是一种温暖的基调。书籍是以书脊为中心的对称设计,围绕书脊,是一颗大大的红心。红心的两边各自一个裸体的幼童,手持长杆,拥心而立。红心的内部,布满了"敲花"纹,显得比较轻巧。扉页上,以细致的笔法绘出参天大树,树上缠结着丝带,两个幼童坐在树下,用手拉着丝带。一张反白题签衬在页面中间,上面是书名、作者名以及出版机构名称,作者名下又嵌入一张黑色小签,一个反白的小裸童留着中国的瓦片头正在看书,两条胖胖的小腿垂了下来,让人看了顿生爱怜之心。环衬页中,也是瓦片头的一排小男孩,在居上方的方格中探出头来,对着下方的各色水果与菜肴垂涎。丰子恺还为其画了插图,插图中的人物做了中国化的处理,教堂、街道以及居室都处理为中国式的,人物虽然还有西式的服装,但面目也显出中国化的特征。

而《一般》杂志刚诞生就有读者称其透露着浓浓的东洋气息。刊物 32 开,160 页左右,从开始到结束,均有丰子恺的软笔画,做了风格上统一规划。如《一般》"诞生号"封面异常朴素,是长方形的黑色方块中阴文反白"一般"两字,为手写的美术黑体,下面印有铅字标宋"诞生号"三字,下部有黑色宋体"立达学会编辑"。内部结构有扉画、目录、正文以及编辑后记等。扉画显示出冲淡恬静的风格。目录页的页眉是两个娃娃坐在阳光之下,可爱有趣。正文中的眉饰有两个光腚的小孩子徐徐拉开帷幕的图案。第一篇的末尾空 9 行的位置,则插入了一幅插图,是两个男子在雨后散步的漫画。重要的篇章都画有题饰,下笔随性,却涉笔成趣,有的只是风景:矗立的灯塔,上空盘旋着海鸥;一抹远山与近处的湖水。有时只是生活场景中一个小小的细节:有的是蛛网上蜘蛛的劳作,燃着烟卷喝点小酒的

图 4-1 《一般》中的局部装饰

学者(酷似丰的自我写照),春日郊外踏春的父子。还有的可以看出化典的用心,一个男子倚壁而坐,朦胧中已有一只蝴蝶飞绕在头顶,令人想到"庄周梦蝶"的典故;还有一支燃烧的蜡烛,化出"蜡炬成灰泪始干"的诗意。线条的钝拙如春蚕吐丝般绵长,人物极其简化与随性,眼眉只是两道细线。

实际上,从 20 世纪 20 年代起,能够自觉地实现整体化设计的,不只是丰子恺一人。叶灵凤的设计中,亦有不少整体设计的佳作。叶灵凤认为:"所谓书籍装帧,绝不是无意义或浪费的装饰,乃是完成一件艺术品的最后一份努力。"①也即装帧是书刊形成的一个必要部分,是使书刊成为艺术品的重要步骤。在《洪水》中,他已经采用了题头画、栏花、插图画等进行美化。1931 年,叶灵凤在现代书局出版了他自己的小说集《灵凤小说集》,对这部小说横排,他在图案上、设计上竭尽全力,图案从封面一直延伸到扉页、目录页,另有绘图的环衬。封面上是一裸女在伊甸园中的样子,模样慵懒而放松,环衬上是一对双狮图,中有双凤相对的图案,风格如汉画像砖,这是叶的设计中很少见的。扉页与目录页保持了对比亚兹莱的模仿②。

热奈特(Gérard Genette,1930—2018)的副文本理论提示读者"文学书刊的装帧与标题、副标题、扉页引言题词、序跋、插图等一起组成'副文本',为'文本'(正文)提供一种氛围或视域,也为文本阅读提供一种导引"③。从符号学角度讲,围绕着文本建立起来的所有书刊视觉形态都是要表意的,"副文本"引向于文本产生的具体背景,而称号则指向更宽广的社会空间。

3. 丛书设计

20 世纪 30 年代,杨寿清称为"从小书到大书"的年代,即出版具有规模化、系统性出版的特点,而视觉上则体现为规范性、统一性。形态的符号意味更加浓重。

整体设计基于策划意识的深入。我们可以从两个层面上探究编辑策划的意义。首先体现了以编辑为主体的行业意识的成熟,编辑对潜在

---

① 张泽贤. 书之五叶:民国版本知见录[M]. 上海:上海远东出版社,2008:32.
② 参见:张泽贤. 中国现代说版本闻见录(1909—1933)[M]. 上海:上海远东出版社,2009年. 笔者见现代书局加印本封面相同,但目录与扉页不同.
③ 陈子善. 边缘识小[M]. 上海:上海书店出版社,2009:41.

文化资源的挖掘与整合的能力,对出版与市场的预见与认知的能力,对书刊形态的把握与设计的能力,对形态产生影响;第二个层面,重新界定了作者与出版商之间的关系,使写作更加成为出版的附庸。观察这其中的不同,与以前等待作家来交稿的模式不同,现在编辑可以通过对成品的设想向前追溯作者。"编辑有两种,一种是把别人已经写成的作品拿来进行加工处理,将文稿变成铅字出版;而另一种是靠自己动脑筋,想题目,根据社会需要和当前的出版情况,自己提出选题计划,编辑成套书,再组织合适的作者为这个成套的书写稿。后一种编辑方法可以说是从无到有的,含有些创造性的编辑方法"①。商务早期与梁启超共学会合作的《共学会研究丛书》、创造社出版部的《创造社丛书》、北新书局的《新潮丛书》等是同人性质图书的打包出版,而且创造社与北新等并未因为是丛书而采用共同的视觉样式。可在 20 世纪 30 年代的策划中,书籍是按主题有目的选择作者,在字幅、开本等形态上有相同的外观。

首先试水的是世界书局 1928 年开始出版的《ABC 丛书》。之后商务印书馆、良友图书公司、文化生活出版社的王云五、赵家璧、赵景深、巴金等一批编辑进行了尝试,在内容的宏观设置、形态的统一性以及定价的一致性上做了事先的设计。

(1)《ABC 丛书》的试水

《ABC 丛书》"从 1928 年出版到 1933 年完成,5 年间一共出版发行154 种,共 164 册"②。每种书有精装本和平装本两种③。丛书的读者对象是学生。编辑被称作 ABC 先生,是当时的著名文人徐蔚南④。丛书要达成两种目的:"第一正如西洋 ABC 书籍一样,就是我们要把各种学术通俗起来,普遍起来,使人人都有获得各种学术的机会,使人人都能找到各种学术的门径。我们要把各种学术从知识阶级的掌握中解放出来,散遍给全体民众。《ABC 丛书》是通俗的大学教育,是新知识的源泉。第二我们要使中学生大学生得到一部有系统的优良的教科书或参考书。"⑤

---

① 李荣生.要做有创见的编辑——缅怀赵家璧先生[J].齐齐哈尔师范学院学报,1998(2):117.

② 《重庆出版志》记 152 种,作者鸟河记有 154 种。

③ 豆瓣上属名鸟河的作者搜集了"ABC 丛书"的精装本,以花纹为饰,非常美观。见:鸟河.纸色情:民国世界书局出版的 ABC 丛书[EB/OL].(2015-03-04)[2018-08-21].https://www.douban.com/note/486781781.

④ 徐蔚南(1902—1953):作家、编辑、翻译家,上海世界书局编辑。

⑤ 徐蔚南.《ABC 丛书》发刊旨趣[M]//教育史 ABC.上海:现代书局,1929:扉页.

（2）"万有文库"的规模化设计

1929 年,商务印书馆王云五开始主编《万有文库》,从 1928 年开始着手准备。按王云五的想法:"想把整个大规模的图书馆,化身为无量数的小图书馆,使散在全国各地方、各学校、各机关,而且在可能时,还散在许多家庭。"①到 1929 年的时候,已经计划出书 1010 种 2000 册。在关于征订的印书馆高层会议上,大家对初版 5000 部的意见不能达成统一。会后,浙江财政厅厅长意欲将此书库作为全省各级图书馆的馆藏,这样各省即可征订 2000 册的总量。馆配加上私藏,此书的征订居然达 8000 部,实际印刷 5000 部。以馆配为出版目的的编辑策划得到了事实的肯定。

由于局势变化,又经"一·二八事变",1934 年《万有文库》第一集才印刷完毕且全部售罄。基于此,王云五决心再出版《万有文库》第二集。"后此且继续刊行,迄于五千种,则四库旧藏,百科新著,或将咸备于是。"②即是扩充新知,增加旧学。1936 年,第二集 6000 部售出。

《万有文库》目标非常宏伟,是想贡献给小机构甚至家庭一个小书库,这也与当时政府推行的图书馆建立制度相符。王云五称,有 2000 所图书馆就是凭借这一部书库建立起来的。这种做法确实与商务印书馆的出版巨擘身份相称,也是王云五"图书馆情结"的释放。但"知识之无限"不能只倚借这样拔苗助长式的阅读来完全。《万有文库》的内容在精与浅、广与专上确实也值得商榷。商务印书馆内部也对王云五频频出版巨制大书颇有微词,有的认为质量不精,有的认为财务不清。

在视觉上,《万有文库》的开本为 32 开,用 60 镑道林纸印刷,正文五号宋体。参考书 10 种,4 开本。特别是在书脊上加上中外图书统一分类法类号,另附有目录,视觉系统完备。

（3）良友图书公司的丛书开发

良友图书公司对丛书的策划也较为积极,不过不像商务印书馆出版的综合类的文库,良友图书公司的编辑赵家璧的兴趣所在是文学类书籍。

赵家璧策划《一角丛书》时已具备了丛书策划的眼光。丛书在形态上保持了高度的一致,而且明显受到西方丛书的影响。赵家璧回忆:"几

---

① 王云五.《万有文库》的缘起《万有文库》的发行与预定[G]//《老书店》编辑组.民国趣读老书店.北京:中国文史出版社,2016:47-49

② 王云五.印行万有文库第二集缘起创编万有文库的动机与经过[G]//王云五文集贰,王云五文论(上册).南昌:江西教育出版社,2013:355-361.

家西书铺,如别发洋行和中美公司等……各种进口图书,特别是成套的文学丛书,例如《哈佛大学古典文学丛书》《万人丛书》《近代丛书》等,一律开架陈列,随你翻阅……单单那些丛书的编排、扉页、封面整体设计和大小开本等,都保持统一的规格,我被这种排列整齐美观、内容丰富多彩的成套书迷住了。"①

他根据《蓝皮小丛书》的形态组织出版了《一角丛书》。丛书为64开本的口袋本,白报纸内页,每册约60页左右,骑马订,每册约1.5万字,售价一角。封面采用中间对称,最上端是一条花纹,往下依次是仿宋的书名、作者名、插图、编辑名、丛书名、出版单位名。从物料可见,这一书系属于普及版的策划。虽然编辑过程并不顺利,但《一角丛书》"以其独有的面貌、丰富的内容、统一的价格,深受广大读者的欢迎。自1931年到1933年,仅两年时间就出版80种,销数达80万册,创造了当时套书销售的最高纪录"②。

《一角丛书》的成功鼓舞了赵家璧策划更高端的丛书出版物。他把眼光投入新文学的名家著作,赵家璧决定"约请第一流作家执笔,用米色道林纸印,软布面精装,加装彩色封套,不论厚薄,书价一律九角;另设一百本签名本,初版时即分平装与精装,精装本加护封或腰封。试图从装帧、印刷、售价上,对当时流行市上的纸面平装文艺出版物来一个突破"③。这样产生了《良友文库》。

从实际情况看,《良友文库》共计有16种,均用软布面精装,50开本,封面为有一张印有横排书名和作者的布纹纸,书的周围为压成凹凸花纹的图,并有"良友文库"四个凹字,初版印数均为2000册。自1935年3月至1936年9月间完成。从《一角丛书》与《良友文库》的比较可以看到编辑对于不同档次书籍的整体定位是准确而清晰的。

接下来的策划《良友文学丛书》共出40种(实有39种),也是高端出版物,软面布的封面上右下角位置印"良友丛书"的出版标记:一位农民

① 赵家璧.我编的第一部成套书[G]//赵家璧.编辑忆旧.北京:生活·读书·新知三联书店,1984:25-26,29.
② 参见:秦艳华.20世纪30年代新文学出版研究[D].济南:山东大学,2006.
③ 赵家璧.我在"良友"出版的第一部书[G]//赵家璧.编辑生涯忆鲁迅.北京:人民文学出版社,1981:2.

播种的版画①。书脊上烫金印上书名、作者和"良友文学丛书"字样。环衬印"良友"出版标记。扉页上题"良友文学丛书""赵家璧编辑"和"第×种",以表示该丛书的名称、编辑者和该书套丛书中的次序。内文后页的签名本有序号以及作家的亲笔题名,采用米色道林纸,定价一致。这是第一次用精装的方式来出版的现代文学作品,以致作者张天翼爱不释手,逢人便夸:"我的书第一次穿上西装,看多美啊!"②

(4)《文化生活丛刊》

文化生活出版社策划的《文化生活丛刊》是老作者带新作者,有名作者带动无名作者形成的丛书。根据吴朗西、丽尼的设想,《丛刊》仿拟日本的《岩波文库》、美国的《万人丛书》:白底,文武框内依次由上而下是宋体的原作者、译者、书名,下面是"文化生活丛刊"及序号,不同的书籍,只变换文武框的颜色,显得简单明了。最后成形的丛书形式很整齐。平装采用了小 32 开本,用纯白色带勒口的封面,印上单彩色仿宋体的书名、作者、丛刊及出版机构名称,简单醒目,充满书卷气。精装硬面,只用白字标出书名与作者名。丛书由巴金亲自操刀,巴金是中国最称职的编辑之一,他的工作无可挑剔。

这些具有探索精神的出版机构,在丛书的策划上已经有相当的认识,对形态与内容的对应、形态与成本的关系把握、形态与材料的体现效果等都有完整的考虑。在视觉上,丛书已经摆脱商务采用花边进行编排的方式,而开始体现结构主义划分空间的方法。

图 4 - 2　丛书封面

这一时期的设计已经有了较为成熟的思考与较为成功的书例。比如《良友》刊物曾经具备杂志的完整生产流程:丰富的图片库紧密关联的

---

① 赵家璧自述,这是他从国外的插图中学来的。笔者观察,这是米勒《播种者》镜像的素描,这一图像与《小说月报》1920 年代初的农耕主题正好不谋而合。

② 赵家璧.我是怎样爱上文艺编辑工作的[G]//赵家璧.编辑忆旧.北京:生活·读书·新知三联书店,1984:11.

翻译技术、成熟的图片处理过程以及制片、印刷与发行过程。每个环节上相应的视觉要求也用统一的标准。而在赵家璧的回忆中,编辑对如何组织生产人员,对如何制定产品成本的预算,并且根据这一预算来组织作家、加工文稿、设计装帧等有了事先的安排。

但是由于教育方式的缺乏,对书刊形态设计的工艺属性的认识只凭编辑经验的积累,具体的技术掌握限于师徒式的相传,比如陶元庆对钱君匋的传授、张聿光对张光宇的传授、张光宇对叶浅予的传授。叶浅予回忆当时做《三日画报》时,为了印刷出彩色的效果,就在制版中寻找解决方案,但是由于不清楚折手的关系,彩印与单色印刷的衔接工作没有做好,因此耽误出版时间。这一时期编辑的技术是相对落后的,在摸索中的前进,由个体经验、感性知识得来的传承是封闭的认识。20 世纪 30 年代权威的印刷杂志才出现,整体认识才向前进了一步。

二、书刊形态设计结构的认识变迁

书刊的结构,指整书编排的顺序名目,比如扉页、版权页、目录页、正文页等的排列与呈现方式。在版面结构上,传统书刊的结构与现代书刊有所不同:传统中有"书衣"与"书名页",现代书刊中有"封面"与"扉页",因此有许多人误以为"书衣"即是"封面"。但是从书的结构来说,"书衣"应当是"护封"。

传统书刊的结构中有"小题"与"大题",均在赘简上标识,而近代以后转至书眉之上,分列书名与章名。传统书刊中有"书牌",近代以后成为"版权页"。20 世纪 20 年代后陆续使用的社标是书牌中印刷机构标识的另一种体现方法。这些结构虽然有变化,但是依稀可在传统书刊中找到踪迹,因此属于传承变化。而另外一些结构元素,则是近代书刊特有的。

1. 通俗文化流行时期版面结构元素

19 世纪末到 20 世纪初,是版面新旧交杂的时期,这时的结构趋于一致,但形态有西方化的表现。为了对此演进的形态做出更有说服力的解释,这里选择两类出版物进行版面上的对照:一是晚清的四大小说,二是在日本印刷的留学生的刊物《浙江潮》《江苏》《湖北学生界》。

- **四大小说的版面**

四大小说的发行有着时间上的差异,依次是《新小说》《绣像小说》

《月月小说》与《小说林》。

表 4 - 1　四大小说版面

刊名	创刊时间	印刷机构	书刊结构			版面结构			插图	
			版权	辑封	卷首铜图	书眉	眉注	页码	结构插图	内文插图
新小说	1902 年 11 月	新民丛报活版部	有	有	有	有	有	有	有	无
绣像小说	1903 年 5 月	商务印书馆印刷	有	无	无	无	有	有	无	有
月月小说	1906 年 11 月	小说林活版部	有	有	有	有	有	有	有	无
小说林	1907 年 2 月	小说林活版部	有	有	有	有	有	有	有	无

四大小说中除《绣像小说》内文保持中国书籍的传统之外,其他三种都有较新的视觉形式。结构上,设卷首铜画,内容包括名人、风景、风俗画等,这也成为杂志选图的一般标准;有规范化的版权记载;目录中设栏目。内文版式上有书眉,置篇名;栏目用题饰,另有尾花、补白等插图。内文字模为多级别宋体,正文以四号宋体为多。细考内文中的符号,这一时期断句符号与着重符号的形状明显增多且不固定。页码采用复式样式。

- **在日本印刷的留学生刊物版面**

1900 年左右,留日学生人数较大,日本印刷业发达,各地留学生创办留学刊物,多以地名为刊物名,比如《浙江潮》是浙江留学生在日本创办的刊物,《江苏》是江苏留学生在日本创办的刊物,《湖北学生界》是湖北留学生在日本创办的刊物。因为在日本印刷,所以完全借用了日本的印刷技术,形态上采借日式刊物的样式。

表 4 - 2　在日本印刷的留学生的刊物版面

刊名	创刊时间	印刷地	书刊结构			版面结构			插图	
			版权	辑封	卷首铜图	书眉	眉注	页码	结构插图	内文插图
浙江潮	1903 年 2 月	东京	有	有	有	有	有	有	有	无
江苏	1903 年 4 月	东京	有	无	无	无	无	有	无	有
湖北学生界	1903 年 1 月	东京	有	有	有	有	有	有	有	无

除《江苏》稍显简单外,其他两部与"晚清四大小说"三部很接近:有版权页,有卷首铜图,有页码。对上述刊物结合这一时期其他的书刊出版物进行比较后可知,一种新的版面结构已经广为接受,其主要的特征是:

(1)界格消失,页眉、页脚生成

其中,这一时期,多级字号的产生打破了版面平均的布局,使得原先用以稳定版面的界格成为多余,因此行间距与字级取代界格发挥规划版面的作用。页眉的批注空趋向消失。书眉经常以水线划出,书眉文字的分布有居中式、齐口式、齐版口等。页脚多为页码,且以单页为单位设置,即页码每面都有,而不像古籍双面为一页码。页码的设置方式多样:有单式页码,也有复式页码。复式中的页码有以期页码与栏页码并置,也有以期页码与篇页码并置。

内文插图包括题饰、尾花、补白等结构性插图①。插图主要采用铅花(即已经制好的铅条花纹和一些制成锌版式的黑白线图花饰,另外像锌版的题饰,用模板式的图案置入,可以插入文字)图案,有关于现代机械的,如火车、轮船,也有植物与花卉图景,还有一些风景,与内文的关系不大。因此只需将文字排式定好,在空处选取相应的图像,这样可以节省成本,又可以美化刊物。而在图片上,多使用中外元素交杂的图像。在花边方面,倾向于选择西方繁复的花边,画出绶带、徽章的效果。如《小说时报》铜画中的镜框式的钩边,中国传统的装饰性插图也没有消失。《泪珠缘》首版为铅印本,而再版则变为石印书,并请画家绘制绣像与六十回图印入,"此类写情小说的重印本大都加上了插图"②。

(2)封面、扉页、版权页、辑封出现

在结构上,封面被纳入印刷的范围,一般有书名、作者与出版机构的名称。形式上有日式风格较重的图案画,也有简单地模仿题签之法,将几个要素纵向排列嵌入。扉页、版权页出现,且接近现代视觉,与传统的书籍呈现形式差距较大,当是对日式书刊的借鉴与移用。

早期的辑封常见于杂志之中,采用有光纸,上面印刷的广告内容与

---

① 笔者将插图分成三类。第一类是结构性插图,此类插图反复出现在同一结构的篇首以表示出隐性的结构关系;第二类是装饰性插图,用于具体的篇章起到美化版面以及补充说明的作用;第三类是说明性插图,是文字内容的必要补充内容,与文字一起构成主体。

② 翁长松.旧平装本[M].上海:上海文化出版社,2008:31.

内文无关。因此,这种不占页码的插入页有其商业目的。比如早期《东方》杂志就是这样。之后,辑封被用于书写栏题,并请名人题字。下以《小说新报》①《小说丛报》②《小说月报》《小说大观》《礼拜六》③做一比较:

表 4 – 3　20 世纪 10 年代刊物结构分析

<table>
<tr><td colspan="2">比较项目</td><td>《小说新报》
(月刊)</td><td>《小说丛报》
(月刊)</td><td>《小说月报》
(月刊)</td><td>《小说大观》
(季刊)</td><td>《礼拜六》
(周刊)</td></tr>
<tr><td rowspan="2">结构</td><td>有光纸辑封</td><td>有</td><td>有</td><td>有</td><td>有</td><td>无</td></tr>
<tr><td>版权</td><td>有</td><td>有</td><td>有</td><td>有</td><td>有</td></tr>
<tr><td rowspan="4">卷首铜图</td><td>女性图像</td><td>有</td><td>结婚与名媛
照片为多</td><td>基本无</td><td>有</td><td>女名伶</td></tr>
<tr><td>名画</td><td>有</td><td>有</td><td>有</td><td>有</td><td>有</td></tr>
<tr><td>名胜</td><td>有</td><td>有</td><td>有</td><td>有</td><td>有</td></tr>
<tr><td>本刊撰述员
照片</td><td>有</td><td>有</td><td>无</td><td>不详</td><td>有</td></tr>
<tr><td rowspan="3">插图</td><td>题饰</td><td>有</td><td>有</td><td>有</td><td>有</td><td>无</td></tr>
<tr><td>补白</td><td>有</td><td>有</td><td>有</td><td>有</td><td>无</td></tr>
<tr><td>内文插图</td><td>无</td><td>无</td><td>有(较多)</td><td>有</td><td>无</td></tr>
</table>

至此,书刊的视觉与结构元素基本定型。

2. 新文化运动时期的结构元素变化

如果说上一时期采进铅印技术的出版物形态上是对日本版面形式的模仿为主要特征的话,那么这一时期就进入创新时期,结构上体现为对目录的书写试作也做了改进,社标与版权印花被大量使用。

(1)目录格式有了较大改进

传统的书刊中有目录而无页码,所以目录的作用在于提示内文,而近代目录却是内文的索引,确定内文的正确位置。而这一变化过程,体现出国人书刊分离的观念变化。20 世纪 10 年代的目录,有的列栏页码,有的列卷页码,有的列篇页码,有的是复式页码一起排入,非常混乱,也不太好

---

① 《小说丛报》之主笔李定夷离开《小说丛报》,遂与国华书局另创一种《小说新报》,内容与版式与《小说丛报》相近。

② 《小说丛报》,主笔海虞徐枕亚。

③ 《礼拜六》刊于 1914 年 6 月 6 日,自 1916 年 4 月出至百期停刊。受美国周刊《礼拜六邮报》启发。主编为王钝根、天虚我生(陈蝶仙),封面画作者为丁悚。

定位。而到了新文化运动时期,目录的变动很大,基本上列单书的页码,或者卷页码,与内文页码一一对应,更加具有现代意味。

（2）社标与版权印花

社标是出版单位的符号标志。社标在这一时期开始流行。20 世纪 20 年代以后,不同凡响的社标出现,比如叶灵凤设计的创造社社标、闻一多为新月设计的新月社标、陈之佛为天马书店设计的生双翼的马头社标、伍联德设计的良友双鹅标志都成为优秀的作品。

版权印花的设计也有了更细致的考虑。版权印花就是近代出版制度成熟的标志。作者将自己的版权章敲在版权页的指定位置,用于计算版税。一般的版权印花,是在版权页上留下一个方形框,由作者自行押章。当然也有一些别出心裁的设计,比如 1929 年世界文艺社出版的郁达夫《在寒风里》一书,在版权页上版权印花处设计了一幅图案:一古装男性侧立的形象,抬起的手臂指向图章压印的位置,这是比较新颖的方法。还有一些作者的版权印花制作也非常美观①。

图 4－4　社标设计

图 4－5　版权印花

① 张泽贤.作者版权印偶拾［G］//张泽贤.民国版本收藏断想及其他.上海:上海远东出版社,2016:114.

3. 都市文化背景下书刊结构元素的变化

这一时期的结构元素都已齐全,变化只是表现在扉画与环衬等细节的完善,以及加入折页等特殊表现手段的增加上。

扉画的设计开始于1926年《小说月报》,在《现代》《文学》等刊物上继续。而诸多环节的加入,说明了设计的理念已经突破了封面画的限制,渗透到了书刊内部的结构之中。比如20世纪20年代《小说月报》在请陈之佛作封面画之时,请丰子恺作扉画,使得形态组合相得益彰。叶灵凤、钱君匋等师没有放过这一区间,与内文设计一起完成封面与扉页。叶灵凤仿比亚兹莱的版画边框,在四周镶上花框,中压书名,使其看上去更加醒目;钱君匋使用花卉压底的时候较多。

环衬是从精装书中移用来的概念,在封二与正文页之间起到移步换景的功能。有的平装书也用环衬来衬托书刊品质。环衬的设计在这一时期也较为流行,如陈之佛设计的天马书店出版物的环衬页,赵家璧在制作丛书时将良友的社标放大制成环衬页图案。

图4-6　环衬设计

在文中压入三折页会表现出更加复杂的技术能力。《小说月报》的目录有时采用这样的设计手法,形成很大的视觉冲击力。

因为中国近代的出版形态移植于日本,因此营建之初就比较完善,而在不同期间加入的成分,与不同时期的要求对应。比如辑封,是传统题签与现代出版的结合,版权印花的设计,是近代版权制度完善的见证,等等。结构的完善是形态符号完满的体现。

第三节　书刊形态图像的认识变迁

　　人物画有更强的视觉度,能够吸引读者的注意。但是在中国特殊的语境下,书刊形态设计的图像从静态的花鸟景物到引入人物图像再到人物图像的变更,还有一个在理论上接纳以及在审美品格上提升的问题。

　　在书刊形态史上,对于图像内容有几个节点耐人寻味。

一、仕女图的使用与认识变迁

　　对女性的观照,隐含了中国文化思维中极隐秘复杂的因素,这首先来自于女性的真实图像不可观这一事实。在中国画中,女性进入画面,多限于遗容之"写真",传世的仕女图更多出于文人意象性的描绘。唐宋以后,文人画渐盛,人物画的地位也随之趋向边缘与下沉,成为职业画家的专项。明清之际,人物画渐有复苏之迹。伴随"海上画派"的兴起,人物画再次勃兴,且变更为符合民间习惯的样式。在民间绘画传统中,女性出现于画面,其符号意义大于形象意义,且多为一主题服务,如或以美取胜(元《四美图》),或拘于农桑耕织的内容,于女性的神态形容都不在意。但书刊上的女性图像提供了女性形象在上下层之间流动的可能性,如知识分子画家陈洪绶等在书籍版画中采用了仕女的图像,曰"绣像人物",将传统仕女图引向了民间普通读者。晚清新闻业兴起,仕女图处于新闻史、商业史以及美术史聚焦之下,产生新的含义,如《申报》之附刊《点石斋画报》用新闻的尺度重新框定了图画的内容,女性成为时代变迁的见证。

　　1. 水彩到漫画:仕女插图历史勾勒

　　从技术上,仕女图使用可分成三期:第一期是晚清到新文学兴起之前。仕女图的创作是在近代工商业迅速发展的背景之下展开的,技术上与彩色石印技术相匹配。第二个时期是在新文学兴起到20世纪20年代末期,这一时期是新旧艺术并列的时期,仕女图的创作参照轴系发生了变化,同时也与铜版精印刷技术相匹配。第三个时期是20世纪20年代末到抗战爆发之前,这一时期的背景是都市文化的兴起,新旧文艺样式进行了融合,印刷技术上与彩色照相制版技术相匹配。

　　2. 质疑与接纳:新文化持有者的态度

　　新文艺兴起之后传统仕女图一直处在一种被争论的地位,这些争议反映出仕女图所隐含的思维①。这些议论与批判,产生的背景不同,着眼点也不同。

吕澂在投稿《新青年》时,已经认识到庸众文化在视觉上拉低民众的审美水平的现实:

> 古之掌握于文人与画工手工,俗过当,一般人失去了美的论断雅俗过当,恒人莫由知所谓美焉。近年西画东输,学校肆习;美育之说,渐渐流传,乃俗士惊利,无微不至,徒袭西画之皮毛,一变而为艳俗,以迎合庸众好色之心。驯至今日,言绘画者,几莫不推商家用为号召之仕女画为上。其自居为画家者,亦几无不以此类不合理之绘画为能。海上画工,唯此种画间能成巧;然其面目不别阴阳,四肢不成全体,则比比皆是。盖美术解剖学,纯非所知也。至于画题,全从引起肉感设想,尤堪叹息。②

这里,仕女画是技法不纯粹的美术品种,是作为庸俗审美的代名词。陈独秀则用了直取外援的革命方式,将仕女画与新剧、新小说一起称为新艺术的"三大怪胎",并以西方写实主义的立意反观中国画的弱点,而仕女画与传统割舍不清的关系,即是其根本的病因。陈独秀甚至认为只有与传统完全的切割才能形成对西方艺术的根本性的接受。也就是将背景抹白的方澂比之下吕澂的发言更具有内在的深度。而陈咄咄逼人的姿态是想以狂飙的气势为文化的革命打通道路。目标既然不一,讨论自然没有结果,对仕女画的批判也就成为自我阐述的一种依托,陈独秀转而向纯美术的大传统的开火绕开了商业美术的范畴。

闻一多《出版物底封面》是从书刊形态的社会功能的一面来讨论封面的美学价值的。相对于其他刊物封面的评论,闻一多只用了最简单的评论:"那些美人怪物的封面,不要说看着好看,实在一文不值。"③这是因为他提出封面画的价值在于"辅助美育"和"传播美术"。一方面,美人画充

---

① 就笔者所见,代表性有五篇。一是以对月份牌为代表的仕女图的批判,二是对裸体的批判。下面将这一类文献做一梳理:第一是吕澂与陈独秀《美术革命》(1919)中的论述;第二是闻一多在《出版物底封面》(1920)中所提;第三是汪亚尘的批评(1923);第四是丰子恺在《商业美术》(1935)中对月份牌的评价;第五是鲁迅批评月份牌(1931)的内容。
② 吕澂.美术革命[J].新青年,1917,6(10):通信.
③ 谢积才.经典文艺理论批评[M].长春:吉林大学出版社,2004:126.

其量是社会庸俗一面的再现,根本不能提高人的审美格调;再者美人封面也不体现设计的要义,比如对版面的规划、字体的考虑、位置的经营等,所以不配他以艺术的眼光来进行更多的分析。可以说,闻一多的文章,虽然是在书刊形态的领域进行了评论,但也体现了早期文化精英对大众美术的一个观点:漠然视之。

20世纪20年代汪亚尘则以技法的角度来批评仕女画使用的"擦笔画"是中国人的杜造①,不符合洋画的法度。如果考察到汪亚尘早年曾经开办过西画培训班后来反省到不能这样误人子弟而负笈东瀛的史实,我们不难看出一个持有纯正西画精神的专业画家对杂糅中西技法产生的新艺术品种的反感,更对这类作品充斥市场而真正研究西洋画的却寥若晨星的现象感到痛心的真切情感。他从技法的角度进行评价,回避了商业美术绘画客体的讨论。

相比之下,丰子恺对月份牌的批判则是在商业背景下对平庸艺术的批判。他认为仕女图是以卑俗的美,"以挑动本能的感情为手段","不能实际有效用于学习者"。商业美术目的是在煽动人心,但商业美术为资本家所用,而宣传美术为政治家所用,这两者都远离了艺术的本质。丰子恺反对艺术的功能化,他认为大众的审美趣味可以平凡,但不能平庸。丰子恺提出要通过教育来提高审美的品格。

鲁迅对月份牌的批判,立意则是在提倡刚健有力的美术风格基础上反对纤弱的、柔媚的、萎靡的、病态的风格。1931年鲁迅在上海艺大的发言时提到月份牌,甚至还在结束演讲时幽默地展示一轴月份牌来加以鞭挞。20世纪30年代的月份牌已较前二十年有了明显的视觉差异,呈现出的女性是富有时代气息的健康而时尚的女子,而鲁迅仍然以"斜眼"的仕女图示人,明显地误判时代,其用意也就十分明显。与鲁迅"贵力尚强"主张相符的,是其对有力、深沉的阳性力量的肯定:美术作品的功能是唤起战斗的觉醒,而非对现实陷入其中的低姿态的倾诉。鲁迅提倡的"伟美",也就是"孤独"与"伟岸"的艺术旨向,以及将审美提升到对时空的无限占有。而仕女画在这方面的贡献几乎是零,它既无内容,也无意义,更无价值。

以上对仕女图的评论,都是文化精英的言说,虽有各自的用意,但基本上都是持否定态度。这便使人感到仕女图一无是处。即便是当代的

---

① 参见:汪亚尘. 为最近研究洋画者进一解[N]. 时事新报,1923-06-24.

装帧书籍,要么是避而不谈,将早期流行一时的仕女画封面请出了形态设计的范畴,比如邱陵的装帧史中的写法;要么就是沿用一贯的看法加以否认,如罗小华称其"多用一些旧月份牌、旧化妆品广告上的软绵绵的妇女形象来迎合市民阶层的审美趣味"①。

实际上,精英在评价仕女图时,采用的仍是传统的雅俗观念。在评价人物画时,中国文化精英的语言相对是苍白的,因为传统的文人画并不向人物画投射热情。因此如何突破人物画的"俗",对精英来说也是一种全新的挑战。商业美术将人物画作为创作客体,表现出设计者已经认识到人物形象能够增加视觉度,引起读者对刊物更多的兴趣。早期通俗刊物对仕女的描绘,也是延用西方流行刊物的封面设计方法,用写实主义的方法尽量贴近生活本身,虽然并无很多的创见,但从商业角度出发这种选择是自然的,也是合理的。

在新文艺兴起之后,如何表现人物也就成为精英必须面对的问题。一方面商业的需要要求人物必须被引用于形态之中,另一方面要小心地加以回避庸俗的体现。但即使是技法上再纯正与娴熟,也无法说明精英艺术格调上的优越性。因此,"新文化"应对的策略是让人物图像赋有"意义"。在新文化对女性裸体进行了崭新的解读之后,"开显的身体"成为自由、革命、解放的代名词,伊甸园中的夏娃是裸体的,自由之神是半裸的,因此"裸"也就成为与现实中被压制的、被轻视的女性反抗的象征。新文化书刊的裸女形象得到了极致的发展。

通俗书刊早期面对裸女形象持有一种暧昧的态度,《半月》第1卷第10期有一张一个女性坐在月牙之上解衣的插图(谢之光绘),旁边还有一句话,"解衣先觉冷森森",其中的意思让人回味。但之后,通俗刊物上的裸女也流行了起来。裸体女性图像的出现是"开显的"身体的展示。出版不是简单的传递,必须依托市场与读者的共识,才能完成意义的传递,而作者与出版之间意图的差距,出版与读者的意图差距,都能导致误读的产生。由于出版的介入与传递,裸体女性图像被观看、被接受的情形变得更为复杂。

20世纪20年代中期,随着摄影业逐渐发达,裸女照片渐渐流行,《上海画报》《良友》等杂志上裸女像出现频率甚高。手绘裸女图也成为时尚的产物。1927年"美术联合展览"中裸女形象是作为人物画的一个组

① 罗小华.近代书籍装帧[M].北京:人民美术出版社,1990:5.

成部分出现的,如王荣钧《裸女》、雷天籁《人体习作》等均是,甚至展览会相关讯息在《艺术界周刊》出专号,封面也用邵洵美的裸女形象。这一时期,画家常玉、陈抱一、朱应鹏、翁公春等的裸女陆续出现于《艺术界周刊》上。20世纪30年代"人体艺术"的书籍也出现了,如《裸体美》(爱美社,1926)、《人体美在艺术上的应用》(良友图书)、郑慎斋《人体美》(光华书局,1927)、李寓一《裸体艺术》(现代书局,1928)、俞寄凡《人体美之研究》(申报月刊社,1933)等,女性裸体被视为是"生理"的与"骨骼"[①]的构造,得到了艺术性的欣赏。

女性裸体画也由西方艺术的引入而大行其风,比如毕加索的裸女画被引入,这种简洁的线条与漫画的方法结合,在画家丁衍庸的笔下成为简单线条的连缀。而季小波在《唯美派的文学》中的裸女封面图与《迷宫》中的裸女形象也是同样的简洁。同样的风格在张光宇、郭建英、梁白波的笔下出现了。同时,有体面堆积的裸女也出现在书刊之上,比如1934年郑慎斋《青年界》第2卷的封面即是,裸体仕女显然也成为仕女图的组成部分而存在了。但是"以艺术面目投放于大众市场之后或许换得的是肉欲感的满足,甚至以曲线美为借口抵挡一切的非难"[②]。从叶浅予的回忆中可见,当时对裸体画确实也实现着出版监管,但在投机的出版中,利益的放大把这种风险的后果挤压了。

倪贻德较早就对裸体艺术在中国的盛行保持了警惕。他分析有三类心态是极不正常的:一类是绝对反对排斥,一类是认为绘裸体是美术绘画的必经阶段而可以尝试,第三类是借艺术之名绘出丑态而来谋利。第一类是卫道士是下等文人,人数占2/3之多;第三类的人则以"奸商式的鱼目混珠的假冒,适足以被第一第二种人借口,而使纯正的裸体艺术也同时被污"[③]。

3.歌颂与忌畏:仕女图描绘立意的差异

回到晚清仕女图的发生原点。仕女图的兴起原因一方面是商业美术的发展,另一方面也是传统人物画流传方式的变化。商业美术的表现主体是人物,因为生命体能引起更高的视觉度。晚清西方商业机构进入

---

① 参见:吴方正.裸的理由——二十世纪初期中国人体写生问题的讨论[J].新史学,2004(15).

② 参见:林汉达.裸体与艺术[J].文华,1929(1).

③ 参见:倪贻德.裸体运动之真义[J].晨报副刊,1925(1274).

中国,为了让商品能使中国消费者接受,西方的商业宣传必须进行适合于本土的画面调整。海上画派的仕女图虽然也包含女性,但是缺乏新闻性。《点石斋画报》中女性具有新闻性,但是缺乏观赏性。海派仕女画技法,《点石斋画报》的女性形象与商业结合,产生了一种新的女性形象,就是时装仕女。她既有显性的特征,能够承载时代变迁的结果①,又具有隐性的特征,即永远处于男性的观望、控制之下,完成男性对女性的想象。时装仕女是由下层发起的观看形态,形象多取妓女,因为她是属于公众的,可以放置在公众的空间之中,任人观看评说。由于缺乏精英的批判与约束,这种形象毫无阻碍地被移植到书刊之中。

但是早期仕女图也展现出崭新的一面。表现较为密集的有:时装变化、运动与飞行。徐咏青不止一次地绘出女性的背影,目标是为了展现那时髦的发髻,而这在月份牌中是不可能绘述的。1906年上海召开第一次女子运动会。女子运动引起商业美术画家的极大兴趣,这一期间,丁悚、钱病鹤都热衷于表现女子骑马、徐咏青积极表现女子打猎、杨达明也努力表现女子打高尔夫,这表现出画家对女子体育运动的关注。1917年徐槐侠表现女士"飞上天",这又引起了商业画家赞美的热潮,徐咏青表现女性用望远镜看天空的飞机,但杜宇描绘女子坐飞艇,甚至女性坐在地球之上等,都是对社会事件的折射,从这一层意义上说,女性是男性观看社会的一个载体。但是,在对女性刻画的同时,不能否认男性对于女性的赞美,以及在这种赞美之下隐含的对女性的肯定。

同样,新文学初期的仕女图,多引入希腊的女性模样,技法是使用了素描的、油画的、水粉的画法,女性是抽象精神的象征。对于异域的美好事物的肯定,是对国内流行题材的回避,以拉开与通俗文艺方的差异。但不管是世俗的想象还是精神的表达,女性被赋予一种内在的美,从而奠定下被歌颂与赞美的基调。

但是随着上海城市化进程的推进,仕女图越来越被结合于具体的物质环境之中。"女性形象的描绘,被纳入广告营销的轨道,其刻画的细致,到了无所不至的地步"②。女性的形象与中上层阶级富裕的生活联系

---

① 参见:姚菲.空间、角色与权力[M].上海:上海人民出版社,2010。苏罗文由图像的挖掘对女性的近现代社会的角色转换做了深入分析,揭示了图像后的社会意义。

② 参见:姚玳玫.如花美眷——民国时期大众媒体中的女性图像[J],东方艺术,2006(14).

起来,女性本身也与成功的职业、公众的知名度结合起来,变成物质化的符号。

如果说以照片等更为写真的手段表现的女子是传达商业都市的信息的话,这一时期的仕女漫画则表达了男性对女性的感受。20世纪30年代,男性受到女性从未有过的挑战。如施蛰存所描述的,他眼里的风骚女子,是与小乡镇传统女子的完全不同的新新人类。她们不仅在家庭中占据了重要地位,与男性进行性的搏杀,而且也在职场上咄咄逼人,瓜分着原先属于男性的天下,女性被视为男性的对手与敌人。而女性在职场花瓶式的存在以及在两性关系中的挑逗与插足自然也引起男性的反感。所以对女性社会角色的变化一方面保持欣赏一方面怀有警惕的复杂心理就衍生成对女性的不无偏颇的漫画:女性,具有蛇的曲线、蛇的长发、神秘的眼影、娇艳的口红,甚至有肉欲和色情的姿态。这些漫画,充分表现出男性对女性无法掌控之后的惊慌与失意,又表现出对女性的爱慕敬畏交加的情感。比如郭建英自从接编《妇人画报》以后,虽然决心把《妇人画报》办成一份提供给都市女性看的"世上最新的关于女性的知识,又充满着新鲜的感觉和柔和情感的小说"的时尚杂志,但一方面教导女性在职场中的自立,一方面又以男性的角度来评论中国女性应该具有的五官、头发、皮肤、气质等。女性刊物《玲珑》的漫画专栏,虽然立足于女性立场,却不合时宜地对女性进行了讽刺,引起女性读者的反感,栏目因此取消。标明女性立场的严肃读物《女子月刊》就不选用女性图片作为封面。编辑者甚至申明,用女性照片就是对女性的一种蔑视。

女性符号能指的变动,首先是拆除了观看者与观看对象的围障,再让脸部表情放大,接着让女性正面迎视观看者的眼光,真实感不断加剧,但也体现了男性立场上越来越强的控制欲。而漫画从现代的笔法展现优美女体,到给展现设置观察的特定入口,这是将都市快餐式观看发展至戴了有色眼镜对女性的观看,其态度不乏嘲讽与揶揄,表现的格调也越来越低下。虽然20世纪30年代女画家试图从自画像中夺回一部分尊严与自述的权力,但是出版物空间却扩散着这种偏见,并且借用色彩,将其制造成一种时尚,女性的自信与觉醒又消没在漫天的仕女图像之后。

二、漫画的沿用与蜕变

晚清与民国归结于"漫画"名义之下的小品画,是内容颇为庞杂的一系列作品的总称,这些画作并没有在 1925 年《子恺漫画》的出版或者 1927 年漫画会的成立后就马上得到名称上的统一①,而是在 20 世纪 30 年代之后才统一于"漫画"的大概念之下②,且分为讽刺画、滑稽画、抒情画三个子项③。而严格来说,抒情画是漫画概念扩大后衍生的作品,漫画内涵的扩大也说明了它对书刊形态构成的重要程度的增加。

1. 报纸到画报:漫画插图历史勾勒

漫画与纸质载体的结合大致可以描述为从报纸附品时代向书刊插图时代乃至独立时代的演变,其表现功能也在不断地拓宽,从揭露与讽刺发端继而向世俗与都市的方向延伸,终于成为有着综合功能的艺术手法。

(1)报纸附品时代

从辛亥革命前夕发展至新文化运动时期,漫画以报纸附品的面目出现较多。这一时期的报纸一方面为了便于读者阅读,将漫画插入新闻之中,增加可读性;另一方面,报纸承袭了《点石斋画报》的发行特点,采用石印图画单独成集、随报赠送的方式以招揽读者。在辛亥革命前后,此类画报备受欢迎,此风渐成时尚,遂有以此类"新闻画"为主体的石印画报的单独发行,如 1909 年 8 月 13 日晚清的大型画报《图画日报》称:"近各报已增设插图一门,及逐日附送单张画报,特以限于篇幅,不能聚宇内之形形色色。纠合同志数十人分任编辑、调查、摄影、绘画诸学期组织一

---

① 漫画称谓不一,有称讽刺画(1920 年《小说月报》的《讽刺画》栏目、1924《红玫瑰》的《讽刺画》栏目、1925 年《太平洋》讽刺画栏目、《学生杂志》)、"讽画"(1924 年《图画世界》中《时事讽画》)、"讽世画"(1920 年《小说月报》《讽世画》)、"讽谏画"、"讽字"(光绪三十四年《北京图画日报》)、"寓意画"(1909 年《时事报》《寓意画》栏目)、"讽喻画"(1909 年《时事报》《讽喻画》)、"泼克"(1918 年《上海泼克》);"谐画"(比如 1924 年《图画世界》中的《中西谐画》、《良友》1927 年的《谐画》专栏)、"漫画"(1904 年《警钟日报》《时事漫画》、1925 年《小说月报》《漫画》栏目)、"卡吞"(1928《论语》《卡吞》栏目)、"滑稽画"(1907《滑稽魂》、1913 年《真相画报》、1918《清华周刊》、1926《红玫瑰》、1930《民众生活》)。

② 丰子恺 1925 年出版《子恺漫画》才提出漫画的概念,实际上在此之前另有称法,如《论语》称"卡吞"、《民众生活》仍称"滑稽画"等。

③ 此分类是按照 20 世纪 30 年代漫画培训招生时使用的分类方法。实际上,漫画的分类是很不统一的。王敦庆、黄茅、丰子恺都有不同的分类,表明了当时漫画理论的多元化存在现状。

文明有益之事业，以贡献于社会。"①这一广告，传达出随报附送画报是一时之风，而此画报也是以图解新闻的方式面世。而16日刊行的《图画日报》即为16开的经折装画报，每期12页，多用油光纸印刷（其中一部分期数用连史纸印刷），栏目先后有"大陆之景物""外埠新闻画""本埠新闻画""营业写真""三十年来伶界之拿手戏""新智识之杂货店""庚子国耻纪念画""上海曲院之现象""鸦片烟毒之现象""俗语画""一笔画"等栏目，绘画部主笔为孙继（兰荪）、刘纯（伯良）、张树培（松云）、咏霓、式如、如兰、紫祥、秉铎、韫方女史、箴斋、井原太郎等。由报纸所具之新闻性质，图画也是以时事反映为任务，而其中"新智识之杂货店"和"时画"常以夸张的手法来揭露社会丑恶的一面，形式类似于漫画，而"一笔画"虽则形似文人画，但内容空洞，可能为补白之用。是年，12月11日上海集成公司《申报·图画新闻》刊行，也是以"叙述上海时事，以画为主，文字为辅"的样式，每天两对开，主笔者有钱病鹤、江绮云、吴钰等。实际上画报的内容也不止于新闻时事，比如《民呼画报》就刊出陈抱一的素描作品，《大共和日报》也刊出沈泊尘的美人图。这些报纸的画报附赠品，不仅用讽刺的表现手法，更重于写实，旨在用图画来调剂读者，讽画是其中的一种。

黄士英认为，第一拨漫画"不久便渐渐衰落下来，衰落的原因不外当时作家凭着满腔的热忱与兴趣从事制作漫画，而没有巩固的地位与适当的酬报来继续他的兴趣，于是一度的腾沸之后，便不久冷落下去"②。这当然是一个重要的原因。同时还因为当时的漫画是作为石印新闻画报中的一个子内容产生，其发展的轨迹必与新闻画报的盛衰相同。随着新闻照片逐渐代替新闻画片，同时随着报纸副刊的逐渐盛行取代了单集附送的画报，更随着石印技术的淡出视野，漫画的载体生存本身就受到了挑战。

（2）书刊时代

这一时期的漫画，以书刊为新的发表载体，是依附于书刊而存在的

---

① 参见：冯金牛.图画日报——清末石印画报的重要品种[G]//冯金牛.书林札记.上海：复旦大学出版社，2008;刘华庭.记清末大型画报——《图画日报》[G]//俞子林.书的记忆.上海：上海书店出版社，2008:146.
② 黄士英.中国漫画发展史[J].漫画生活，1934(3):34.

绘画形式。此期对漫画的出版做出贡献的当推孙雪泥①及其生生美术公司、沈泊尘及上海沈氏兄弟公司。孙雪泥1912年创办上海生生美术公司,创办过《世界画报》②、《笑画》③等期刊。《世界画报》为休闲类杂志,文字与绘画相结合。在绘画中设有美术画、表情画、时事画、历史画、风景画、寓意画、讽刺画和小说画等八个专栏,画面通俗易懂,广采博览。作者有丁悚、之光、张光宇、但杜宇、吴虞公、吴待、万古蟾等。《笑画》月刊是通俗文学与漫画结合的出刊方式,其中漫画作者有丁悚、张聿光、胡旭光、胡亚光、清泉、钱瘦铁、许一沤,张云鹏等,文字作者包括包天笑、周瘦鹃、范烟桥、赵苕狂等人。封面是应时的讽刺画。第一批漫画家有钱病鹤、张聿光、马星驰、丁悚、沈泊尘、汪绮云、但杜宇等。沈泊尘1918年创办《上海泼克》,16开本,全是沈泊尘的漫画。在这一时期,代表性的画家有鲁少飞、黄文农、丁悚、朱凤竹、丰子恺、张光宇等。漫画对社会的批判的风格仍有继承,比如在1925年黄文农在《东方杂志》上开辟了专栏,发表的《最大之胜利》,就是对帝国主义的控诉。但这一期间,漫画表现出幽默的一面,这与通俗文学的生活化倾向保持一致性。与前期较为统一的揭露风格不一样的是,此期的漫画家的风格较为多样,比如鲁少飞、黄文农等除继续用漫画来承担社会宏大叙事的解读的使命外,还发表不少有关社会百态的描写的作品,而丁悚、朱凤竹、丰子恺等则将漫画的旨趣引向更为隽永与冲淡的方向。

(3)画报时代

1925年《三日画报》创办。画报尝试以画刊的样式再次组合漫画与其他品种的艺术,并且通过图画与文字结合的方式来产生更适合于时代的刊物样式。通过北伐以及同货运动的洗礼,漫画日益成为重要的内容元素而成为组织刊物的手段。1927年漫画会的成立,是漫画团体的第一次群体亮相。1928年《上海漫画》发端的漫画类刊物,发展至20世纪30年代达到辉煌,产生了《时代漫画》《漫画生活》等漫画刊物,随后又有

---

① 孙雪泥(1889—1965),上海人,擅长漫画、中国画等,在创办生生美术公司之前,曾供职于《新新世界日报》。

② 《世界画报》,1921年创刊于上海,1927年10月停刊,上海生生美术公司出版兼发行。孙雪泥编辑,许一鸥助编。

③ 《笑画》,1923年7月创刊,上海生生美术公司出版兼发行。编辑主任是徐卓呆,理事编辑为杨佩玉、许一沤,主阅者孙雪泥。后期由孙雪泥担任编辑主任。8开本,每月出版一期,停刊期不详。郑逸梅说1934年《笑画》并入《世界画报》,似不确。

《独立漫画》《现象漫画》《中国漫画》等出版。1936 年全国第一次漫画展览会的召开,标志着漫画已经正式成为了一个具体意义与旨趣的艺术种类。

与以前两期的漫画风格不一样的是,此期的漫画已经具有相当容量,实际上是对各类的小品画做了一个总结。可以说,这一时期对漫画进行诠释的过程中稀释了原先漫画的讽刺成分,从而将众多具有软性调剂功能的小品画组织到它的旗帜之下,从而使漫画获得了与文字共存的和谐面目,使得漫画作为插图的一种获得了正规的地位,比如张光宇的《民间情歌》、郭建英的插图画、黄苗子《小说半月刊》中的插图画就是如此。

这一时期,前有张光宇、张振宇、黄文农、叶浅予、鲁少飞等为代表,20 世纪 30 年代更是创作队伍空前壮大,黄苗子、华君武、丁聪、张仃、蔡若虹、陆志庠、陈静生、黄鼎、严折西、胡考、梁白波、郭建英等一大批漫画力量涌现出来。这个漫画群体,身份背景十分复杂,有学生、教师,也有职员、学徒等,审美趣味和创作风格也迥然不同。他们的出现,作为美术的补充力量,满足了大众出版物对视觉的需要。

2.讽刺与抒情:漫画的构成渊源

漫画的第一个构成渊源是英美的政治漫画,强调的是对现实的批判。许幸之则将漫画的鼻祖追溯至法国的风俗画家多弥哀,强调他作品对现实的揭露,他又认为:“凡是一个社会的黑时局漫画:两座活暗时代,必定会有讽刺文学、幽默小品、漫画和讽刺画的产生。”[①]黄茅则把漫画的源头追溯到英国的风俗语画家荷概斯(Hogarth)及他的风俗画《时式的结婚》,他认为漫画的性能是军事与政治的后备军,或者是直接参与它的战斗。

他们在对中国漫画源头的追溯时强调了风俗画中现实批判的内容。比如王敦庆以为:“漫画……是宣传的,已毋庸赘述……我们要宣传,要暴露,要嘲笑国际不公允的事情,社会上不合法的行为……”[②]而黄士英认为:“漫画在人类社会的活动里面发掘题材,抓住一个时代的社会病态加以夸大的描写,表现着时间上存在的历史背景。某一个时代的作家,他所发表的漫画就含有当时的政治情形与社会状态,若以过去的漫画加

---

① 上海图书馆.老上海漫画图志[M].上海:上海科学技术文献出版社,2010:239-243.
② 参见:王敦庆.漫画的宣传性[J].时代漫画,1935(22).

以检讨,无异看到一部经济变迁史,一本社会进化史,或一本政治的流水账的记录。"①"漫画艺术也正如整个文艺动向一样,以其社会的历史经济为基础,而因循着政治的波动而发展的。"②

漫画的第二构成渊源是文人简笔画的传统。近代陈师曾有一系列北京风情的简笔画,有的已经超越了略写的境地,而直接有了含蓄的他味,比如1909年他在《逾墙》画上有题句:"有所谓漫画者,笔致简拙,而托意淑诡,涵法颇著:日本则北斋之外无其人,吾国瘿瓢子、八大山人近似之,而非专家也……"指明漫画是以简笔的形式以及托意的表达方式来进行现实的指涉。在20世纪初,李叔同任《太平洋报》美术编辑时,也使用了软笔特殊的笔锋效果,勾画事物的轮廓,突出对象的特征。这种文人漫画的风格,在丰子恺这里发挥到了极致,他以水墨形式进行了实践,反映了文人的情趣。

漫画的第三个来源是西方装饰主义以及现代主义艺术的影响。漫画是一种舶来的艺术,注定与西方艺术有着横向移植的关系。而西方现代艺术,更多是形式上的相近。

3. 夸张与轻浮:漫画的蜕变

如以上的分析所见,漫画不指向特定的技法,也没有约定的风格,更没有一定的指向,这一概念的实际的悬置正是其赋有多种表达功能的基础。漫画所具有的可塑性,正体现在作品思想具备的意义给作品带来的张力的强弱上。意义是漫画存在的关键。但在中国特殊的语境下,漫画易于倾向于痛快淋漓的宣泄。廖冰兄有段话正能切入漫画当时的弊端:

> 有许多人每每误会,以为变形、夸张的就是漫画,这是不妥当的……我们要在漫画与纯粹绘画之间划分界线,应该把视线转入作品的内容比较妥当。一般画家对所描绘的事物只在它的表面下功夫,用视觉探寻它的外表的美。他用写实手法也好,变形、夸张也好,全部是为了如实或强调事物外表的美或借以抒发画家自己由此而产生的感情,以这种原则产生出来的作品,大都是纯粹绘画。而漫画家的创作原则,都是由表及里。固然要通过外表去认识所描绘的事物的表象,还要探求这一产生于特定社会的事物的意义,这就

①② 参见:黄士英.中国漫画发展史[J].漫画生活,1935(13).

是前面所说漫画的内容。所以漫画的内容就不是一件孤立的事物，而是整个社会的'切片'。画家无论用写实、变形、夸张等等的手法，用什么工具、材料、技术——笔墨、水彩、油画、木刻……终极的目的都是为了使人们不但产生欢笑、憎恨、哀怜、悲奋等反应，加深对社会的了解，还该激发人们干预社会、改造社会的意志。①

作为书刊插图的漫画，如果不过滤、不选择，也就无法在艺术性上保证漫画的品质。20世纪30年代漫画的过度泛滥即是没有加以边界约束的结果。王敦庆曾说起筹办第一届漫展的某些内情："在筹办过程中也遇到了难题。像开明书店、光华书局、《漫画生活》、创造社都有漫画作家，如丰子恺、叶灵凤、黄士英、沈叶沉（沈西苓）。但一再邀请，一再等待，他们却不肯送作品来，令人百思而不得一解，只得听之任之了。"②漫画虽然在20世纪30年代有整合插图作家的愿望，但是由于生活圈子的不同与审美情趣的不同，漫画没有能够形成全体性的联盟。也从侧面反映漫画创作中不同的理念。

1935年以后首先对漫画加以肯定的是左翼的知识分子。1935年《太白》以《小品主与漫画》这样一个特刊展开了对漫画的功能、创作等理论上的探讨，漫画的"意义"要素得到了肯定，漫画的批判功能再次得到普遍的强调。社会功能的进一步开发使漫画的斗争性的一面得到空前的发挥，意义表达得过于直白，使漫画的深刻性失落在纯粹的揭露、唤醒与批判之中，而其装饰性、幽默性、抒情的一面则慢慢收缩与退减。随着宣传作用的加强，漫画反而退回到了狭小的表意空间之内。

对漫画讽刺力度的平衡是需要加强幽默。换言之，幽默，正是对讽刺力度的消解。如果意义的投射力度过强，漫画也会淹没在意义之中而丧失了阅读的快感与畅意；同样，当世俗纳入漫画描绘的视野可能会给漫画带来无比的生动性，但如果这生动性超越了必要的限度那么漫画会流于浅薄与琐碎。随着漫画力度的增加，"漫画史在很多时候与漫画无关，却与革命话语抽象对应。漫画史成为革命史的庸俗画史"③。

---

① 廖冰兄.冰兄漫谈[M].石家庄:河北教育出版社,1997:2.
② 毕克官.漫画的话与画:百年漫画见闻录[M].北京:中国文史出版社,2002:130.
③ 周鲐.1949 廖冰兄:漫画史中的革命话语研究[J].美术学报,2017(1):67.

三、木刻画的运用与评价

1. 插图到美术作品：木刻插图的使用历史勾勒

在 20 世纪 10、20 年代，一些杂志偶有木刻，也主要是作为卷首为插图，与内文没有直接的关系。比如《小说月报》，据笔者翻阅，1924 年第 7 期封面是丢勒的《默示录》（《启示录》）木雕画，1927 年卷首铜图中有《老年木刻家》。《现代小说》1929 年第一期有摩耶《马舍巨克》中两幅木刻，第二期有六幅单独木刻作品，第三期有肯特《倚椅人》《情侣》《北新》中的木刻画。鲁迅在其编辑的书刊中竭力介绍木刻作品，旨在使其与内文产生一定的关联，但是没有成效。

从 20 世纪 20 年代末开始，木刻的介绍力度增大了。漫木集中出现在 20 世纪 30、40 年代之间。这与中国的历史背景是相关的。城市现代化进程的加快，需要有新种类的艺术形式，漫木在当时就属于新艺术。与漫画的简洁表达不一致的是木刻鲜明的色度的对比所富有的强烈视觉效果。而进入 20 世纪，西方许多艺术家都在尝试版画的创作。木刻画只是其中之一。木刻能够被引入中国，还是基于它与中国传统版画有很相似的材质基础。在 1920 年代末期影绘与黑白画的大量使用，也表明了适于印刷的插图应有何种技术要求。但是由于题材的限制，木刻画用于书刊插图的比例是不大的。介绍性木刻作品是书刊援用木刻画的最大途径。

20 世纪 30 年代，随着新兴的美术运动的兴起，投身于木刻创作的年青艺术家出现，早期如一八艺社、朝花社等，1931 年的木刻讲习会成为中国木刻力量的培养机构，包括江丰在内的 13 名成员是中坚力量，其中多人以后发展成立多个木刻研究会，如江丰、李岫石、黄山定、倪焕之成立了"春地美术研究所"，顾鸿干、倪焕之等成立了"野风画会"，陈铁耕、钟步青等成立了"MK 木刻研究会"，从而催生出像陈烟桥、何白涛、黄新波这样的木刻艺术家。

木刻创作的作品要刊出，其实也是相当困难的，一般木刻研究会都有采用自费的方式制成小册，仅作为资料，而没有发行。另外自费出版个人画集，印量也很小。

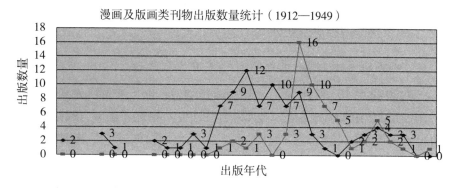

图 4 - 7　漫木刊物出版数量统计

注：方形连线为木刻画刊物；菱形连线为漫画刊物

在上海，从20世纪30年代陆续刊出木刻作品的刊物来说，有的是一些左翼的杂志，如郢中铁在《木刻版画概论》①提到几本刊物《文学》《作家》《译文》及其他青年读物。就笔者所见，其他也有将木刻作为一个艺术新闻来介绍的，如《小说月报》1930年即刊有西藏自治区的木刻画4幅，1931年第1期又刊出木刻画4幅；《美术生活》1935年10期上刊出了德国版画展上的4幅作品，《良友》1935年出版了《全国木刻联合展览》的专页，1936年"全国木刻流动展"后，《青年界》《文地月刊》《黄钟》等刊物都做了介绍。另外如《现代青年》1935年刊出了宋秉恒的木刻作品，数量不多，《现代》杂志第三卷的封面上也运用了木刻作品（未写作者名，应该是外国的木刻），现代第三卷第四期卷首插图中有罗清桢的《挤兑》《起卸工人》与刘应洲《西湖风景》；像《文化建设》这样有党派色彩的杂志也在1936年第3期刊出王天基的《野餐》。其他像《漫画生活》《时代漫画》也有若干木刻作品的刊出；太原的《文艺舞台》曾经刊出过《力群个展》等。其他大力推荐木刻的刊物有《文学》《读书生活》与《太白》。

只有少数作为书籍的插图，如黄新波为叶紫《丰收》所做的插图。

2.刚健或革命：木刻画功能的解读

木刻由"引入西方插图创作的新方法来补济中国插图毫无根底的贫弱"这一思想出发，继而成为意识强有力的图像表现者而得到左翼美术家的拥护，又在抗日战争这样的大背景下得到广泛迅速的发展，木刻画

① 参见：郢中铁.木刻版画概论[M].上海：商务印书馆，1941.

很自然地被划入了革命美术的范畴。然而仔细来看,作为木刻运动灵魂的鲁迅与其他激进美术家对于木刻的看法还有些不同,正是由于这种认识上的不同,20世纪30年代初期木刻插图保持了表达的节制与相应的艺术性。

细检鲁迅在30年代发表的有关于木刻的文字,比如1931年为纪念柔石等在《北斗》杂志刊登德国女画家珂勒惠支的版画《牺牲》时做的介绍,指明她"所以于我们这样接近的,是在她那强有力的,无不包罗的母性"。1931年底,他介绍德国作家版画展,说展览"值得美术学生和爱好美术者的研究"。在为《木刻创作法》所作的序言中指其为:"好玩""简便""实用"。以及介绍苏联木刻家亚历克合夫的小说《城与年》插图、《毁灭》《铁流》《母亲》等苏联文学作品的插图时的措辞,都谨慎地避开着"革命"这一词,而使用了姿态收敛、语言简练的叙事方式。这虽然可以解释为特定政治形势之下的隐晦,但还是不难看出鲁迅强调的还是艺术性。

鲁迅在提到木刻时,强调的"有力"与"刚健"也不能理解为写实主义。比如,他在讲达格力秀、永濑义郎的木刻时,提出木刻"有力之美",他组织朝花社,"来扶持一点刚健质朴的文艺"。他在给青年木刻家的信中,讲的也是线条、黑白的对比,以及构图,他建议取"风景,动植,风俗等,作为题材试试"[①]。他提醒美术青年:"木刻是一种做某用的工具,是不错的,但万不要忘记它是艺术,它之所以是工具,就因为它是艺术的缘故。斧是木匠的工具,但也要他锋利,如果不锋利,则斧形虽存,即非工具,但有人仍称之为斧,看作工具,那是因为他自己并非木匠,不知作工之故。五六年前,在文学上曾有此类争论,现在却已移到木刻上去了。"[②]减少艺术所带有的意识形态,而尊重其艺术本有的价值。不仅表现工人、农民的木刻可以有一种斗争的刚度,表现花草、景物的木刻也可以是有力的线条,如果把工人描写成"凶眼睛,大拳头",便成为讽刺,只有暴力而无智识了。这就不是"力之美,而是粗野之作了"。鲁迅还说过一段极其重要的话:"真挚,却非固执;美丽,却非淫艳;愉快,却非狂欢;有力,却非粗暴。"[③]李桦等在与鲁迅通信时也有藏书票图案的寄送,对

---

① ② 鲁迅.1933年12月26日给罗桢清的信[G]//张望.鲁迅论美术.北京:人民美术出版社,1982:308.

③ 鲁迅.记苏联版画展览会[J].生活漫画,1936(1):27-28.

这些与革命不相干的小艺术鲁迅丝毫没有批评,上海的叶灵凤是鲁迅极反感的人,鲁迅甚至骂叶"生吞比亚兹莱,活剥蕗虹谷尔",却也没有对叶这种风雅之事加以批评,也可见鲁迅对木刻提倡的宗旨。这点上,鲁迅与左翼美术家的理解是不同的。

另外一个方面,在木刻艺术所具有大众美术的特征上,鲁迅与左翼美术家的理解也有差异。左翼美术家对木刻的推崇,强调木刻为大众所理解的特性,其思想上还是承继了文化激进者的五四以来"民间"的观念。自 1918 年民间文学挖掘,至 1934 年间钟敬文在《艺风》中的发文,无一不是延续了对于民间话语的追索,只不过由对大众的启蒙至于革命对大众的依靠,角度变化而已。在这一思维模式的观照下,民间也就成为精英臆想中观念的民间,而非真实存在的民间。而鲁迅很清楚他的木刻连环画的读者仍是知识分子,真正的底层大众是沉迷于地摊上的连环画的。

"大众"嫁接到鲁迅的词汇中也是一件不容易的事。虽然在上海中华艺术大学的讲演时,鲁迅针对叶灵凤的颓废的唯美主义画风这样说:"这种病态,不是社会的病态,而是画家的病态。画新女性仍然要注意基本技术的锻炼。不然,不但不能显新女性之美,反扬其丑,这一点画家们尤其要注意。工人农民看画是要问意义的,文人却不然,因此每况愈下,形成今天颓唐的现象。"①"图像的意义"成为为大众创作的核心。他提倡连环图画等是"为了大众,力求易懂",但他对木刻,甚至更为普及的连环画是否真能被大众所理解也是抱着怀疑态度的②。革命家未必也能写出革命的东西,因为其身份还是智识阶层,身份必须由引导而走向与对象的真正融合,这才能写出真正的革命。所以鲁迅一直谨慎地谈及"大众"。艺术表达与作品主题并不在一个层面上,这也是鲁迅在私人场合强调的。但是在大的形势下,鲁迅在公开场合的谈话开始将木刻的意义引向于"革命"。

为了贴近大众,他主张选择古代版画中的一些部分,如留心年画等传统艺术品,同时将唐朝以前优秀作品的线条引入木刻中来,以使当下的木刻不失去民间的土壤。也正是基于此,所以他在《北平笺谱》《十竹

---

① 鲁迅先生一九三〇年二月二十一日在上海中华艺术大学的讲演(记录稿)[M]//张望.鲁迅论美术(增订本).北京:人民美术出版社,1982:203-204.

② 这一态度,很明白地表现在《祝福》中,作为知识分子的"我"对祥林嫂的提问,只有支支吾吾。有研究者认为,鲁迅对大众的态度是同情,但却不能理解,他与大众是有隔膜的。这种意识,在《药》《少年闰土》中也有明显的描写。

斋笺谱》的印刷上投入了大量精力与财力。

而左翼美术家在提倡木刻时,对鲁迅支持的木刻画功能做了自觉的误读,有力刚健被引申为斗争性与革命性,由现实主义引申为写实主义,看似是自然的阐述,但实际上已经稍有差距。

20 世纪 30 年代,封面画的煽动性加强。面对这样的趋势,丰子恺认为:"现代的画家须得走出画室来参加于社会,为社会运动作 poster(招贴画,广告画),向大众宣传其主义,或者弃山林而入都会,为商业考察建筑的形态,计划样子窗的装饰,描写广告的图案,向大众劝诱购买其货品。"①一方面又认识到:"宣传主义与劝诱购买,内容的性质虽然不同,但其表面的手段实为一致,都是要'煽动大众'。"②他贬弃以功利性来鼓动大众的绘画形式,一方面能够清楚地认识到刊物杂志上所谓的大众美术,其实还是让少数知识分子看的,百姓能看到的是花纸——年画。艺术的商业化最重要的即是"触目",而艺术的丑恶者,往往是广告的有效者。所彰显的平凡艺术观,即是从贴近生活细节的角度去挖掘背后的意义价值。他受到托尔斯泰《艺术论》的影响,讲究大众能够看懂的艺术品,要做到曲高而和众。东方绘画的特点是色调明快,这是一种优良,佛教徒的悲天悯人的慈悲心融入作品之中。

而鲁迅在许多场合的发言还是认为大众美术的提出是将艺术工具化的趋势,技法与形式语言都被置于一面,主要的呈现是内容。这是有违于艺术的初衷的。

但中国形势的发展,使得木刻画的创作转向于写实主义,而艺术家身份也在延安时代得到了彻底的改变。

第四节 书刊形态设计者自我身份的认识变迁

一、书刊形态设计者的组成结构

书刊形态设计属于工艺美术也是现在的常识,但是这一观念的确立也是随着工艺美术地位的提高而树立的。而且这一观念的变化不只是美术与实物结合的形式的确认,更是设计师身份的自我认定,因此可以

---

①②　丰子恺.商业艺术[G]//丰陈宝.丰子恺文集:艺术卷三.杭州:浙江文艺出版社杭州:浙江教育出版社,1990:4.

视为美术领域内对形态设计价值的探索。

如果我们将从事封面设计的三个阶段的设计师进行纵向的比较,可以看出这一专门工作的产生伊始,就在客观上排除了传统美术家的进入。因为在整个书刊形态设计与落实的过程中,美术家的地位受到了挑战:首先,他受制于编辑,受制于文字内容的限定。美术家只是书刊生产过程中的一员而无其他特权,在内容传达与复制的过程中他的身份较编辑要低。其次,他受制于技术。并非所有的美术技巧都能通过简单的处理转现于书刊之上,色彩的多少与浓淡、线条的粗细与走向,都会影响最后的观看,而这与制版技术有密切关系,美术家不是制版的专家。另外,对版面的控制也是一门新的学问。最后,美术家受制于产品与市场。正如陈之佛分析的,工艺美术不是独立的存在,而依附于其他物品存在的,这是戴着枷锁的舞蹈,与艺术家的天性相悖。以下的梳理可以说明美术家与设计师身份间的微妙关系。

1.通俗文化流行时期的书刊设计者

1895 年后出版技术的外来性,使得图像的绘制需要有懂出版技术的美术师担任,而中国美术的大传统中无法生成这样的美术人员,小传统与西方技术的迅速接轨,生成了第一批的设计人员。这些人员多数服务于 20 世纪之初两家外来大烟草公司(英美烟草公司与南洋兄弟烟草公司)。为英美烟草公司服务的有胡伯翔、周慕桥、丁悚,为南洋兄弟烟草公司服务的有徐咏清、周柏生、郑曼陀等,基本上囊括了当时活跃在漫画与仕女图创作的主要人物。

表 4－4　通俗文化时期设计师

设计师	就业企业
徐咏青	南洋兄弟烟草公司、亚细亚火油洋烛公司
周柏生	南洋兄弟烟草、启东烟草公司
郑曼陀	南洋兄弟烟草、三友实业公司、中国华成烟草
胡伯翔	英美烟草、英商启东烟草、永泰和烟草
周慕桥	英美烟草公司、亚细亚火油公司、明治制糖株式会社、南洋兄弟烟草公司
丁　悚	英美烟草公司
但杜宇	
李叔同	《太平洋报》

从表中可见看到，只有李叔同是科班出身的商业设计师。他的图案画与当时的月份牌仕女画有着明显的差异。他已经主张将读者的视觉现代化，但是囿于发展环境的限制，没有能够做出更大的业绩，也没有能够挑战当时平庸的设计。

2. 新文化运动时期的书刊设计者

中期书刊形态设计群落中一大批与新艺术接缘的知识分子以及与新文学结缘的美术家进入了设计领域，与通俗画家形成了新旧两大阵营。通俗刊物的设计人员还是保持着与商业美术紧密的联系，而新文学书刊的设计人员来较为复杂。

通俗书刊的设计人员设计师有谢之光①、杭穉英②、庞亦鹏③、丁云先④、杨清磐⑤、胡亚光⑥、朱凤竹⑦等。以上绝大多数都是仕女图画家。其中谢之光是20世纪20年代画裸女最为著名的画师，他画的浴女"背白侔雪，轻纱裹期半体，回头妩媚、视脸晕羞花，令人魂为之夺"⑧，杭穉英也是著名的仕女图画家。总体来说，还是本土培养画家为主体的画家群体。

新文化阵营中的设计师有丛簇现象，即围绕某一社团有相对稳定的设计圈，比如文学研究会首推丰子恺，另有许敦谷、陈之佛，一些客串的设计师如李金发、却坦（李金发妻）等；与创造社相关的就有陶晶孙、关良、叶灵凤等；与北新社丰关的有鲁迅、陶元庆、孙福熙、司徒乔等；与新月派有关的就有闻一多、江小鹣；与开明书局有关系的有丰子恺、钱君匋，另有客串的艺术家龚珏、郑可等。丛簇现象的存在说明了新文化书刊设计力量的单

---

① 谢之光（1900—1976），浙江余姚人。他从上海美术专科学校毕业以后进入南洋兄弟烟草公司从事广告工作，又任华成公司广告部主任。作品见于《半月》《红》等。

② 杭穉英（1899—1947），浙江海宁人，13岁随父亲到上海，考入商务印书馆图画部做练习生。18岁后脱离商务印书馆成立自己的画室从事月份牌及其他广告设计。作品见于《紫罗兰》等。

③ 庞亦鹏（1900—　　）浙江省德清县人。1920年起在嘉兴秀州中学担任美术教员，业余时间自学美术，并考入上海美术专科学校函授班学习油画。1929年，到上海华商广告公司从事广告绘画，不久即担任公司设计部负责人。作品见于《紫罗兰》等。

④ 丁云先（云仙）（1881—1946）浙江绍兴人。曾为奉天太阳烟草与南洋兄弟烟草公司绘过仕女图。作品见于《红》等。

⑤ 杨清磐（1895—1957），资料较少，参见郭若愚《落英缤纷——师友忆念录》（上海书画出版社2002年出版）。浙江吴兴人，早年毕业于上海美术专科学校西画科，后也兼习国画与漫画。作品见于《半月》等。

⑥ 胡亚光（1901—1986），浙江杭州人。1923年，创办亚光绘画研究所。作品见于《红》等。

⑦ 朱凤竹，民国时期国画家。作品见于《游戏世界》《红》等。

⑧ 郑逸梅. 月份牌谈［J］. 紫罗兰，1927（1）：1－3.

薄,不是依靠职业的固定关系而是朋友间的帮忙关系提供稿件。

3. 都市文化发展时期的书刊设计者

第三期的书刊形态设计人员群落就较为驳杂。这一时期,由于新学制的推行,美术教育发达,培养的艺术从业者数量相对增多。据资料,1927 年,上海共有艺术学校及研究所 15 所之多①,在美术院校中,上海美专、中华艺术大学等已有了不错的培养业绩。在培训机构中,"白鹅画会"与商务印书馆的图画部有不错的口碑。"白鹅画会"注重有装饰趣味的现代艺术新品,推崇"诗意的构图",影响了书刊形态的设计。各种美术展览、美术比赛使得艺术的交流增加,自学成才的工艺美术家数量增多。月份牌画家将商业美术的创作与业务推广进行了结合,与印刷事业的关系更加紧密。留学欧美的知识分子在这一时期归国的较多,他们带来了新的国际艺术风格,并与国内的出版活动产生互动。这一时期,又产生了与印刷直接发生作用的艺术种类,漫画与木刻,丰富了创作的队伍。

这一时期,专职的美术编辑队伍扩大,有名者如梁雪清②、郑慎斋③、郑川谷④、都如冰⑤、沈振黄⑥、莫志恒⑦、李咏(永)森⑧、潘思同⑨、张眉孙⑩、许闻天⑪曾任南京美术专科学校教师、赵蓝天、陆志痒、朱鯀典⑫、卢

---

① 参见:朱应鹏.中国大学设艺术科的提议[J].艺术界周刊,1927(14).
② 梁雪清(1890—?):广东顺德人。主编过《文华》画报。
③ 郑慎斋(人仄)(1911—?),平阳蒲门人(今苍南人),毕业于上海美专,曾任泰东书局、北新书局、时代书局的美术编辑。
④ 郑川谷(1910—1938),原名永瑞,笔名川谷。浙江宁波人。1924 年春到上海,在世界书局印刷厂当学徒,学习石版画。1933 年到上海生活书店,从事书籍装帧设计工作。
⑤ 都冰如(1902—1987),字能,号九五客。浙江海宁人。曾就读于杭州艺术大学和上海美术专科学校。1927 年,他考入商务印书馆,从事书籍装帧和广告设计工作。
⑥ 沈振黄(1912—1944),名耀中,字振黄,浙江嘉兴人。1933 年在开明书店工作。
⑦ 莫志恒(1907—?),浙江杭州人。1931 年毕业于上海国立劳动大学工学院。曾任上海开明书店、商务印书馆等出版机构的编辑。
⑧ 李咏森(1898—1998),江苏常熟人。1922 年考入商务图书部,接触商业美术。
⑨ 潘思同(1903—1980),广东新会人。1922 年入上海美术专科西画科。1929—1931 年任商务印书馆美术编辑。
⑩ 张眉孙(1894—1973),浙江海宁人,15 岁即在上海当铺学徒。共有五六年在英美丽烟草公司学习石印制版,其间向周湘学画,1924 年创"大华美术公司",1928 年参加"白鹅画会"。《申报》《儿童晨报》编辑。
⑪ 许闻天,江苏溧阳人。1922 年毕业于上海美术专科学校。
⑫ 朱鯀典,浙江绍兴人。早年就读于浙江省立第一师范学校,师从李叔同学习西洋美术与音乐,擅长油画。曾任泰东书局编辑。

世侯①等。画家群体有庞熏琹②、梁鼎铭③、叶鼎洛④、方雪鸪⑤、陈秋草⑥、江小兼鸟等。漫画家有张氏三兄弟（张光宇、张振宇、曹涵美⑦）、鲁少飞、黄文农⑧、叶浅予⑨、季小波⑩、万籁鸣⑪、黄苗子⑫、胡考⑬等。

郭建英，1931 年毕业于上海圣约翰大学政经系，此后长时间任职于银行。1934 年他主编《妇人画报》，为刊物设计封面。郭建英还擅长现代都市生活的漫画式的素描。线条简洁，把文字嵌入画面之中。

马国亮，为《良友》主编，也涉足于漫画创作。

①　卢世侯，资料不多，据平襟亚《记浪漫画师卢世侯》（《万象》1942 年第 10 期）内容辑出，其为嘉禾人，1935 年开始从事书刊设计。1941 年间死于香港。

②　庞熏琹（1906—1985），江苏常熟人。1925 年于上海震旦大学肄业后，赴巴黎叙利恩绘画研究院和格朗歇米欧尔绘画院深造。回国后，发起决澜社的艺术运动，建立了大熊工商美术社，不久即关闭。在国立北平艺术专科学校图案系、四川省立艺术专科学校实用美术系等处任教。庞熏琹的书刊设计作品不是很多，但颇具特点。其自述最早尝试书刊上设计刊物为《现代》（第 4 卷第 1 期）的封面，其他还为《诗篇》月刊（朱维基主编，第 3 期）、《漫画生活》（第 1 卷第 4 期）做过封面。

③　梁鼎铭（1895—1959），广东顺德人。曾绘成东征史画《惠州战绩图》，20 世纪 30 年代他为《文华》（35、36、37、38 其）刊物设计封面。

④　叶鼎洛（1897—1958），作家与画家，曾在杭州艺专学习。他早年参加过由赵景深、焦菊隐办的绿波社，编辑《绿波旬刊》与《绿波周报》。1928 年他与郁达夫、夏莱蒂编辑《大众文艺》。他的第一部短篇小说集《脱离》的封面，由其本人设计，其他如《白痴》（短篇小说集，1928）、《他乡人语》（1929 年上海北新书局出版）、《归家》（1929）等也均由其本人设计。叶鼎洛为郁达夫的《迷羊》创作插图。

⑤　方雪鸪，1925 年肄业于上海美术专科学校。主编《美术生活》，是《今代妇女》的美术编辑。

⑥　陈秋草（1906—1988），祖籍浙江鄞县，生于上海。1925 年肄业于上海美术专科学校。曾为上海明星影片公司作字幕装饰画，后任上海大理石厂造型设计师。1934 年，任良友图书公司综合性美术刊物《美术杂志》编辑，编辑有《白鹅年鉴》《装饰美》《白鹅画刊》。

⑦　曹涵美（1902—1975），为张光宇之弟。1927 年为林语堂的《论语》设计，重新开启了传统装帧形式。时代图书公司成立后任美编与会计，作《金瓶梅词话》300 幅，仿古籍图文并茂。

⑧　黄文农（1903—1934），为松江县人。16 岁即进入上海中华书局当石印描样学徒。他用心学习美术，不久，即调至《小朋友》杂志任美术编辑。

⑨　叶浅予（1907—1995），浙江桐庐人。1928 年任上海漫画社编辑。1929 年开始创作漫画，后集成《王先生别传》和《小陈留京外史》。

⑩　季小波（1901—?），江苏常熟人。上海艺术师范学校毕业后，在张光宇的小印刷厂当印刷工，参加"晨光艺术研究会"，1927 年加入"漫画会"。他为《迷宫》等创作了封面。

⑪　万籁鸣（1900—1997），号籁翁，艺名马痴。江苏南京人。万古蟾的孪生兄。1919 年入上海商务印书馆，先后在美术部、活动影片部任职。

⑫　黄苗子（1913—2012），本名黄祖耀。曾为《小说》半月刊绘制封面。

⑬　胡考（1912—1994），浙江余姚人。1931 年毕业于上海新华艺术专科学校。1937 年任武汉《新华日报》美术编辑。

艺术家中,图案学教授雷圭元为《贡献》《现代》所做的封面用抽象的线条表现出人物的轮廓;建筑师刘既漂曾为《黑假面人》做过封面设计,也为《贡献》提供封面画;建筑师林徽因为《学文》做过封面设计;作家卞之琳为自己的《三秋草》进行设计;作家叶紫为文学刊物做过封面设计。

由上述群体构成可见,早期由民间匠人、画师,到新设计力量的培养,再到专业美术编辑的出现与力量的壮大,美术编辑越来越成为独立的行业。在专职设计师中,新式教育体制的毕业生的比重在增加,而职业教育的毕业生也是重要的人员补充。

二、书刊形态设计者的身份认同

书刊形态设计者大致可以分成工商美术业从业者以及获得体制接纳的美术家。设计师身份认同的尴尬来自于几个方面,一是传统意识中,书刊设计师是工匠而非艺术家,但是设计者希望自己成为"家"而非"匠",由此引起对设计者身份的厌恶;二是只依靠书刊设计谋生是很不容易的事情,经济压力较大,而成为纯正美术家毕竟不是一件容易的事,因此设计者需要游走于两端之间,来获得一种平衡。事实上,对于身份认同产生的焦虑是越来越强的。

晚清民国把书刊形态设计者称为"画封面画的",也有称为"图案画家"。但是在潜意识里,图案画与封面画是同一概念。虽然早在李树人1913年《图案教育法》中就认为,图案即带有平面构成中的位置、对比、静动等因素的平衡和谐之意,不能与封面画画上等号。但在操作实践与认识上依然如此,这也包含了另外一层意思,即把工艺美术画与纯粹的美术画区分开来。图案画是匠人所为,所以艺术家很不满足于只做图案画家。前图像时期的吴友如纠缠于传统画家与商业画师身份的识别之中。之后的陶元庆、陈之佛、丰子恺等都有身份识别的尴尬。曾在刊物在作过插图的汪亚尘离开出版界去日本学习美术也是因为对自己原先身份的不认同。

相较来说,早期的商业美术师焦虑感略少。因为他们大多数是月份牌的创作者,受雇于外资烟草公司,收入较高,所以生活无忧。另外一个方面,除了仕女图之外,这些商业画家还有其他技能。比如胡伯翔是名家之后,与海上画派的吴昌硕是忘年之交,且本人就是一流的国画家,还是上海身价最高的月份牌画家,他的收入是同行的百倍。郑曼陀在"张园"崭露头角,为黄楚九所识,遂成为海上仕女画名家,不仅作时装仕女,而且在社会上也相当活跃。但杜宇较早从事电影事业。张聿光是舞台美术家,其画在南洋劝告业会上大出风头,而且参与创立上海美术图画美术院。而早年在土山湾孤儿长大的徐咏青建立了自己的画室教授绘画。丁聪回忆他的父亲丁悚与当时与诸友欢宴的情形,说明当时家境的殷实。但杜宇少年闯荡上海,凭自己聪慧赢得画美人画的盛名。胡伯翔、丁悚、但杜宇都是当年较早拍摄相片的人,可以说明其经济实力。而且在晚清的气氛之下,原来的社会体制崩溃,新的文化精英尚未形成。画家的社会身份不需要通过官方的认定,这些脱颖而出的商业美术家为社会接受就足以说明自己的成就,而且参与创建教育机构来形成声名以及取得经济利益。他们是以一种消遣的态度来对待"封面画"的工作的。

民国之后,美术体制渐趋成熟。美术教育机构的成立吸纳了纯正的西画家,而这些西画家也拥有了主流的地位,拥有对艺术发言权。艺术家身份的确认需要有体制的承认,新美术体制下培养的艺术家都有这样的心结,也是艺术家不愿成为职业设计师的第一个原因。同时,书刊出版界是一个人员变动相对频繁的领域,很多出版机构往往处于资金断链的情况之下。早年李叔同回国后在《太平洋报》任职,但只有半年多时间报社就停刊,李叔同只好去学校谋职,就是很好的例子。所以,成为职业设计师的生活压力也是许多艺术学子难以承受的。另一个很好的例子是郑川谷。他是个勤奋的设计师,但为生活计,他要同时为多个出版机构进行设计,同时还要写书稿,谋教职来补贴家用,结果是英年早逝。

这样,客串的艺术家进入到新文化书刊设计的现象较为普遍。比如鲁迅,首先是教授、作家;丰子恺,在进行书刊设计时也在学校任教;闻一多,教授;许敦谷,在商务几年之后也转入学校任教授;陈之佛,回国后成立尚美图案馆,但是经营不久即停业,陈之佛也接受了教职任教;陶元庆,后也成为杭州艺专教授;关良,上海美术专科学校任教;钱君匋,在做设计时也在学校兼职;李金发是将设计作为余兴;叶灵凤,同时是作家;等等。20世纪20年代后期,许多留学归国的艺术家以及学校培养的美术家都加入到书刊形态设计之中,但很少有人长久地保留这一身份。

20世纪20年代后半期以后,纯美术家的话语权越来越强,这样,工艺美术家反而出现了焦虑。他们试图从商业美术的角度再次接纳插图,这样做的原因,一方面也是要为设计师正名。从 20 世纪 20 年代后图案画的讨论到 20 世纪 30 年代商业美术密集的讨论,都有这样的暗线支撑。

而另外一个侧面,是商业美术家重新被置于艺术话语权之外。像张聿光、胡伯翔、郑曼陀等已经跻身于主流社会却面临被淘汰的危险,而新晋的商业画家如杭穉英、谢之光、庞亦鹏虽然在经济上无忧,但却又有身份卑下之感。杭穉英是商务美术生出身,后自立画室,创作月份牌;谢之光,毕业于上海美术专科学校,毕业后在南洋烟草广告公司当美术员、九福公司美术主任;庞亦鹏,曾任嘉兴秀州中学美术教师,后进华商广告公司任图画部主任。这几位都是当时炙手可热的商业设计师,但由于学历所限,他们没有进入体制内的可能,因此没有艺术话语权,他们的实践经验也得不到相应的推广。

20 世纪 30 年代初上海的职场竞争也较激烈。20 世纪 30 年代回国的庞薰琹已无法在高校寻到教职,颇感失落,成立"决澜社",这一举措也有体制外向体制内艺术叫板的意思。一个有留洋的西画家尚的此感,一个本土的设计师内心更感惴惴。杭穉英一次与主流艺术家在宴会上谈论色彩。他正在发言,一位海外归来的艺术家说:你也配谈色彩?杭稚英被噎得说不出话来。归家后就嘱咐孩子不要再画画。由此可见内心的自卑感。

在向都市文化进展之后,商业美术家融入主流社会的愿望使得社会的设计力量进行了组合。1929 年 4 月,成立"组美艺社",发起者有王宸昌、卞少江、陈景烈、蒋孝游、魏紫兰、汪灏等工商美术家三十余人,分为印染、织物、刺绣、工艺设计、商业广告、铺面装饰、橱窗陈列等组。社员每半月聚会一次,探讨学术问题,前后持续了两年多时间。这一组织,表明商业美术家重视理论讨论,希望获得一定的话语权的努力。1929 年 11 月,徐咏青、郑曼陀等月份牌画家联合创办了"艺友社"。该社宗旨为"发扬艺术,联结艺友",以团结上海地区的商业美术家、促进月份牌美术发展为目标。这一团队中,有通俗书刊的设计师们,如杭穉英、谢之光、丁云先、周柏生等。金小明在其著作中特地点明,"其积极作用,一向为人低估"①。

---

① 金小明. 书装零墨[M]. 北京:人民日报出版社,2014;219.

1930年,吕著青、储小石、黄怀英等北平美术界、工商界人士①组织成立了"生产工艺协进会",是"为应时代的要求,联合工商家、科学家,及工艺美术家,成立一个研究工艺学术的机关,以引导中国生产工艺的改良与推广"②,并出版刊物《生产工艺》,此刊物为当时世界工艺的介绍创建了一个平台,"包豪斯"被介绍了进来。

而从1934年春在上海成立的"中国工商业美术作家协会"已经可以看出工商美术家的同业组织试图在专业教育上拥有发言权的企图。该协会推举了"王宸昌、叶鉴修、赵子祥、林蔚如、薛萍、郑慎斋、陈亚平为理事,同时聘雷圭元、汪亚尘、陈之佛等为会董"③。"协会成立后举行了众多的艺术交流活动,吸引了全国的工商美术家,到1936年入会者多达500余人,全国著名的工商美术家可称网罗无遗。1937年春,该会举行第二次会员大会,决议将协会更名为'中国工商业美术家协会',增聘颜文梁、孙雪泥、张津光、潘玉良、王纲、郑可等为会董,该会下设商业广告科、图案科、商业广告漫画科、月份牌科、家具设计科、室内装饰科、舞台装饰科等设计专业科,该会成立后多次举行工商业美术展览,先后出版《现代中国工商业美术选集(第二集)》。协会设有商业美术函授学校,并与沪江大学合办商业美术科公开对社会招生。"④此次会议,杭稺英等被选为常务理事。从成员构成可见商业画家与学院派纯正画家在新平台上握手言欢。平台的建构为不同身份背景设计师的对话创造了机会,理论与实践的结合可记录有益的经验,推进书刊形态设计的发展。但战事阻止了中国设计的脚步,使得不同身份的设计师失去合作的机会。

但是,无须讳言的是,由于工艺美术没有得到真正的认识,有价值的设计往往得不到应有的认可。一方面是精英美术家在书刊形态设计的贡献没有得到肯定。其中最典型的是陈之佛。陈之佛是以图案家的身份进行书刊设计的,他在技法上是纯正的,构图上是严谨的,设计是高水平的。但是陈之佛天马行空般的设计,在当时却有无人喝彩的局面。赵景深在《我与文坛》中写道,当时有艺术家陈之佛,得到的肯定与其投入没有得到等比的对应,无论来自于哪个阵营都对这样的设计师保持着谨

① 在成立大会上发言的三方代表有河北省工商联厅长吕著青、故宫博物院委员吴景洲、北京大学教授刘半农,大致代表了协会的三种人员。
② 生产工艺协进会宣言[J].生产工艺,1930(1):附录.
③④ 卢世主.从图案到设计——20世纪中国设计艺术史研究[M].南昌:江西人民出版社,2011:100.

慎的欢迎。他处于孤独的境地。这句话是非常正确的。因为新文化的出版是同仁刊物，因此存在着各种圈子。丰子恺受到文研社成员的推崇，但其作品的局限性使其不能在所有性质的出版物上畅通无阻。陶元庆设计得到与陈之佛相当的声誉，被称为"北陶南陈"，但是陶元庆只是提供封面画，而不是像陈之佛一样是真正全方位投入的设计师。从鲁迅与其他人的回忆中可见，陶元庆的艺术作风是散漫的，因此也缺乏为人作嫁衣的服务精神。年轻的钱君匋，依靠自己的勤奋挣得了"钱画例"的外号，对新文化出版有很大贡献。《申报》甚至称新文化书籍一半的设计出自其手，虽有夸张，但确实道出了钱君匋的设计产量之多。钱君匋装帧上还采用"钱牧风"等化名，但仔细考察其设计水准有较大的出入，而不像陈之佛始终保持在较高的水平之上。

　　同样价值没有得到正确评估的也有从民间美术立场进行设计的设计师张光宇。张光宇是以改造小传统来迎合大传统的，他将民间美术的资源纳入到现代的设计道路上来，但是他的设计也没有为主流机制接纳。在杭樨英、谢之光等月份牌画家光芒激射的年代，现代性的设计也只是孤独的探索。

　　相应的评价机制没有建立，而大众的审美局限又较大，这一情形使得书刊形态设计的整体水平不可能得到大的提升。

第五章 中国近代书刊形态设计民族性的探索及认识变迁

在近代书刊形态发展的过程中,拿来主义是常见的。中国书刊的结构呈现方式完全就是日式的,因为中文书刊最早是在日本印刷的。在之后的形态演进中,每次意图表达的能指方式都是借鉴西方的:唯美主义如此,现代主义如此,表现主义亦如此。

图 5 - 1 一组拿来主义或者模仿的设计作品

但是唯有民族性才能证明民族设计的价值,才是中国设计现代性的方向,这是近代书刊形态设计得出的最宝贵的经验。那么什么是民族性的符号? 按照符号学的理论,民族性符号不是专断的,而是象征的,是需要外部文化来确认。

近代书刊形态对民族化符号进行了探索,出于不同的立场与目标,他们的定位与层次不同,比如包天笑的民族化符号就是旧图像的再现,以复古来表明人文立场;鲁迅提倡超越时空的抽象民族化符号,而之后又演变为抽象的文字符号;闻一多的"化合说"则强调民族化是"时代的经线同地方纬线所编成的一匹锦"强调视觉的现代感与内容的传统感;

丰子恺则是通过软笔来传达东方的"神韵",以独特的方式呈现人文性;陈之佛是在表现性图案中流露出浓浓的东方情调;张光宇是将民间资源纳入现代性的设计视野。

今天来看,成功的民族性符号是改革了的能指,是将能指放在现代的视野中进行调整。民族性符号不是民族纹样的简单挪用,也不是贴近生活的如实镜像重现。传统如果不进行革新,那么也只能是躺在民艺馆中成为历史标本。

第一节　中国近代书刊形态设计民族性的探索发展过程

总体来说,晚清至民国的书刊形态在民族性上的探索呈现起伏的弧线,每一十年之始总是洋风飞飞,而在后半期则倾向于民族性面目,这说明设计的资源与创新的动力总是来自于外部,而对中国国情的适应则将这一趋势减缓、回拉。

一、通俗文化在发展中追求民族性设计

通俗文化的民族性追求是在对启蒙文学的反思中形成的。晚清启蒙文学是在引入西学的背景下高歌前行的。但在进入民国之后渐显现出平庸浮浅的市民相,由启蒙的宏大主题滑向贴近社会现实的琐碎叙事。

20世纪10年代后期,小说进入了"调整时期"[①],社会小说与市民的偏好结合,产生了更为低俗的文学品种[②]。这种情形到1916至1917年到了鼎盛时期:文学市场鱼目混珠,良莠不齐。编辑依靠一瓶糨糊一把刀,拼凑出"稗文秩史""典故传奇",在"小说"的大命题下转映出历史与现实的缩影。同时,出版界的同质跟风现象、恶性竞争现象非常严重:"其尤甚者,影戤剽窃,统做得出。"恶性竞争频繁,花样繁多,"你先出版多时,他跟着你出了,登报时片反而郑重声明说:'有无耻之徒,出版同样书籍,在市上鱼目混珠,务请阅者注意。'你的原本被他抄袭了,他们登报翻说:'请注意抄袭,在外混售,男盗女娼,雷殛火焚。'"作家平襟亚更是

---

① 参见:孔庆东.1921:谁主沉浮[M].北京:中国文联出版社,2012.
② 参见:范伯群.清末民初出版业的繁荣及其黑幕[J].社会科学,2015(11).

指出了出版随着读者的眼光而丧失文化操守,争相渔利的现实。先是以情惑人的小说遍地开花,然后发展到武侠小说风迷市场,再接着"坊间大家争出黑幕"。

原创的作品如是,翻译与编辑的作品也如是。当时的翻译巨擘林纾自己不懂外语,却能稳居翻译小说之首席位置,多是依靠他人口译,然后又以一支妙笔,将其以雅致之文笔译出。由于林纾之"归化"之法,将西人的生活方式置于国人非常熟悉的场景之内,既符合了国人猎奇的心理,又符合了眼光向外的时代步伐,因此一时之间,译作大兴。当时许多通俗作家虽然未出国门,却自学外文,像周瘦鹃的翻译就是依靠字典加以想象曲译而成。包天笑也回忆自己托人到日本旧书店买回有关西方汉文著作再通过二次翻译成文卖稿。更有甚者,当时的译者看到报纸刊载的西方新闻即加以演化即成译文发表,还有人将西人新闻加以演绎即成个人创作刊出,比如姚鹓雏《宾河鹣影》就是这样写成。李浩然《新旧文学之总冲突》总结五四之前文学的末路时说:"但就坊肆所售之书籍言之,向者出版册籍,日新月异,虽漫无系统,徒以稗贩为能,顾别类分门,尚能各有进步。今则猥亵淫靡之书盈目皆是。或撷拾里巷无稽琐谈,或抄袭报章断烂记载,羼以游词,饰为艳语,甚且悖伦蔑理,恣言凌乱家庭之风,积非成是,遂至非淫靡之书,亦必扬言猥秽,冀得销售,以此论之,由增一新书。"[①]

正是"小说"所具有的宏大使命实际已经丧失,所以在这一时期"小说"滑出视野之外。据统计,自梁启超提倡"小说界革命"并创办《新小说》之后,即 1902 年至 1916 年,创刊的文艺期刊共有 57 种,以"小说"命名的期刊达 27 种,占了 47.38%。而 1909 年至 1947 年,通俗文艺期刊共有 131 种,以小说命名的期刊只有 18 种,不到 13%,一般出版物更喜欢用更为娱乐与游戏的方式,如"滑稽杂志""游戏杂志"。艺术品位的拉低,这是消费社会面对的必然现象。

通俗文学作家包天笑在办《小说大观》与《小说画报》时已经看到了通俗文学发展的局限,一直抱有大众出版观念的包天笑想通过个人的努力主动扭转文学的颓势。他策划的《小说画报》(1917 年)就是这样一种

---

① 李浩然.新旧文学之总冲突[J].新中国.1919,1(1):25.《新中国》有较温和的自由知识分子胡适、舒新城等加入。

刊物，即以开倒车的方式来维护文学的纯正性。在包天笑试图从市民文化的内部突围的同时，由游居在外的知识分子从外部启开了文化新的一角，拉开了新文化运动的序幕。因此，包天笑的实践与同步，只不过方向不同，图像的策略也只是简单地开倒车。而随着市民阶层队伍的壮大以及大众审美要求的扩大，通俗文化也需要与时俱进，周瘦鹃就是一位紧跟时代步伐来调整自己编辑方针的。周瘦鹃的每一次努力总是在迎合市场的需要：早年发表翻译文学小说，在《申报·自由谈》开辟专栏，无一不能触动读者之神经：影戏评论、情爱话题、随笔艺文，各个阶层的读者都能受到抚慰。之后担任各个刊物的主编，更表现出他"标新立异"引领市场的能力。

二、新文化在自省中追求民族性设计

作为西方文化的接受者，知识分子对于西方艺术的接受并不陌生，在潜意识中，他们还将之视为是对中国艺术的改造的源泉。因此，在新文化运动的发展过程中，西方艺术的引用成为一种策略。

在继《新青年》引入罗丹雕塑作品之后，《小说月报》将介绍西方艺术作为一个版块内容，还特地制作了广告。在实践上，《小说月报》也选择了留日的艺术家许敦谷的作品，在技法上完全异于通俗画家。由纯正的西画家开始，每个新文艺的社团也希望与有新思想的艺术家合作。由于这些精英有较高的艺术水准与审美自觉，因此设计维持在一个较高的水平之上。

当时受到唯美主义的影响是较为普遍的。创造社的主将力推比亚兹莱，以致创造社这样一个带有明显革命色彩的团队在书刊面目上却显现出唯美与装饰结合的奇异效果。文研会的丰子恺同样也受到唯美主义的影响。甚至鲁迅也专门介绍比亚兹莱的画作。新月派也倾心于比亚兹莱。从形式上说，比氏的画作有对东方艺术的汲取，其黑白对比以及形象的塑造中有明显的东方印迹。但对比亚兹莱的认识上，也存在着认识程度的高低以及认识取向上的不同。

新文化是在中西文化的比较以及世界文化的格局中来审视民族化的，不仅追求艺术的东方形象，也追求东方神韵；在不同的方案中，阐释与肯定了东方艺术的民族价值。

三、都市文化在自我标识中继续民族性的探索

1927 年之后,上海的国际都会地位得到了肯定,上海与世界文化的互动大大增加。这使得上海处于中国都市文化中心位置,有一种文化优越之感。各种文化样式都在蓬勃发展。

相对来说,通俗书刊的形态传达是如何表现都市文化这一主题,物质主义、性别话题都得到了图像的体现。通过通俗画家的不断努力,杭樨英、丁亦鹏、谢之光等将中国女性的曼妙身躯与优雅姿态定格在通俗刊物之上,成为这一时代的记忆。

都市文化书刊努力将自己置于世界文化格局之中,呈现世界性的面目。上海国际地位的奠定,也为艺术的联动创造了条件。这一时期,对西方现代主义的介绍以及欧洲、美国、南美洲漫画作品的引入等颇有力度。比如陈之佛引入现代主义设计方法并试图从理论上进行阐释;张光宇在线条的运用上吸收了漫画夸张的表现手法,又在技法强调了民族性的整饬力,将漫画这一形式赋予了现代感。

意识形态较为发达的新文化书刊则自觉地对更为严峻的话题加以考虑,书刊形态也与民族生存的意义与价值联系起来。这时日本左翼美术及欧洲表现主义木刻给予中国艺术家以丰厚的滋养。对日本左翼美术图式的吸收,以及木刻主题以及技法的改造是这一时候的收获。古元、唐英伟、李桦等青年艺术家的作品在书刊上得到发表,中国传统的木刻线条画被赋予时代的新特征。

第二节　中国近代通俗书刊民族性设计的探索及认识变迁

近代中国的通俗文化既起到了文化启蒙的作用,也是近代书刊转型的见证者。因为通俗文化与大众社会的关系相对密切,因此通俗文化的书刊设计从一开始就紧贴着社会生活的层面进行低角度地平视。通俗文化也尝试了民族化设计的实践,但是他们未能从世界的格局来看待中国的设计,所以视野的相对狭窄,其选择的方向是向后看,或者紧贴社会现实,所指的方式简单,在立意方面无法超越时代的局限。

一、包天笑的设计实践与民族化设计的探索

1. 包天笑的生平及编辑简谱

包天笑(1876—1973),名公毅,笔名天笑①。从其出生的时代来看,包天笑的学习生涯被笼罩在科举制度的阴影之下。早年他也以考取功名为念。但由于父亲去世,家廷经济不逮,他只好授馆招徒,功名止于秀才。他虽然与新潮思想有着极大的注意力,却没有进入西式学科设置的学校,也没有留洋经历。其日语翻译功底来自自学,而英语水平更为勉强。即使如此,其较早翻译著作有《空谷兰》和《梅花落》,均有单行本出版,市场反响良好,这使其文学方面热情俱增。包天笑曾游历南京、山东青州、上海,最后以上海作为落脚点。作为通俗文学创作的前辈,包天笑被称为"通俗文学之王"。他的著作堪称洋洋大观,不少是家喻户晓的,比如他的《馨儿就学记》片断被选入小学教材;《一缕麻》更是被编成戏剧广为流传。更重要的是,他通过主持刊物,携提了通俗文学中"苏派"的代表作家,如周瘦鹃、毕倚虹等。张静庐回忆早期通俗文学的文坛巨头,即指二人,一为王钝根,一即包天笑。

包天笑早期于金粟斋译书局做过编辑,对文章的编排有尝试,有失败,也有经验,后又有《时报》的工作经历,这对他新闻敏感度培育有着极大帮助。而与狄楚青的交往,又使其有了先进照相技术以及大量古籍珍本的观摩经历,这对他的编辑思想的新闻意识与审美意识有所帮助。他所参与编辑的报刊达18种之多,其中主要编辑作品见表5-1:

表5-1的刊物中,《小说林》《小说时报》《小说大观》《小说画报》《星期》在通俗刊物史中都有较重要的地位,"凡所编撰,皆风行一时"②。其中《小说林》是"晚清四大小说"之一,《小说大观》则与徐枕亚主编的《小说丛报》、蒋箸超主编《中华小说界》、黄山民编辑的《小说海》、李定夷主编的《小说新报》、王钝根主编的《礼拜六》并称为20世纪10年代的"五大小说杂志"。而《小说画报》则对当时小说类形态的一次大反动,显示出包天笑敏锐而独特的审美眼光,也取得过不俗的市场业绩。

---

① 其笔名来自于《神异经》:"东王公恒与一五女投壶,每投干二百矫,设有人不出者,天为之嘻嘘;矫出而脱误不接者,天为之笑。"原注:"言笑者,天口流火照灼。今天上下雨而有电光,是天笑也。"

② 霭如.新闻界名人传略:包天笑[J].新闻学刊,1927,1(2):44.

表5－1 包天笑编辑作品①

序号	报刊名称	编辑时间	开本	杂志类型	编辑状态
1	苏州《励学译编》	1901 年	约 16 开本，线装木刻，80 页左右	月刊	包天笑与朋友集资出版
2	《苏州白话报》	1901 年 10 月	32 开本，线装木刻	始为周刊，后改旬刊	主编
3	《时报·余兴》	1906 年			编辑
4	《小说林》	1907—1908 年	16 开本，小说林社	月刊	编辑
5	《小说时报》	1909—1917 年	16 开本，有正书局	月刊	编辑
6	《妇女时报》	1911 年	16 开本，有正书局	月刊	主编
7	《小说大观》	1915—1921 年	16 开本，文明书局	季刊	主编
8	《小说画报》	1917—1920 年	16 开本，文明书局	月刊	主编
9	《星期》	1922—1923 年	32 开本，大东书局	周刊	主编

2. 包天笑的刊物形态设计特征

包天笑的编辑活动主要是在 20 世纪 10 年代与 20 年代，也就是通俗文学的第二波与第三波。特别值得一提的是他在通俗文学第二波中的实绩，也就是梁启超的小说功利性的提倡失败到新文学兴起这一段时间。这一时期，包天笑对小说刊物进行反思，并且以形态的配合性的变化对通俗文学进行了革新。

（1）图像的差异化选择

包天笑曾任主编的《小说时报》是继《新小说》后第二波通俗文学的

---

① 参见:姜思铄.包天笑编辑活动侧影[J].中国编辑,2007(5).

开始。正如前一波文学浪潮中的代表人物周桂笙所说的那样,中国的小说刊物与西方的小说刊物在形态上主要是插图的差异。西方的小说插图极多且精,而"中国的绣像小说画法至旧,近来新小说也未能以图画与文字夹杂刊印"①。中国古典小说原本是图文发达的,但是由于出版技术的转型,图画绘制方式的变化以及出版格局的变化,早期通俗小说刊物中除《绣像小说》外,没有一本刊物配有插图。

《小说时报》改变了这一书面。刊物在封面以及内文都使用了图片。插图使用比《小说月报》还要早一年。《小说月报》第一期基本上采用外来的铅画插图,创作图像非常少。《小说时报》加上了徐咏青绘制的水彩以及线条图插图。从这方面说,《小说时报》开创了通俗刊物图画与文字夹杂使用插图的先例。

另外在封面上,《小说时报》较多使用仕女图:由画家徐咏青以水彩方法绘制的一系列女性图像以彩色印刷,大大增加了刊物的亲民性与通俗的特征。不仅如此,在卷首铜图中,由于有正书局狄楚青拥有自己的影楼,可以提供了大量的女性照片,这使得《小说时报》的卷首铜图来源丰富。不只如此,由于有正书局附设的印刷所掌握了当时较为先进的珂罗版技术,使其在照片的处理上能够营造出较其他刊物更悦目的效果。而这些图像的使用,说明了这一时期的刊物由启发民智向大众的阅读口味的迎合,从而由启蒙性转向娱乐性与趣味性蜕变的过程。

包天笑对使用这类妓女图像并不持反对意见,这不仅与其身份有关,也与其意识与立场相关。对妓女的欣赏,是晚清文人风雅本性的表露,也是市民阶层向新向奇心态的流露。对晚清文人的生活常态的勾勒中,妓院与茶楼是文人经常光顾的地方,包天笑的《人间地狱》中,将自己化身为"姚啸秋",就是一个流连妓馆的报人。文人不仅流连于风月场中,而且还评妓、论妓,李伯元《游戏报》评女中花,在当时并不具有负面的意味。20世纪初出版的《名媛》,把名妓视同为名媛,也可见妓女身上蕴含的时代价值。当时通俗刊物是借用西方通俗刊物的做法,把美人图片换作更具有中国特性的妓女照片。《小说时报》请画家用"鞭抽线框"将照片加以连缀,更以上色使其更加美观。"(《小说大观》)每集之首有种种插画,如近世之美人、各地之风俗、佳胜之风景、珍秘之名画,搜罗咸

---

① 周桂笙.小说丛话(节录)[G]//陈平原,夏晓虹.20世纪中国小说史(第一卷).北京:北京大学出版社,1989:86-87.

备,洵称大观。"①铜图的数量是一般刊物的三倍以上。甚至因为文明书局没有有正那样有丰富的图片资源,包天笑还花费精力,动用自己的人际关系,借用女校书、舞女的照片,并且敦请孙雪泥为仕女图添边框加以美化。

但是包天笑也意识到了这类女性照片的使用所折射出的男性立场。所以他编辑《妇女时报》时,非常注意女性杂志读者的差异,尽量体现出女性的主体地位。配合刊物"提倡女子学问,增进女界智识"的目标,在栏目上对女子教育、生活、婚姻等各方面进行知识介绍及普及,他使用了政要显贵的夫人肖像、女性名人、艺坛女性及其艺术作品的图片、女子学校的师范生照片、东西方的女性时装图片等,"封内照片绝无妓女之身影"②,于是绣师沈寿、教育家吕璧城、体育家汤剑我、艺术家庞静香等相继出现在刊物之上。此后大量的中西方婚姻照片也源源不断被使用于版面之中,以达到近距离反映妇女生活的目的。在四年之后,商务印书馆出版《妇女杂志》,卷首铜图也使用了名胜、杰出女性肖像,女校师生照片、艺坛女性及其艺术作品的图片这样一种图片的展列方式,说明时过四年,这种方式还未过时。1928年良友公司出版的《今代妇女》,虽然变化了图文的编排方式,也可见图像的选择上还是遵循了这一方式。

而《小说时报》与《妇女时报》使用图片的不同,可以看出包天笑区分刊物性质的能力。不只在卷首铜图的选择上,在内页插图的展示上,包天笔也有所侧重:《小说时报》重于虚构性,多请名家绘制,这一原则延续表现在《小说大观》与《小说画报》中,"或用锌版,或用铜版,无不鲜明可喜,不惜重资,均请名手绘成"③。而《妇女时报》则注重传达的现实性与真实性,多选取照片以增加现场感。

(2)回归于传统的形态设计

包天笑在20世纪10年代编辑的一组纯文学刊物,从《小说时报》开始到《小说大观》,再到《小说画报》,有一种开倒车的趋势,版面越来越复古。包天笑是继陈景韩之后编辑《小说时报》,所以他必须遵循现有的形式,难以创新。而《小说大观》,因为是由出资方发起而请包天笑主编的刊物,所以还得听从投资者的意见,难以体现包天笑的主张。但是包

---

① 　包天笑.《小说大观》宣言短引[J].小说大观,1917(1):前言.
②③　参见:栾梅健.通俗文学之王包天笑[M].上海:上海书店出版社,1999.

天笑尽量使刊物名副其实。一般小说刊物以月为单位出版,页码在百页左右,"像《小说大观》可以算得丰富了。大本,计三百数十页,每期铜版插画。也有十余页,定价每册一元。以前的杂志,从未有每册售至一元的,一般不过二、三角,若售至四角的,购者已嫌太贵。但《小说大观》则售至一元,其质且勿言,即以量言,一册却是足抵以前三册"①。

包天笑早在《小说时报》时开创了长篇小说一次或分两期刊完的先例:"本报每期小说每种首尾完全,即有过长不能完全之作,每期不得超过一种,每种连续不得过二次,以矫他报东鳞西爪之弊。"②这种连载方式的改革,符合了读者阅读方式,使小说的刊载方式走向科学。《小说大观》是季刊,间隔时间更长,包天笑就在容量上做文章,每次 30 万字容量,三五万字的中篇一气刊完,十万字左右的长篇,也两次刊完。按照单行本的价格的计算,刊物的定价就十分便宜。虽然内容《小说大观》的内容没有大变,但封面已经做了变化,不再用仕女图为封底,而是以较厚的素纸一张,以古书题签之法,书"包天笑先生主任、《小说大观》、上海文明书局发行"各项,显得沉稳大方,以符"大观"的雍容气度。"商量到封面的画,我却战胜了。因为近来普通的那些小说杂志,都考究它的封面画,各种封面画,都用到了,而最多的封面上画一美人。直到如今,封面上用美人的还是很多,人称之为'封面女郎'。但我却主张用朴素的封面,不要那些封面画。这是一本大型挺厚的杂志,须用厚纸作封面,以朴实古雅为宜。"③封面题字的做法,也被视为高品质的表现:《小说月报》改革后,有热心读者建议,以《小说月报》这样高雅的格调,似乎与图案画作封面很不相符,何不以题字之法,更显雅致,很能说明问题。

如果说《小说大观》已有复古的迹象,那么《小说画报》走得更远。《小说画报》是包天笑主动提出并且主编的,充分表现了他的审美眼光。这一编辑的背景是:当时小说格调低下,翻译作品的档次下降、原创精神的缺失,以及白话文的再次雅化从而丧失民间立场。与读者群体平民化的过程相伴的,是出版商向品味不高的读者的屈服和妥协。因此作为精神引导的出版活动应该如何界定自己的身份,如何对市场进行必要的批判或者引导,如何提高大众的认知能力又一次成为严峻的问题。编辑此

---

① 参见:栾梅健.通俗文学之王包天笑[M].上海:上海书店出版社,1999.
② 本报通告[J].小说时报,1909(1):本报通告.
③ 参见:包天笑.钏影楼回忆[M].香港:大华出版社,1971:377.

刊物之前包天笑曾患失眠，反复考虑要做一种刊物，1917年终于有了《小说画报》的诞生。

《小说画报》月出一册，每册定价三角，特色有四：一是所有小说，不用文言，全是白话，"一如画家的专用白描，不事渲染"，达到小说对社会下层人民的渗透，因为"上海那时所出的小说杂志，文白兼收，有的堆砌了许多辞藻，令人望之生厌"；二是都要创作，不要译文，"现在译作太多错讹百出，而译出来又不大能用，也有的外文虽好，而国文欠佳，往往词不达意"；三是"无论长篇短篇的小说里，都有插画，为的是图文并重"，即便补白也用小画幅的图像，也仿《点石斋画报》的形式，"不要那种漫画、速写，或是半中半西式的"①；四是石印线装。

刊物是以完全复古的形式来达到纯洁民风的目的，不仅恢复了软笔书写文字的传统，而且插图用工笔细细描出；在印刷上，采用单面有光纸石印；装订上，采用五彩线装。从其形式上看，很明确地有复古的倾向，以退为进，涤荡市民惯见的视觉形式，恢复小说纯正的面目，从而探索民众性与进步性的结合的某种方式。但市民气息浓重的出版市场无法从内部得到更新，在格调不高的仕女面充斥着书刊封面情况下，《小说画报》在第二年开始每期加印大幅水彩画时装仕女一帧，与市民趣味做了妥协。所以包天笑的《小说画报》实际到了1919年22期即停刊。

3. 包天笑书刊形态设计的意义分析

包天笑从主编《小说时报》一直到《小说大观》，都是处于小说向现代形态过渡的时期。范伯群认为，包天笑的一系列刊物，在文学过渡时期，通过对小说形式的变革，续接梁启超小说的启蒙作用，调整小说的社会功能，"发挥过一定的作用"②。而其对于形式做出的变革，正与其编辑相思相符。

（1）大众与启蒙的意识凸显

首先，包天笑的大众意识体现在他对白话文的认识与使用上。在20世纪初的启蒙运动中，白话曾经作为一个重要的内容得到媒体的拥护，一时，白语报纸比比皆是。包天笑"就以为欲开民智，非用白话不可"。出版传播的对象是下层人民，所以在《无锡白话报》之后，他马上自费木刻创办《苏州白话报》。白话报可以形成读者空间的下移，将读者定到下

---

① 参见：包天笑. 钏影楼回忆［M］. 香港：大华出版社，1971.
② 范伯群. 中国现代通俗文学史：插图本［M］. 南京：江苏教育出版社，2010：167.

层百姓之中,将其关心的话题"都演成白话","深入浅出,简要明白","令妇女孩童们都喜欢看"。

而相对地,在后来的文学作品中,白话文又重新被锁回到章回体小说的写作之中,一般的短篇与故事,因操着林琴南的高雅的古文腔调离下层读者越来越远。在1917年左右包天笑就看出这种文风的发展趋势的危险:作为翻译,由于林琴南将迥异的场景拉回到了中国,以异域的文化特质来影响中国本土文化从而影响中国文化结构的企图再次破灭。包天笑感觉有将白话文推广至整个文学场的必要。包氏在相当于发刊辞的《小说画报·短引》中明确阐述说:"盖文学进化之轨道,必由古语之文学变为俗话之文学。"①这一举措可视为是对胡适在《新青年》发表《文学改良刍议》的回应。包氏对自己以往"翻译多而撰述少,文言黩而俗语鲜"进行了检讨,在某种意义上讲,正是在这种鲜明的文学观下他试图扭转文学发展的方向。在《小说画报·例言》第一条他开宗明义地指出:"小说以白话为正宗,本杂志全用白话体,取其雅俗共赏,凡闺阁学生商界工人无不咸宜。"②再次呼吁用白话创作,并且以《小说画报》实践了这一主张,比新文学的白话文实践还要早一年多时间。

如果我们再对其的文学观做进一步剖析,特别是他对启超的小说观提出的质疑:"向之期望过高者以为小说之力至伟,莫可伦比……子将以小说能转移人心风俗耶?抑知人心风俗亦足以转移小说;有此卑劣浮薄纤佻媒荡之社会,安得而不产出卑劣浮薄纤佻媒荡之小说?"③可见一位通俗文学的创作与编辑者是在贴近民间的层面上辩证地看待小说与社会的主客体的关系,以小说启蒙民众是一厢情愿的愿景,他想将小说的功能收回到正常地限度之中,并想以形式上的规范来造就文学纯粹的价值意义。因此,为符合读者的阅读需要,《小说大观》"每集短篇小说,均登;中篇以上,长篇小说,约登三四种以上,支配适宜,无重赘复沓之习"。且"每集用大本,均用四号字排印,不伤目力,纸张洁白"。如果说《小说大观》是以严肃的态度,精选优秀的小说以影响社会的话,那么《小说画报》则想借用中国文学书籍原有的传统,恢复原创小说纯正的品位。首先是封面不用时兴的仕女图,而以动物手绘画稿,以狮、虎、象、孔雀等中

---

① 包天笑.《小说画报》短引[J].小说画报,1917(1):短引.
② 包天笑.《小说画报》例言[J].小说画报,1917(1):例言.
③ 包天笑.《小说大观》宣言短引[J].小说大观,1915(1):宣言短引.

国画为底图,如《小说画报》创办的第二年为"戊午"年,即马年,封面用马组成各种画题的图像:"走马看花""驰马试剑""悬崖勒马""檀溪跃马"之类。其次是版式向《绣像小说》的全面回归,插图先期由钱病鹤负责图画,后来又有但杜宇、逸民、汪绮云、轶尘、铁痕、墨侠、偶厂、书范等画家加入,全用精工细描,摒除夹糅的风格,实现从内容到形式的全面复古。另在印刷与装订上,采用有光纸单面石印,用五色绳线装。

从启蒙与大众的角度来看待《小说画报》回归,可以看出包天笑在小说回落年代希望以复古代的姿态来振作小说创作的企图,以纯然的中国面目校正失偏的文风。

(2)商业性与人文性的平衡

虽然包天笑较早进行商业出版活动,伸是他对出版理想的追求还是让他坚守文学的底线,即对纯正的小说品味、启发民智的创作目标以及娴熟写作技巧的坚守。包天笑在《小说大观》中的文学班底有叶楚伧、姚鹤雏、陈蝶仙、范烟桥、周瘦鹃、张毅汉,号称"部下六将",还有一位毕倚虹,是"先锋队",为其供稿的还有林纾、刘半农、章士钊等,均是文学界的名流,文学的创作水平也是值得信任。在刊名使用上,包天笑并不完全赞同使用"大观"一词,他认为坊间的"大观"的书过于泛滥,编"法律书的,便称之为《法学大观》,搜集许多笔记而汇刊成编的,称之为《笔记大观》,更有所谓《清朝野史大观》,甚而至于还有《书画大观》《宽术大观》等。"①他主张用《今小说》或者《小说季刊》之名,但由于出版方沈知方的坚持,包天笑只好同意,而出版后的效果,也不得不让包天笑佩服沈知方的眼光。但佩服归佩服,行文之间,却不很欣赏。为了校正过重的商业性,他在选稿与形态上用力甚多,以稿件的精致、内容的丰富以及外观的大方对俗味的"大观"书刊做了一定的调整。"所登小说,均选择精严,宗旨纯正,有益于社会,有功于道德之作,无时下浮薄狂荡海盗导淫之风。所载小说,均当代有名作家,所有撰译,皆负责任,决无东抄西袭改头换面之弊。"②

在商业与人文之间,包天笑选择了"兴味"作为其编辑思想的一种核心的价值。而在具体图像的选择中,他也注意到了用图像本身技巧来传达隽永含蓄的意味,表现东方的人文情怀。

---

①② 包天笑.《小说大观》宣言短引[J],小说大观,1915:宣言短引.

图 5 - 2　包天笑主编的刊物图影

二、周瘦鹃的设计实践与民族化设计的探索

周瘦鹃(1895—1968)原名周国贤,"瘦鹃"是他最常用的笔名①。他是名噪一时的小说家、翻译家,还是民国时期重要的编辑家。周瘦鹃自幼丧父,由于家境贫寒,中学毕业即留校任教。1911 年,周瘦鹃即在《小说月报》发表处女作《爱之花》,1913 年,工作一年后辞职,即投身文学写作。1914 年,周瘦鹃协助王钝根创办《礼拜六》,自此涉足编辑业,同时著作翻译不断,被视为"鸳鸯蝴蝶派的巨擘"。他翻译方面的成绩也是令人瞩目:1917 年,翻译出版《欧洲名家短篇小说丛刊》,此文受到鲁迅先生的赞誉。1920 年沈雁冰参与编辑《小说月报》,在小说新潮栏中即发表周瘦鹃翻译的易卜生的《社会柱石》。

1. 周瘦鹃的形态设计实践

据不完全统计,从参与《礼拜六》周刊的编辑开始,至 1949 年辞去《申报》设计委员,他先后主编或与他人合编各类报纸期刊多达 18 种②,其抗战前的编辑的主要刊物如表 5 - 2 所示:

---

① 周瘦鹃解释"瘦鹃"二字:"别号最带苦相的要算是我的'瘦鹃'两字。杜鹃已是天地间的苦鸟,常在夜半啼血的,如今加上一个瘦字,分明是一头啼血啼瘦的杜鹃。这个苦岂不是不折不扣十足的苦么?"正如其言,周瘦鹃写苦情在通俗文学作家中是首屈一指的。

② 包括周瘦鹃自己主编和他人合编,其中,期刊13 中,报纸副刊 5 种。表 5 - 2 根据《周瘦鹃年谱》(范伯群、周全著)及《鸳鸯蝴蝶派研究资料》(魏绍昌著)整理。

表 5 - 2　周瘦鹃编辑作品

序号	报刊名称	创刊时间	停刊时间	开本	杂志类型	主编
1	礼拜六	1914 年 4 月	1916 年 4 月	32	周刊	王钝根　周瘦鹃
		1921 年 2 月（复刊）	1923 年 2 月	32	周刊	
2	游戏世界	1921 年 6 月	1923 年 6 月	32	月刊	周瘦鹃　赵苕狂
3	半月	1921 年 9 月	1925 年 12 月	32	半月刊	周瘦鹃
4	紫兰花片	1922 年 6 月	1924 年 6 月	64	月刊	周瘦鹃
5	上海画报	1925 年 6 月	1933 年 2 月	8	三日刊	毕倚虹　周瘦鹃
6	紫葡萄画报	1925 年 9 月	1925 年 12 月	未见，不详	三日刊后为旬刊	周瘦鹃
7	紫罗兰	1925 年 12 月	1930 年 6 月	20/24	半月刊	周瘦鹃
8	良友	1926 年 2 月		小 9	月刊	周瘦鹃　梁得所
9	新家庭	1930 年 6 月	1933 年 4 月		月刊	周瘦鹃
10	中华图画杂志	1930 年 9 月			月刊	周瘦鹃　严独鹤
11	乐观	1941 年 5 月	1942 年 4 月	16	月刊	周瘦鹃

在其编辑的刊物中,《礼拜六》是当时最为流行的通俗文学刊物;《紫罗兰》承继了《礼拜六》,继续将通俗文学推向繁荣;而纯属个人文学小杂志的《紫兰花片》则体现了周瘦鹃的美学思想。而周加入和退出《良友》,则描绘出传统通俗文学向都市文学转型过程中发生的美学蜕变的过程。

2. 周瘦鹃的形态设计特点

（1）求新求异的版面效果

周瘦鹃在《申报·自由谈》任编辑时就对报纸版面进行了改革。1920 年中秋节他为《申报·自由谈》设计了一个别开生面的中秋专版。他说自己为"点缀令节,忽然心血来潮,想把版面排作圆形,以象征一轮团圆的明月,待向排字工友提出这个意图时,工友们都面露难色,说从来没有排过这样的版面,不但费工费料,时间上怕也来不及。我因报头和插画都是为了排作圆形版面而设计的,早已准备好了,非在报上让读者赏月玩月不可。于是急匆匆地跑下三层楼,赶到排字房里去,凭三寸不烂之舌,向工友们说了不少好话,几乎声泪俱下;并且以我本人通宵守候着帮助排版,亲看大样作为条件,终于说服了工友们,立即动起手来……"①这一版面,当时就获得读者的好评,即便在几十年后尚有人记得此版面。《礼拜六》第1期出版于1914年6月,至1916年4月第100期停刊。1921年3月复刊,至1923年2月10日第200期终刊。《礼拜六》是民国初年最成功、最流行的杂志之一,最多时销量达到每期两万份(而同期一般同类杂志每期只有一两千份)。周瘦鹃是前一百期的创作中坚,后一百期中前三十多期曾任主编。《礼拜六》为32开本,封面是丁悚的仕女图,采用三色套印,更加凸显画中女性的神情风姿,或是丰满圆润,或是瘦小娇丽;或是着旗袍阅手札,或是隽秀独立,时尚感非常强烈。

在担任《礼拜六》主编的同时,周瘦鹃开办《半月》。《半月》是30开本,封面是"横三段式"的标准排法。虽然如此,周瘦鹃也让它与众不同。最上部分刊名以题字、集字等不同面目出现,并且压于底纹之上,底纹为琮纹、璧纹、砖像纹等。中间图案画以不同框边标出,中间为谢之光、庞亦鹏、杭樨英、张光宇等人创作的仕女图,其中第一卷第六期还有沈泊尘的仕女与题画诗,最下部分以仿宋标出出版单位及卷次。整个封面采用了铜版印刷,以蓝色为基调,色彩清丽可人。

内文版面周瘦鹃也用了心思,用星号来组成书眉的横线,由正方形来提示标题,以各种几何线来组合出题目的花饰。丁悚创作的仕图、剪影画以及各种的铅饰图案嵌入各个空白之处,显得颇有心机。分栏显得十分灵活,或者通栏,或者分二栏,或者分三栏。特别有意思的是,在新年号中,周瘦鹃想出了拼贴的方式,将包天笑、袁克文等人的头像与漫画的身躯嫁接在一起,诙谐有趣。另外,周瘦鹃还想出了手稿与铅字接排的方法,每篇的第一页为作者的手稿,第二页接排铅字稿。

《半月》出版的同时,《紫兰花片》面世。《紫兰花片》是周瘦鹃个人的小杂志,是其审美观的具体体现。《半月》第1卷第15期刊登了广告《周瘦鹃的新计划》:"瘦鹃办《半月》总算已成功了,如今异想天开,又想办一种个人的小杂志,定名《紫兰花片》,每月出版一次,装成袖珍本,玲珑小巧,很为特别,材料专取瘦鹃个人的新旧小作品,篇篇有精彩的,所有排法编制,都很新颖,注重一个'美'字,总之这《紫兰花片》是《半月》的副本,异曲同工,一样可爱。"②从版面来看,这部《紫兰花片》真是娇小

---

① 参见:周瘦鹃.写在紫罗兰前头(三)[J].紫罗兰:复刊,1943(2).
② 周瘦鹃.周瘦鹃的新计划[J].半月,1925(15):16.

迷人。第一卷是竖64开本的袖珍本,封面也是经典的三段式编排,上为刊名,中为图案画,下为出版单位与卷期号。《紫兰花片》"封面画请诸名画家专画美人之头,及肩而止,用彩色精印,四周以紫兰相衬,并请名人题字"①。

刊名以传统匾额衬出,由名人题写,第一期邀请的是民国名人袁世凯次子袁克文。中间图案镶嵌入西式的镜框之中,由谢之光、杨清磬、丁亚光、王映霞等人绘制仕女图,穿时尚服饰,或擎伞游春,或湖畔小憩,明艳亮丽。"卷首亦有铜版图,收罗各种有趣有价值之中西名画与照片,制成铜版小图,加工精印。"②内文采用桃林纸印刷,小巧玲珑,开始出现以各种几何符号组合成的装饰方式,丁悚所作的插图及各种装饰画布满其间。

第二卷变成了横64开本,封面左右分切版面,右面封面图为清末民初著名国画家潘雅声的古代仕女画"十二金钗图"。周瘦鹃专门在《故画伯潘雅声氏》一文中写道:"金钗十二适可为我《花片》十二集之点缀……"左为朱色隶书题刊,隐映在紫兰花下,用三色精印,非常精美。页文的版面分割灵活,有上下栏,有通栏,栏宽设计比例为二比一,显得错落有致。

《半月》结束,《紫罗兰》继起。《紫罗兰》是周氏刊物系列中最讲究的刊物。在《紫罗兰》的创刊号上有这样的一段说明:"版式改为20开本。为其他杂志所未有。排法亦力求新颖美观。随时插入图案画和仕女画等。此系效法欧美杂志。中国杂志中未之见也。以卷首铜图地位改为《紫罗兰画报》以作中坚。图画与文字并重,以期尽美,此亦从来杂志中未有之伟举,度亦为读者欢迎乎?"③

《紫罗兰》的封面不像《半月》那样使用精新可人的女性形象,而是使用古典的女性形象。当时的绘画名家庞亦鹏为《紫罗兰》第一与第二卷提供了封面画:端庄少女,或独步于径之中,或者徘徊于庭院之中,图像被嵌入紫罗兰的镜框之中,框下还一行题画诗。旁边以白色底上呈现袁克文所书的隶字刊名,以紫、朱红与蓝标出刊旬、卷期与出版单位,整个画面充满了温柔与梦幻之感。卷首铜图为折叠式的,有少许文字,称为《紫罗兰画报》。

---

① ②　周瘦鹃.周瘦鹃的新计划[J].半月,1925(15):16.
③　周瘦鹃.编辑室灯下[J].紫罗兰,1925(1):10.

内文的编排也更显得精巧,目录设计以一个飞翔于空中的仙子拥抱着"目次",两边是低垂的藤蔓花叶。正文页以古典的花边框出版心,书眉也用两枚三角圈出刊名篇名,每页中都几乎都有图案。单调的铅花饰图换作了手绘的丛花花瓣,剪影图表现的是西方曼妙女子的美丽身形,由庞亦鹏、胡亚光等所作的仕女图镶嵌其中,其他装饰画充满了西域的情调:长着一对翅膀的安琪儿,裸体的少女,身披长纱的希腊式姑娘,令人目眩。

出到第 3 卷的时候,又从 20 开本变成了 30 开本。封面画是谢之光所绘时装仕女,列入第二页,第一页镂空。周瘦鹃自己回忆:"有一年是三十开本的版式,而把封面纸挖空了,后面衬了一幅彩色时装仕女画,真所谓'画里真真,呼之欲出';总之我是不断挖空心思,标新立异的。"①卷首铜图称《紫罗兰画集》,不再折叠。

第四卷则采用了杭樨英的仕女图,运用的一张张脸部的特写,至此,周瘦鹃想请名人作仅及肩以上的仕女图的理想才得以实现。一张张甜美温柔的脸庞,仿佛紫罗兰姑娘走到面前,直视着读者与其交流一般。此卷的内文插图作者有庞亦鹏、灵谷等,装饰画与仕女图减少;开始采用新形式标点,与旧式版面并立;采用首字加大与首字加饰的方法。

(2)唯美的版面效果

周瘦鹃的刊物,是当时通俗刊物中最美的刊物。

周瘦鹃策划与主编的刊物,是小巧精美的"盆景意识"的实现,每一个细节都经过了精心的修剪,达到了使通俗读者赏心悦目的视觉效果。

图 5-3 周瘦鹃编辑刊物《紫兰花片》封面

---

① 周瘦鹃.姑苏书简[M].北京:新华出版社,1995:56.

3.周瘦鹃书刊形态设计的意义

周瘦鹃编辑通俗刊物的时期,是传统向着都市文化转变的过程。与包天笑以复古完成转型不同的是,通俗刊物必须对接国际主义的撞击,以适应于都市文学的阅读。所以他需要面对的,是读者不断变化的阅读口味以及对形态的挑剔。

(1)向现代视觉转型的版面设计

周瘦鹃《紫》系列出版的时候,正是上海迅速向国际性都市转型之时。现代都市带来不同的视觉感受,不只是高耸的建筑、发达的交通业、繁忙的商业所体现出的物化城市的景观,也是对以印刷出版、娱乐广播等建构的城市空间的理念中的影响。这一时期的阅读更带有快速的特性。1926年,周瘦鹃受伍德联的邀请出任《良友》主编,但在很短的时间内即合作失败。关于合作失败的理由,《良友》以及第四任主编马国亮的说明并不能让人信服,周瘦鹃的忙碌以及版面不美似乎不能成为理由。与《良友》分道扬镳则表明周瘦鹃的风格不能够跟上时代的步伐:从内容上看,老一代通俗作家的黄金时代已经过去,新的海派文学已经悄然发生;从设计元素看,以照片为新的视觉模式的年代已经到来,照片不仅仅是一种资料,也是一种叙事手段。传统的装饰手段已经不再能让城市新人迷恋。

如果从这个角度来看《紫罗兰》前后期的变化,它正好给我们勾勒了以周瘦鹃为代表的老通俗文学作家在20世纪20年代末到30年代初所处的境遇与试图转型的历程。《紫罗兰》的前期还是古典仕女的造型,到了第四期则马上转变为仪态万千,眼睛直视外面的大胆的女性。相应地,版面的复杂性也得到了控制,插图的减少,线条的简单都有利于快速的阅读。另外,周瘦鹃在毕倚虹去世后接下了《上海画报》的编辑工作,这份画报是以图文共存的方式进行跳跃似的介绍,文章的风格变得灵动。

(2)"盆景"美学与"苦情主义"结合的经典

在他所有的作品中,最能表现周瘦鹃传播特征的,是他的《紫》色系列,有其鲜明的个人特色。一份几乎私人的刊物能够获得市场的认可,并且延伸出另外一份刊物,这种例子是很少见的。周瘦鹃在进行成功的商业操作时注意到了把个人的品牌烙入出版物之中,这就是他精心拓造的"紫罗兰"符号。

"紫罗兰"来源于周瘦鹃青年时期的一段爱情经历。他疯狂迷恋一位女生吟萍，但女方家长的嫌贫爱富，这段感情无果而终。又因他挚爱恋人的英文名字叫"紫罗兰"，一切与"紫罗兰"相关的东西均为他的最爱。"紫罗兰情节"成为周氏编辑理念中的重要一环。而紫罗兰由一个私人的隐秘的情结化而成为大众的爱神符号，归功于周瘦鹃两个方面的锻造，一方面是在情感中为"紫罗兰"加入了如黛玉般幽怨而缠绵的体验，又将紫罗兰与西方的维纳丝结合起来，"考希腊神话。司爱司美的女神维纳丝。因爱人远行。分别时泪滴泥土。来春发芽开花。就是紫罗兰……"紫罗兰形象的放大成为爱情的一个品牌。另一方面是通过视觉的方法，将紫罗兰幻形为千姿百态的女性形象，又通过紫罗兰色，紫罗兰的花茎叶、藤蔓、花瓣等加强放大了这种幻境。1922 年创刊的《紫兰花片》标志着"紫罗兰情节"与商业文化交汇，《紫兰花片》的封面女郎被人称为"紫罗兰娘";1925 年创刊的《紫罗兰》则正式把"紫罗兰"确定为杂志和文学作品的商标。哀婉的女性审美意识和痴狂"紫罗兰"情节，迷倒了不少读者，延续了近十年之久"紫罗兰热潮"。

因此，周瘦鹃擅长的是以东方的情绪以及东方的审美来打造品牌，从而实现读者眼与心的相契。

三、通俗文化民族化设计的总结

通俗文化作为一种与大众生活平等相关的文化样式，决定了它不可能高屋建瓴地提出方向性的设计理念，但是与大众的相随与切近也决定了其与亲切的大众面目，尤其在近代商业化与大众传播发展迅速的背景之下，他们的经验也值得借鉴。

包天笑在书刊形态设计上的实绩，提供给我们一个通俗文学在向现代转型过程中的变革样本，告诉我们通俗文学也具有面貌各异的风格，也存在着向前的发展的姿态与思想。只不过向世俗过多的倾斜与迎合，阻碍了文学本身功能的开挖，在立意上与格调上不免落俗。同时他在整合视觉样式的时候，以旧启新，本是一种创新，但是却没有在技术上考虑复古所带来的不便利，《小说画报》虽然首版销售良好，却因石印没有纸型存版，所以再版就无可能，他后来"就觉悟到这种刊物，到底是有点反时代性，不能再用古旧的形式，以示立异"①。侧面也说明保持传统与技

① 包天笑.钏影楼回忆［M］.香港：大华出版社,1971:383.

术更新的内在的关系有待掌握。而其"兴味观"的提出,委婉地与真实生活做出了切割,使得一种收敛沉稳的情绪充溢在作品之间,这使得设计走出了自然主义的圈子,既有民间气息又有艺术感染力。

周瘦鹃秉承了传统文人的文学气质,虽然在传统文人中他是较为新潮的一类,但是他还是被更为现代的形态驱逐了。他的审美偏向于体现女性的隽秀美,在时尚表述中传达一种淡紫色的哀婉与无奈。他的意境太小,缺乏大视野。在静与动、温与烈、软与硬之间,他无疑偏向于前者。他在照片中陈述的手段,是为了精美,他的版面中各种元素的图像结合在一起,繁复而且过于琐碎,这种散发着精巧的气息的视觉样式,成为后人难以超越的经典,但也就是这种追求细节的唯美,被更快的节奏生活视为过时。个人的气质与时代审美之间存在差异。正如沈从文所说:"承继《礼拜六》,能制礼拜六派死命的,使上海一部分学生把趣味掉到另一方向的,是如像'良友'一流的人物。这种人分类应当在'新海派'。他们说爱情,文学,电影以及其他,制造上海的口味,是礼拜六派的革命者。"①在今天看来,虽然周氏的装帧思想太过追求精细化的极致美,但他那种不断创新,以市场为导向,牢牢把握读者需求的装帧设计精神仍值得当今媒体人的借鉴。遗憾的是,过分修饰的读者取向使民族性的美成为一种做作与伪饰,成为时代图像拼杂的产物。另外,当时代所赋予的快节奏、运动到来的时候,这种太过矫情的美缺乏强有力的号召力,与心灵相契的那种细微的情感体验设置了过多的咀嚼与回味的环节,也让读者不堪重负。

第三节　中国近代新文化书刊民族性设计的探索及认识变迁

中国近代新文化书刊设计的人员普遍受到较好的西学教育,因此,其知识结构决定了他们易于从世界的范围来进行设计的思考,也有可能提出更高层次的民族化设计理念,为未来的设计指明方向。

---

① 参见:沈从文.郁达夫张资平及其影响[G]//沈从文文集:第十一卷.广州:花城出版社,1984.

一、向旧取新的现代性——李叔同的设计观

李叔同(1880—1942),又名李息霜、李岸、李良等。1905赴日上野美术专门学校学习艺术,1910年回国。1912年上半年进入《太平洋报》工作任文艺编辑,1912年下半年该报停刊。遂任教于浙江两级师范学校。1918年出家为僧。

李叔同放进入报社的时候,正是中国政局发生重大变革的前夜。通俗文化正在兴起之中,但是中国的设计力量没有得到发展。他的实践,无疑带着设计先驱者的寂寞以及筚路蓝褛的开拓之气。

1.李叔同的设计实践

李叔同在1899年与画家任伯年等设立"上海书画公会",出版书画报纸,由中外日报社随报发行。留日后于清光绪三十一年(1905年)编辑了我国最早的音乐期刊《音乐小杂志》,自己设计封面与内文设计。回国后任职于《太平洋报》,进行广告以及美术的设计。中国新闻史学界的泰斗方汉奇先生曾说李叔同是中国广告艺术的开创人物,指的正是李叔同在《太平洋报》的实践。当时他的设计作品包括了报纸的眉栏标题与边花、副刊的栏题与题头花、广告栏目设计等。涉及书法、栏花、图案等的设计与编排。同时也为其他刊物进行题名。《民权素》第四集即为李叔同题写刊名。

2.李叔同的设计特征

李叔同的设计,将传统与现代意识结合起来,改造了视觉效果。

李叔同首先将图案画带入中国报纸之中。此前的广告,凭借中文软体书法的视觉差异来构成版面。但是李叔同把软笔风格的图案画带入广告之中。"而且他设计的广告,文字和图案,都很简单明显,很容易引起读者的注意"①,考察20世纪10年代日本出版刊物的题头花与尾花,李叔同的画面虽然也是体现出花草世界,但是在用笔上,带有轻重有致的软笔意味,而不像铅花一样用细密的排笔绘出,这使得中国意味得到强调。比如为杭州福田会惠儿院所做的牙粉广告中,主要宣传文字之外,右上方还加入一个长形框,一个女孩从这窗口探出脸来,与孤儿两字

---

① 孤芳.忆弘一大师[G]//《弘一大师全集》编辑委员会.弘一大师全集(第10册):附录卷.福州:福建人民出版社,1993:92.

形成对照,让人顿生怜悯之情。"生动性和趣味性"①是其追求的广告效果。为《太平洋报》做的征订广告中,三个奔跑的运动员胸前缝着"太平洋"字样,各自举着写有征订广告语的广告牌。跑动的姿态,让人感到征订工作如火如荼地开展中,画面充满了幽默之感。

其次是在广告设计中以双勾隶书、魏碑体等字体嵌入,显示出很强的金石味道。比如他为《太平洋报》副刊《太平洋文艺》设计的栏目《南社通讯处》(1912年4月),以较为整饬的框架形成文字安放的底框,以软笔样式绘上了两朵鲜花。框南以双勾字写出"南社",左下方又以碑体写"太平洋报社通讯处"几个字。《太平洋报》成立之后的广告文字与图案画,大半是李叔同写与画的。版面由于这些元素的加入,显得别出心裁。

3.李叔同的设计意义分析

虽然李叔同从事设计的持续时间较短,但是他却在设计史上留下浓重的一笔。我们将其放在一个新闻出版转型的时代中考察,这一时期中国出版书刊出现两种趋势:一是抄袭日本与欧美的图像资料,二是中国本土化设计尚未兴起、小传统画风得到普遍承认。在此背景下才能发现他的设计思想坚守了民族的立场,用中国传统的笔式结合现代的版面要求进行创新。更难能可贵的是,面对报纸这一大众传媒,"他没有一点市侩气"(孤芳语),这是非常确切的说法。

图像的书法化,书法的图案化是李叔同在进行设计时遵循的设计原则,也为图案画的中国化转变提供了一条思路,营造了东方书法与图案的意境之美。

李叔同的早期创作中就有图案化的倾向,他甚至认为自己的字也是图案化的:"朽人于写字时,皆依西洋画图案之原则,竭力配置调和全纸面之形状。于常人所注意之字画、笔法、笔力、结构、神韵,乃至某碑某帖某派,皆一致摒除,决不用心揣摩。故朽人所写之字,应作一张图案观之则可矣!""朽人之字所示者:平淡,恬静、冲逸之致也"(致马冬涵信)。这是依从图案空间的组织法。

因为印刷条件的制约,李叔同的设计没有利用色彩来夺人眼目,但是他发现了黑白色块对比的版面力量,在中部尽量发挥大幅面的色块的

---

① 毕克官.近代美术的先驱者李叔同[J].美术研究,1984(4):70－76.

强调作用,在留白处一笔重重的按捺尽量地将黑色造型显现,而在黑色线条的书写中注意到留白的运用,在题头花的设计中,虽然采用了几何框架,但没有一条框架线是机械的,都显现出随意与书法的用笔感。他的这一设计方法,也为他的弟子丰子恺接受,并且在后者的设计中延续着。

可惜的是,李叔同的设计在那个年代显得孤独之极。他的对于民族性的开挖是上升到技法以及神韵层面的,在他之后通俗化的设计师虽然也把设计的主题朝向了东方,却无法在技巧上显示西方视觉的要求,也无法在更高层面上传递东方神韵。

图 5 – 4 李叔同的设计作品

二、从组合到化合——闻一多的设计观

闻一多(1899—1946),本名闻家骅,字友三,新月派代表诗人和学者,也是五四之后出现的设计师。

1. 闻一多的设计实践

从其创作的实践来看,早在就读清华时期,闻一多就展现了他在艺术方面的独特的思考。《清华年刊》(清华学校 1921 级毕业班纪念集)共有题图 14 幅与题花 6 条,这些图案均是闻一多的作品。其中的《梦笔生花》一帧,是闻一多的早期书刊中的代表。画作描绘少年书生在熟睡中梦见笔头生花的场景。作为年轻学子,闻一多绘制此图的用意十分明确,是借此激励清华学子努力学习之意。画面运用中国传统的线描技法,少年书生以正面示人,他倚案而睡,右上侧的梦境中出现一枝神笔,亦用中国传统版画的幻境方式绘出,案与窗以界画的方式工整地画出,但是窗棂后的风景却有透视的效果。桌案的几何形体的挺拔与整饬,幻境曲转的轮廓、烛光的放射形光芒以及围绕着神笔展开的曲折回旋的光斑,加上黑白块域对比产生的对比,无不表现出西方装饰风格的影响。特别是整幅画镶嵌于欧式风格的石柱之后,钩笔的英文都表现出西化的风格,因此画面是将两种元素进行了交融,但却并不生硬。

图5-5 闻一多部分设计作品

把两种元素进行整合的设计还有《死水》(闻一多诗集,新月书店,1928年)的形态设计。这幅作品的封面如同死水的沉寂,封面一片漆黑,没有任何装饰,只在封面靠近左上端的位置镶嵌了一条金色纸签,题写书名以及作者名。这幅画历来得到人的赞美,唐弢称其为可以代表闻一多书刊创作的最佳作品。李广田在1951年出版的《闻一多选集》序言中也这样评价《死水》:"《死水》的装帧设计出自作者之手。封面和封底全部使用无光黑纸,在封面左上方和封底右下方各设计长方形金框,框内上方各横印'死水'二字,下方印'闻一多'三字。整个封面使用金黄与浓黑两色,表达出庄重典雅和深沉宁静的风格。书中设计的环衬,使用线条描绘出高举旌旗、手持长矛盾牌的武士们,跨着战马在飞矢中顽强行进的雄武战列。封面与环衬构成的动静对比,显示了《死水》的基调和诗风。"①徐志摩曾经描述闻一多对黑色的偏爱:闻一多的居室的四壁完全涂为黑色,只壁上凿一个小龛,里面置一个断臂的维纳斯,有一道光打着,闪着金色。这显然是闻一多的"黑金意识"在居室装饰中的体现。黑色是包融一切颜色的最深觉的色彩,而金,不属于自然的色系,其金属

---

① 李广田.序[M]//新文学选集编辑委员会.闻一多选集.北京:开明书店,1951:9.

的光泽更具有高贵而辉煌的视觉效果。黑金在西方皇室布置中的代表的高贵典雅。这种意识,明显带有一种欧化的审美倾向,而在金色上题签,则是将中国性的元素笼摄了封面,给黑金赋予了中国的色彩。与以往题签不一样的地方是,闻一多是以封底与封底作为一个单设计的,所以题签以书脊为中心轴对称。在环衬上,闻一多延续了他在《玉君》中的创作风格,描绘了一系列武士,带有明显的西方特征,他们冒着箭雨,勇敢向前。《死水》正是将一种凝重华丽的基调与慷慨悲壮的气质组合在一起,表现出诗集的格调。

如果说这两个作品是还仅是元素在形式上的组合,那么随着闻一多对传统文化研究的深入,随着他用西方的方法论来反观中国传统文化角度的形成,他的一种以"化合"①思维来整合中西方元素的设计思路也慢慢形成了。在这种观念的笼罩下,元素可以偏向于中式,也可以偏向于西式,但产生的效果却是全新的、现代的、个人的,呈现出崭新的面貌,艺术就是"时代的经线同地方纬线所编成的一匹锦"②,即现世的艺术"不是西方现在的艺术,更不是中国的偏枯腐朽的艺术僵尸,乃是融合两派精神的结晶体"③。闻一多的艺术观体现在他对郭沫若诗集《女神》的评价之中。他在一个方面肯定郭的时代精神,但也批判了郭诗过于欧化,满目是德谟克拉西、泰戈尔、亚坡罗,而不见中国的大江、黄河、昆仑、泰山,由此,闻一多指出:中国的新诗的"新"是"不但新于中国固有的诗,而且新于西方固有的诗。换言之,它不要做纯粹的本地诗,但还要保存本地的色彩,它不要做纯粹的外洋诗,但又尽量地吸收外洋诗的长处,它要做中西艺术结婚后产生的宁馨儿"④。这种意识也表现在他为自己的诗集《红烛》设计时的踌躇与犹豫中。1924 年,远在大洋彼岸的闻一多为自己的诗集《红烛》设计了一稿又一稿,但是当他清醒地明白自己的作品太过欧化时,他决定取消所有的设计,让诗集以纯粹的中国面貌出现。他的融合的思想,也经历了一个从"组合"到"化合"这样一个质的变化。

比如《落叶》(徐志摩作品集,新月书店 1926 年 6 月出版)与《猛虎集》(1931 年)是闻一多用软笔来设计的封面。《落叶》中仅以落叶为主

---

① 邓乔彬、赵晓岚在《传统与现代的完美结合——闻一多的古代文学研究方法论》(《江汉论坛》2006 年第 11 期)中将以外来的观念研究中国传统文化的而对于文化的新发现的方法称为"化合"之法。现取其义来表现闻一多的外来观念进行艺术元素的整合的设计方法。

②③④ 闻一多.《女神》之地方色彩[J].创造周报,1923(5):4-8.

体,在浅黄的背景之前,以文人画的写意笔法,描绘数片落叶自空中飘然下落的情景;《猛虎集》则采用大写意的方法,飞白的笔意,粗粗扫出虎皮上几道斑纹,笔触之间尽显霸气。这两幅作品,虽从意象与技法来说是纯粹中国画的表现,但从画面局部放大这样的视觉效果来说,则明显带有西方的透视以及设计中"陌生化"的概念。因此,这两幅作品同样也是中西艺术理念的结合。

在其作品中,还有取意于西方元素的作品,如《巴黎鳞爪》(徐志摩作品集,新月书店1927年7月出版)与《夜》(林庚著,1927年)。《巴黎鳞爪》是在深黑底色之上,散点式地绘出修长的大腿、纤纤的玉手,以及媚眼与红唇等标志女性身份的人体部分,书名也是弯曲向下书写,给人一种不稳定感,让人联想到光怪陆离的现代巴黎生活,西式的风格十分明显。但画面上却又有中国式的元素,即以题签形式录出的"徐志摩著"四字。

《夜》的设计直接使用了美国画家洛克威尔·肯特的画作《星光》,一个男子仰卧于船板之上,他的双手交叉高举,一条腿竖起,而另一腿垂出于舷下,远处是星河灿烂、雪山连绵的背景,闻一多做了一点小小的改动,将其水平镜像翻转,虚化了人物躺于船帮上的实境,近处出现了岸的台阶,在前景添加了中国的元素:蒲牢①,它的巨大阴影投于石阶之上。这样,不仅使人物像侧身于水面之上,而且也将人物的身份实现了置换,实现了中国背景之下的画面展现。

应该说,闻一多的西方艺术中形式主义较多得益于比亚兹莱的画风,注意弯曲的线条、色块的对比以及画面的唯美,不但如此,在形式上也有所模仿,比如《新月》的开本,闻一多就将其设为方形,以便与《黄面志》相同;在构图上,重复、节奏等版面的语言更多也是西方设计语言的浸染。但是,闻一多也对中国的元素进行提炼,简化为题签、印章这样的符号性的图示。这一小小的坚持,不仅使得《巴黎鳞爪》的西化风格得到有效的遏制,还成为设计的主要元素,比如像《浪漫的与古典的》(梁秋实著,新月书店1927年出版)封面,就是在浅棕色的背景上,相继压印"古典"(阳文)与"浪漫"(阴文)两方印章。这与传统的钤印感觉完全不同,是让中国性的元素整合在西方化的平铺式装饰框架之中。

---

① 津波称之为"传说中的神兽石雕"(见津波《闻一多装帧艺术浅论》,《中国书画报》2010年5月22日),金小明将称之为"天禄石雕"(见金小明《一多书装知几多》,《博览群书》2009年第6期)。

2. 闻一多的设计理念

从"融合"到"化合",表现出闻一多从面向西方的开放到以民族文化为本位的思考方式的演变。早期强调画面体积的表现,说明闻一多对西方创作观念的认同。而对国学研究的深入,则促使他以全新的角度来对待中国的艺术,将现世的艺术从远古的背景中脱离出来,也从西方的语境中脱离出来,这种尝试也见于他对新诗的探索。而当他用西方的方法与技术来开展中国文化的研究后,他渐渐转向于文化的本位主义。20世纪30年代,闻一多借着悼念青年诗人方玮德逝世,表现出"技术无妨西化,甚至可以尽量西化,但本质和精神却要自己的"①这样一种思考。因此,他的本位主义并不是狭隘的文化保守,而是精神上的本位至上,在设计中闻一多将所有的设计元素平展在一个时空里,再选择、锻造,进行分解又重新融合在同一个空间之中,以达到和谐共处的效果,形成全新的视觉形式,并以标志式的符号,强调了民族性的存在②。

三、神气与东方韵味——丰子恺的设计观

1. 丰子恺的设计实践

丰子恺随20世纪20年代新文学的兴起进入书刊形态的设计场域。他为文学研究会的成员设计书籍、刊物,也为开明书局与《小说月报》作插图与封面,为立达学园刊物做设计,还为其师弘一法师画《护生画集》。其中有代表性的有书籍《夜哭》《爱的教育》,刊物《一般》《小说月报》中1925—1927年的若干扉页画,开明的教材等。

作为新文化阵营的一员,他的作品自然也表现出对西方艺术的一些折射。比如他对光芒的表现,喜欢用排笔画出太阳周围四射的光芒,这在《海的渴慕者》封面、《小说月报》的扉页中,甚至开明的《英语读本》中都有类似的表现,体现出装饰主义的影响。又如采用透视的技法,也是向西洋艺术的致敬。同时,他也表现出对裸体的嗜爱,从早期《海的渴慕者》到《绵被》再到《音乐的常识》,裸体的男女成为其笔下不断出现的对象。对幼童裸体的描绘,尤其是长着翅膀的如天使的小男孩,也不断出

---

① 闻黎明.闻一多文化观的发展轨迹[M]//芦田孝昭教授退休纪念文集·二三十年代的中国与东西方文艺.东京:东方书店,1998:8.
② 参见:闻立树,闻立欣.拍案颂:闻一多纪念与研究图文录[M].北京:北京图书馆出版社,2007.

现在《爱的教育》《西洋画二十讲》等作品中。他赞同人体的弧线是最美的，"美的身体，岂非蒙神的宠赐而大可夸耀于世的么？美的身体比较起丰富的财产来，岂不更可贵么？美的身体与美的心（高贵的思想学问）不是一样可贵的么？"①但是对于裸体的描绘，并没有导致其艺术观的整体的向西方的倾斜，裸体的观看与描绘，也是被置于东方式的观望之下，又以一种东方的习惯姿态进行了局部遮掩，从而回避人体重要隐私部位过细的描绘。除却以上细节，他的作品相对是中国气息非常浓郁的。

2. 丰子恺的设计理念

他表现出对东方艺术的坚守的一种姿态，归结于他对艺术的本质的认识。他认为艺术的本质是诉诸观者的心，所以"极端地讲起来，不必有自然界的事象的描写，无意义的形状、线条、色彩的配合，像图案画或老画家的调色板，漆匠司务的作裙，有的也能由纯粹的形与色惹起眼的美感，这才是绝对的绘画"。"所以不问所描的是什么事物，其物在世间价值如何，而用线条、色彩、构图、形象、神韵等画面的美来惹起观者的美感，在这论点上可说是绘画艺术的正格。"②这一观点可归纳为艺术是一种"神气"，而中国艺术就是讲"神气"的。而西方传统的艺术是以科学精神进入艺术的领域，"这唯物的科学主义，正是毁坏艺术，使艺术从内部解体，使'艺术'不成为'艺术'的"。这因为"艺术不是技巧的事业，而是心灵的事业"③，所以丰子恺对中国的艺术保持了一种自信与乐观。这不仅表现在精神上，而且表现在技法上，丰子恺欣喜地看到了近代西方画有明显东洋画化的痕迹，印象派的色彩与构图全是模仿中国画的风格的。因此，丰子恺认为中国在近代的艺术发展中占着明显的优势。基于对中国传统画的本质的肯定，丰子恺的艺术观念中并没有形成外来艺术对本土艺术的根本性冲击。如果说早期的天使面目还稍有西方的痕迹，留着小分头，到了后来，天使也由一群留着传统瓦片头的中国男孩担任了。

不去强调中西艺术的区别，而是以中国式的笔法与情趣来融合西方，这是丰氏特有理念。他崇尚竹久梦二的画："其构图是西洋的，其画趣是东洋的。其形体是西洋的，其笔法是东洋的。自来综合东西洋画法，无如梦二先生之调和者。"④他的设计作品，不仅在空间的维度上消

---

① ③　丰子恺. 西洋画的看法[J]. 一般，1927，3（4）：512 - 526.
②　丰子恺. 中国画的特色[J]. 东方杂志，1927，24（11）：41 - 50.
④　丰子恺. 新艺术[J]. 艺术旬刊，1932，1（2）：1 - 2.

弥着中外的界线,就是在新旧艺术的分界上,也显得非常模糊。

丰子恺认为艺术也无所谓新旧,因为艺术的心是永远"常新的",艺术得之于灵感,超乎于技法之外。"对于我们的书籍装帧,还有一个要求:必须具有中国书籍的特色。我们当然可以采取外国装帧技术的优点,然而必须保有中国的特性,使人一望而知为中国书。这样书籍便容易博得中国广大群众的爱好。"①面向中国传统的时候,顾及大众的接受,这包含了两层的意思,一是作品的易读性,二是如何将中国的神气引向于悠远静穆的东方思想。

图5-6　丰子恺为《小说月报》所作扉页画

四、"超越说"——鲁迅的书刊形态设计及历史价值

鲁迅(1861—1936)不仅在文学创作领域造诣颇高,而且在书籍的形态上也很有研究。从出版其作品的出版机构来看,鲁迅的作品多数在小型新书业出版机构出版。他与商务印书馆发生关系几乎都是间接性的②。鲁迅认为大出版机构架子大,不好合作,他曾自述年轻时向商务印书馆投稿《北极历险记》,商务不但不收,"编辑者还将我大骂一通,说是译法荒谬"③。"我到上海后,看各出版店,大抵是营利第一"(见1933年《申报·自由谈》)。大书局中,鲁迅似乎较垂青良友公司,虽然良友的出版物有一股富丽堂皇的"良友气",但鲁迅还是应赵家璧之约写了麦绥

① 丰子恺.《君匋书籍装帧艺术选》前言[G].丰子恺.丰子恺全集艺术理论艺术杂著卷4.北京:海豚出版社.2016:312.
② 陈江.鲁迅与商务印书馆[G]//1897—1987商务印书馆九十年:我和商务印书馆.北京:商务印书馆,1987:544-552.
③ 鲁迅.与杨霁云信[G]//鲁迅文集导读本(第8卷):两地书文艺书简.哈尔滨:黑龙江人民出版社,1995:40.

勒斯连环画一种的序言,接受了《良友》的摄影采访。

相比之下,鲁迅更愿为青年人创办的书店操劳。前期与未名社和北新书局合作,其中与北新书局的合作时间最长,成为北新的灵魂。20 世纪 20 年代末,与张友松①等开办的春潮书局有过合作,为《春潮》月刊写稿和组稿,出版许文平翻译的《小彼得》。在 20 世纪 30 年代,也与陈望道等人开设的大江书铺有过合作,在《大江月刊》上发表著作或者译文,出版了《文艺研究》季刊(仅一期)。另出版了《现代新兴文学的诸问题》(《文艺理论小丛书》的一种)、《艺术论》(《艺术理论丛书》)和《毁灭》。另外与青光书局(北新的另一个招牌)、联华书局、光华书局、兴中书局(光华书局另一个招牌)、群众图书公司、湖风书局②、合众书店、天马书店等小书局有过合作。他自费出版的书籍的出版机构更属"子虚乌有"的单位:三闲书屋、野草书屋、上海诸夏怀霜社、上海铁木艺术社等。正因为他合作的出版机构较小,作为作者与投资者的鲁迅才能在形态设计上具有发言权,也能较为系统地实现他的形态设计的理念。

1. 鲁迅装帧的作品分期及相应特点

鲁迅参与装帧设计的历史长达三十来年,参与装帧设计的书刊有五十多部[15],积累了不少装帧的经验,同时提携与指导着青年书籍设计者,像陶元庆、孙福熙、钱君匋、司徒乔等,对书籍装帧的现代化做出了重要的贡献。综观其参与装帧的历史,可以分为三个时期。试举如下③:

第一个阶段,初步探索阶段,这个时期主要参与设计的书籍封面作品有:

《月界旅行》④(1903 年 10 月日本东京进化社出版,署"中国教育普及社译印")

《地底旅行》(1906 年 3 月,启新书局)

---

① 张友松,生卒年不详,翻译家。
② 湖风书局:属于左联的外围组织,出资者为左联秘密成员,中共党员宣侠父。
③ 根据杨永德《鲁迅装帧系年》(人民美术出版社,2001)、《鲁迅与书籍装帧》(上海人民美术出版社,1981)及《鲁迅书影》等笔者所见文献整理,细节与杨永德先生统计略有不同。
④ 鲁迅自言:"《月界旅行》原书,为日本井上勤氏译本,凡二十八章,例若杂记。今截长补短,得十四回。初拟译以俗语,稍逸读者之思索,然纯用俗语,复嫌冗繁,因参用文言,以省篇页。其措辞无味,不适于我国人者,删易少许。体杂言庞之讥,知难幸免。书名原属《自地球至月球在九十七小时二十分间》意,今亦简略之曰《月界旅行》。"参见:鲁迅.《月界旅行》辩言[G]//鲁迅全集:第 11 卷.北京:同心出版社,2014:3.

《域外小说集一集》①(1909 年 3 月,印刷所神田印刷所,印刷人长谷川辰二郎,发行者周树人)

《域外小说集二集》(1909 年 7 月出版,印刷所神田印刷所,印刷人长谷川辰二郎,发行者周树人,1921 年由上海群益书社出版增订本)

这一阶段,与鲁迅在文学上的探索相符,从翻译科幻作品到翻译纯文学的著作,从对时尚翻译传统的接受到对翻译内容的再度选择,从对读者的俯就到对作品本身的张扬,从翻译语言策略与文体结构布置到后来的更新,都表现出了一种尚未定型的探索状态,不是特别成熟。而这些书,应该是由鲁迅自己设计书籍封面的。其中《月界旅行》是隶书直写题名,在书的上角,以隶书分两行标明"科幻小说",比较简单;《地底旅行》封面出现了火山、海涛的图像,水体的图像带有日本浮世绘的特点。《域外小说集》封面用的是青灰色的底色,上方是一张带状图案,有一个侧身希腊女子的造型(是不是美神不清楚),在迎接初升的太阳,书名由陈师曾题篆书名,字体非常娟秀圆润。看得出,图案的选择是与内文相应的。

这一阶段,由于出版的书籍是翻译作品,因此在图案的选择上都带有明显的异域的风格,而在中文的字体选择中,还是以书法体为主,布局与比例从当时的流行的粗字大体到后来的空白留空,渐趋合理,符合现代的审美要求。

第二个阶段,注重民族性的发掘并进行书籍设计进一步探索的时期,主要参与设计的书籍封面作品有:

《国学季刊》第一卷第一号封面画(1923 年,蔡元培题字,假金底色上印满版画像,石刻图案为底,黑色刊名字竖排,封面和内容协调一致,传统意蕴很浓厚)

《歌谣纪念增刊》封面(1923 年设计。"因增刊内附有'月歌集录',鲁迅画了繁星、浮云和月亮。他还建议沈尹默先生题刊名,并在左上角

---

① 鲁迅曾亲拟广告,刊登在《时报》上:"是集所录,率皆近世名家短篇。结构缜密,情思幽渺,各国竞先选译,裴然为文学之新宗,我国独阙如焉。因慎为译述,抽意以期于信,绎辞以求其达。先成第一册,凡波阑(兰)一篇,英一篇,俄五篇。新纪文潮,灌注中夏,此其滥觞矣。至若装订新异,纸张精致,在近日小说中所未也。每册小银员(元)叁角,现银批售及十册者九折,五十册者八折。总寄售处:上海英租界后马路乾记弄广昌隆绸庄。会稽周树人白。"

书行草：'月亮光光/打开城门洗衣裳/衣裳洗得白净净/明天好去看姑娘'"①)

《桃色的云》封面(爱罗先珂以日文写作三幕童话剧,鲁迅译。译文曾陆续发表于 1922 年 5 月 15 日至 6 月 25 日的《晨报副镌》。单行本于 1923 年 7 月北京新潮社出版,列为《文艺丛书》第二种,周作人主编,同年 12 月再版。1924 年 5 月,鲁迅将其编入未名丛刊之一,由北新书局重印,鲁迅制作第四版封面,即 1926 年的北新版本。1934 年起又改由上海生活书店出版)

《心的探险》封面(高长虹著,鲁迅编选,《乌合丛书》之一,北新书局 1926 年 6 月版,扉页上印着"鲁迅掠取六朝人墓门画像作书面")

《呐喊》封面(鲁迅将 1918—1922 年间发表的 15 篇小说编成文集《呐喊》,交北大新潮社排印,收入周作人编的八种"文艺丛书"之一。1923 年 8 月初版,新潮社发行,京华印书局印刷的《呐喊》初版问世:大 32 开本,封面为深红色、毛边,只有"呐喊"两大字,加鲁迅两小字,字是铅印字②。1924 年第三版起改由北新书局出版。到了 1926 年 5 月第四版改由鲁迅先生手书隶书,仍然是大红色的封面)

《坟》扉页(鲁迅杂文集,1927 年,未名社出版)

《热风》封面(1925 年 11 月,北京北新书局出版)

《华盖集》封面(1926 年,北新书局出版)

《华盖集续编》封面(1927 年,北新书局出版)

《莽原》③半月刊第一期封面(1926 年,鲁迅主编,未名社出版。封面使用图案作为底图,司徒乔作,美术字由鲁迅撰写)

这一时期首先是对民族图案的挖掘与利用,《心的探险》采用了汉魏六朝的画像,上下铺陈,这种构图当时还很少见。而图案和中文字体变

---

① 参见:姜德明. 书衣百影:中国现代书籍装帧选 1906—1949[M]. 北京:三联书店,1999.

② 祝志宏的闻妙香室书话《〈呐喊〉的版本学》中说,第一版印了 1000 册。鲁迅很生气,责怪负责此事的孙伏园不会办事,印 500 册足够了,印那么多,卖给谁呀? 结果很快脱销,然后又加印第 2 版,是由某监狱印刷的。据孙福熙文章,鲁迅当初想在《呐喊》封面上加一骷髅,后没有落实。这可以从侧面反映出鲁迅的审美取向。

③ 莽原社于 1925 年 4 月 24 日成立于北京。主要成员有鲁迅、高长虹、黄鹏基、尚钺、向培良、韦素园、韦丛芜等。因出版《莽原》周刊而得名。《莽原》周刊开始由鲁迅主编,提倡"撕毁旧社会的假面",注重文明批评和社会批评。办此刊物的宗旨是"率性而言,凭心立论,忠于现世,望彼将来"。后因内部发生矛盾,遂陷分裂。1926 年以后改为半月刊,1927 年 12 月《莽原》半月刊出至第二卷第二十四期停刊,莽原社也即停止活动。1926 年 1 月,原来的《莽原》周刊复刊时为半月刊,32 开本。

化结合的设计是一种新的探索。而《坟》的封面由陶元庆设计,扉页由鲁迅设计。鲁迅先生请陶元庆放开设计:"只要和'坟'的意义绝无关系的装饰就好。"而鲁迅设计的扉页很有意思:方框里写"鲁迅:坟",还表现出了天、树、云、雨、月等形象。上角的猫头鹰,十分抽象又富有意味。这只猫头鹰具有装饰性,有汉画像石刻的韵味。它歪斜着头,一目圆睁,而一目紧闭。鲁迅画的猫头鹰,似乎有自况的意味。据沈尹默先生说,鲁迅"在大庭广众中,有时会凝然冷坐,不言不笑,衣冠又一向不甚修饰,毛发蓬蓬然,有人替他起了个绰号,叫猫头鹰。这个鸟和壁虎,鲁迅对于它们都不讨厌。实际上,毋宁说,还有点喜欢"。鲁迅自己说过:"我有时决不想在言论界求得胜利,因为我的言论有时是枭鸣,报告着不大吉利的事,我的言中,是大家会有不幸的。""枭"就是猫头鹰,它的叫声,被迷信的人们传言为不吉利的声音,鲁迅引猫头鹰的叫声为自己呐喊的同调,其意不言而喻①。《桃色的云》又是以中国古典的纹样的人物、禽兽与流云组成的带状装饰,充满幻想色彩,下部是书名和著译者名,整体设计均衡而流畅。

这一时期,鲁迅对书刊的题名也做了深一步的思考。如果说前期鲁迅还是采用了书法体为主,那么这一时期,鲁迅下意识地进行了美术字体的设计,比如《华盖集》,注意到中西文无饰线体的匹配性。20 世纪 30年代的《二心集》、《三闲集》、《南腔北调集》、《伪自由书》(即《不三不四集》)、《准风月集》、《花边文学》、《且介亭杂文》、《且介亭杂文二集》、《且介亭杂文末编》等持续采用了美术字体这一设计方法,而在布局上有创新。比如这一时期的《呐喊》采用十分简约明了的红与黑对比色,端庄严峻中寓有深意。而《华盖集续编》则以不同的字体加以排列,显得十分灵活。

第三时期,定居上海时期,这一时期鲁迅的艺术理念相对成熟,对外来艺术的吸收与中国传统视觉图案的运用娴熟,这不仅表现在他对书籍内容与封面风格的认识更加细致,也表现在艺术技巧的不断更新,还表现在书籍整体设计理念的加强。

这一时期的主要书刊设计作品有:

《朝花》周刊封面[1928 年 12 月 6 日创刊,至 1929 年 5 月 16 日共出20 期;6 月 1 日改出《朝花旬刊》,1929 年 9 月 21 日出至第 12 期停刊。

---

① 高信.鲁迅先生的画[J].美苑,1981(3):47-48.

创刊一期的封面由鲁迅设计,用了英国阿瑟·哈克拉姆(A. Rackham)的一幅画为刊头,刊名由双钩法变化而成]

《小彼得》封面(匈牙利女作家海尔密尼亚·至尔·妙伦的童话集,许广平译,署名许霞,鲁迅作序,1929 年 11 月上海春潮书局出版,36 开,鲁迅用美术字题写了书名,并选取黑白植物图案作为封面主图,构图保持居中对称。毛边精印)

《小约翰》封面(荷兰道·蔼覃著,鲁迅译,1927 年未名丛刊之一,初版由孙福熙设计绘制,书出来后鲁迅不太满意。因此 1929 年版时鲁迅自己设计了封面,并自题"小约翰"三字。孙福熙所设计的封面是一个孩子向一座山走去,色调有些灰暗,似与书的内容不大符合。因为童话是要有一些灵气与童趣的,鲁迅的设计就多了一些浪漫的色调,比较好地与这样的一本小书协调起来,用了英国勃仑斯"妖精与小鸟"的插图并题写书名)

《奔流》月刊第一卷第一期封面(1928 年设计)

《而已集》封面(1928 年北新书局出版)

《近代美术史潮论》封面(日板垣鹰穗著,鲁迅译,1929 年上海北新书局版,25 开本,分精平两种版本,封面选用法国画家米勒的《播种》为装饰,题目以宋体排出,构图保持居中对称)

《奇剑及其他》封面(柔石与鲁迅合编《近代世界短篇小说集》之一,选译近代比利时、捷克、法国、匈牙利、俄罗斯等国著名短篇小说 13 篇,1929 年 4 月朝花社出版)

《一个青年的梦》封面(日本武者小路实笃著,鲁迅译,未名社丛书之一,北新书局 1933 年 3 月第三版,封面以团体软笔与清丽的色彩画出流水、小鸟等景物,带有日本的色彩特点,采用手写体书名。不清楚是否是鲁迅的倡议)

《阿 Q 正传的成因》封面(1932 年天马书店出版,鲁迅题字)

《在沙漠上及其他》封面(柔石与鲁迅合编《近代世界短篇小说集》之二,选译捷克、法国、南斯拉夫、苏联、西班牙等国作家 11 人的短篇小说 12 篇。1929 年 4 月朝花社出版,附伦支像一幅,并有岛上插图)

《接吻——波希米亚山中故事》封面(捷克斯惠忒拉作,崔真吾译,1929 年朝花社出版,选用盆花作为装饰,选俄妥盖勒"接吻"插图)

《近代木刻选集》之一封面(鲁迅选编外国木刻作品集,1929 年朝花社选印①,上海合记教育用品社发行,为"艺苑朝华"第一期第一辑,16 开,封面选用了一张小木刻画为装饰,书名等以宋体排出,构图居中对称,采用由左至右阅读方式,订书孔中特地穿入了丝线而不用铁钉)

《蕗谷虹儿画选》封面(日本蕗谷虹儿版画诗文集,鲁迅编选,1929 年 1 月朝花社选印,上海合记教育用品社发行,封面选用一女性头像图案,书名等以宋体标出,居中对称方式)

《近代木刻选集》之二封面(鲁迅选编的外国木刻作品集,1929 年朝花社选印,上海合记教育用品社发行,为"艺苑朝华"第一期三辑,16 开,封面同第一辑)

《比亚兹莱画选》封面(英比亚兹莱画集,鲁迅选编,1929 年朝花社选印,上海合记教育用品社发行,为"艺苑朝华"第一期第四辑,16 开,封面选用了一张装饰画为装饰,书名等以宋体排出,构图居中对称,订书孔中特地穿入了丝线而不用铁钉)

《新俄画选》封面(苏联绘画、木刻集,鲁迅选编,1930 年朝花社印,上海光华书局发行,为"艺苑朝华"第一期第五辑,16 开,封面选用了一张小木刻画为装饰,书名等以宋体排出,构图居中对称,由左至右观看方式,订书孔中特地穿入了丝线而不用铁钉)

《文艺研究》第一期封面(鲁迅主编大型文艺理论季刊,1930 年 5 月创刊,由上海大江书铺发行,26 开本,封面采用了构成主义的方法,以点线面的简单布局形成透视的观看样式,字体为美术黑体字,注意了反白的运用,很有现代意识)

《浮士德与城》封面(苏卢那察尔斯基作剧本,柔石译,为《现代文艺丛书》之一。1930 年 9 月上海神州国光社出版的中译本。封面用一张木刻画置下版面下方,上面以黑体红色美术字体写书名,以黑体黑色字体写著者,以黑色楷体写译者,以仿宋红色字写出版单位,这种充满张力的风格在鲁迅封面设计中不多见,稍有凌乱之感)

《前哨》期刊第一卷第一期封面(1931 年创刊于上海,为"左联"机关

---

① 可以说,朝花社的使命之一就是为了介绍木刻的。《朝花》12 种已刊或未刊书目中,都是取域外的朝花嘉卉,而且大部分为木刻。可惜柔石不懂经营,王方仁那个开教育用品社的哥哥,给朝花社供应的纸张,多是从拍卖里兜来的次货,油墨也是廉价的,用来印制木刻图版,影响了质量和销路。他为朝花社代售书刊,还常常借故不付书款。朝花社经济上遭受极大损失,柔石只得用自己的一点稿费去抵债。鲁迅曾愤慨地说:"我这回总算上了大当",最后他"以百廿元赔朝花社亏空"。

刊物,16 开,刊名由郑川谷题①,手写,稍变体,封面由鲁迅设计,封面中下部放一张外国木刻画,比较严肃)

《巴尔底山》第一期封面(1930 年在上海创刊,为左联机关刊物之一,旬刊,巴尔底山社出版,鲁迅主编并选定刊名、题写刊头,刊名手写体居中,横向)

《梅斐尔德木刻士敏土之图》封面(德梅斐尔德为苏联革拉特珂夫小说《士敏土》所作的木刻插图集,鲁迅选编,1931 年 2 月上海三闲书屋出版,8 开,传统的线装封面,磁青底,白色题签条,不过方向是自左向右展开,签条上右侧上角,铅文仿宋体,非常秀气)

《壁下译丛》封面(1929 年 4 月北新书局出版。此书 32 开,封面是移用来的,以线为主分割画面,形成具有运态的建筑样子,书各入写右角竖排)

《静静的顿河》封面(苏联肖洛霍夫长篇小说,1928 年《静静的顿河》第一部在《十月》杂志上发表,第二年鲁迅便约请贺非翻译,并亲自校订,还撰写了后记。1930 年神州国光社版出版。封面用了纵向两分的方法切割版面,左面是行书题的书名,右侧采用居中对称方式,插图置于上端,以下依次出现作者、译者等内容)

《萌芽月刊》第一卷第一期封面(《萌芽月刊》是 1930 年 1 月鲁迅在上海创刊的,由光华书局发行,封面刊名是鲁迅亲自题写的,字体变化多端,萌与芽两字的草头处理为三角之状,如嫩芽初长的样子,很雅致)

《毁灭》封面(苏联法捷耶夫著长篇小说,鲁迅根据藏原惟人日译本转译,1931 年 9 月上海大江书铺出版,署隋洛文译。1931 年 11 月,以三闲书屋名义自费用重道林纸印了五百部,署鲁迅译,32 开本,封面用了威绥斯夫崔夫的《袭击队员们》一画为装饰,构图保持居中对称)

《勇敢的约翰》封面(匈牙利裴多菲著长篇叙事诗,鲁迅译,上海湖风书局 1931 年出版,鲁迅在后记中记叙此篇因《奔流》停刊不能刊用,辗转于《小说月报》《学生杂志》,最后由湖风书局出版,世界文译文中有 3 幅图,这里只有两幅,12 幅大壁画大部分以单色铜版印成。封面采用了一幅插图为装饰图,用宋体铅字排出书名、作者、出版单位,居中对称)

《铁流》封面(苏联作家绥拉菲摩维支的小说,曹靖华译,1931 年 11

---

① 据资料,《前哨》原是鲁迅题的刊名。印刷时由于没有印刷厂印刷,所以拿掉刊名,用木刻之法另行制作刊名,等内文印刷完成后钤上的。

月由三闲书屋出版。书内用米色道林纸,封面用深灰色厚纸。鲁迅题写了隶书书名,选取苏联版画家毕斯凯莱夫的插图作为封面主图。这个封面只用黑色,字体与图案均显得庄重,充满力量感)

《十字街头》封面(鲁迅主编,1931 年 12 月 11 日创刊,4 开新闻纸一张,初为半月刊,自第三期改为旬刊,仅出三期)

《鲁迅杂感选集》封面(鲁迅著,上海青光书局,1933 年)

《两地书》封面[鲁迅与景宋(许广平)的书信集,1933 年 4 月上海青光书局出版,封面的中上部长方形框内印手写美术字书名和出版机构名]

《引玉集》①封面(苏联 11 位版画家 59 幅作品集,鲁迅选编,1934 年上海三闲书屋出版,28 开精装,封面米色底,深环居中,以手写的中西文穿插排列,间以手绘的线条,又注意了阴阳反白的运用,文字结合相当自然。纪念本开本稍大,为麻布的封面,书名烫金。两种皆套纸套②)

《萧伯纳在上海》③封面(鲁迅、瞿秋白共同编辑的新闻与评论作品集,1933 年 3 月上海野草书屋出版,封面采用报纸剪拼的方式,很有现代装饰的味道)

《不走正路的安得伦》封面(聂维洛夫短篇集,1933 年野草书屋发行,选用插图为装饰画,图像过于饱满,文字排列略显得不对称,大致居中)

《伪自由书》封面(鲁迅著,1933 年 10 月上海北新书局以"青光书局"名义出版,手写体竖排,居右偏上)

《拾零集》封面(鲁迅著,1934 年合众书店初版。以宋黑美术体竖写"鲁迅:拾零集",居中排)

《南腔北调集》封面(鲁迅著,1934 年上海同文书局初版。手写字体竖排书名与作者)

《准风月谈》封面(鲁迅著,1934 年 12 月上海光华书局以"兴中书

---

① 《引玉集》是鲁迅亲自选编的苏联版画选集。因稿件由宣纸交换而来,未花一分钱,故以"抛砖引玉"之意取书名。
② 纪念本未见图像,据唐弢《晦庵书话(第二版)》(北京:生活·读书·新知三联书店,2007)中的描述。
③ 1933 年 2 月 17 日,英国进步作家萧伯纳到上海,宋庆龄在自己的住宅里接待他。鲁迅应邀前往会见萧伯纳,共进午餐,并陪同萧去上海"笔会",和几十位中外记者、作家见面,然后又回到宋宅一起谈天、拍照。鲁迅说:"萧伯纳一到香港,就给了中国一个冲击,到上海后,可更甚了,定期出版物上几乎都有记载或批评,称赞的也有,嘲骂的也有。编者便用了剪刀和笔墨,将这些择要汇集起来,又一一加以解剖和比较,说明了萧是一面平面的镜子,而一向在凹凸镜里见得平正的脸相的人物,这回却露出了他们的歪脸来。"编者乐雯(瞿秋白),鲁迅作序。每本实价大洋五角。

局"的名义出版,32 开,以手写体竖写书名,下加"族隼"章,黑红对比,十
分醒目)

《木刻纪程一》封面(中国现代木刻选集,鲁迅选编,1934 年上海铁
木艺术社印行,12 开本,线装,手写体题名,居中对称方式,用赭石底色,
浅赭色的长方色块放在书的中间略偏上方,鲁迅所书行书书名"木刻纪
程"四个字上下由黑线隔开,"壹"字在右)

《解放了的堂吉诃德》封面(苏联卢那察尔斯基著,鲁迅据德、日译文
转译第一幕后,瞿秋白据俄文译全全剧,鲁迅校对,出资印行,署"易嘉
译",1934 年上海联华书局出版,为"文艺连丛"之一,大 32 开,封面选用
了苏联毕斯凯莱夫的画为装饰,用红黑色标出书名与作者,构图保持居
中对称)

《译文》封面(鲁迅支持黄源编辑的月刊,1934 年 9 月创刊 32 开本,
最初三期由鲁迅编辑,很规范的插图加刊名样式)

《集外集》封面(鲁迅收集 1933 年前未曾编集的诗文 56 篇,1935 年
上海群众图书公司出版,32 开本,书名有隶意变形,作者以铅字排在书
名之下)

《北平笺谱》封面[鲁迅、西谛(郑振铎)编,1933 年以北平版画丛刊
会名义付北平荣宝斋印行,线装一函六册,纸本。磁青封面,白色题签纸
左侧上角,由沈兼士题名]

《十竹斋笺谱》一集封面[鲁迅、西谛(郑振铎)编,1934 年以北平版
画丛刊会名义付北平荣宝斋印行]

《坏孩子与别的奇闻》封面(俄契诃夫著短篇小说,鲁迅译,1936 年
上海联华书局出版,25 开本,鲁迅在封面中选用玛修丁的一幅木刻作为
装饰,题名以红色标宋分大小排出,作者名用黑色的黑体字,文字排列很
有特色,构图保持居中对称)

《海燕》月刊(1936 年 1 月创刊,鲁迅、胡风、聂绀弩等编辑,上海群
众杂志公司总代售,16 开本。"海燕"两字红色,放在封面下部,配以一
个竖长的人物照片,汉语拼音黑色反白字。"这个设计不同于其他刊物
的设计,看得出在努力运用现代设计意识和手法,构图上、字体运用上都
有所体现,只是在民族特点与现代意识相结合上尚有不足之处"①)

---

① 杨永德."东方的美"——鲁迅书籍装帧简析[J].鲁迅研究月刊,1997(9):52-59.
　杨永德.鲁迅·现代书籍装帧艺术·贡献[J].鲁迅研究月刊,1997(2):45-55.

《花边文学》封面(鲁迅著,1936 年上海联华书局出版。32 开,书名及作者名仿宋居中竖排,外加以花边饰框,以突出"花边"文学)

《海上述林》上下卷①封面(瞿秋白遗稿,鲁迅编,1936 年出版,上海诸夏怀霜社校印,32 开)

《死魂灵百图》封面(鲁迅编,三闲书屋,1936 年出版,封面选用一张插图为装饰画,用宋体列书名、作者、出版单位)

《且介亭杂文》封面(1937 年 7 月三闲书屋出版,32 开,由鲁迅题签并加盖名章)

《且介亭杂文二集》封面(1937 年 7 月三闲书屋出版,32 开,由鲁迅题签并加盖名章)

《且介亭杂文末编》封面(1937 年 7 月三闲书屋出版,32 开,由鲁迅题签并加盖名章,且介亭三册鲁迅生前未见)

《凯绥·珂勒惠支版画选集》封面(德凯绥·珂勒惠支版画 21 幅,鲁迅编印,1936 年 5 月上海三闲书屋初版,8 开,封面用传统线装样式,磁青色底,洒金题签,书名横排,手写体,居中对称)

这一时期鲁迅的书刊形态设计炉火纯青。他不仅能够全面掌握书刊从设计到成形的过程的操作,而且能够进行合理的匹配与相应的改革来变化视觉效果。首先,他在装订与外观上进行多种尝试。当时书籍,以铁订方式缀边较为普遍。时间一长,书脊铁订处即开始生锈,产生暗红锈斑,影响书刊品相。从《朝花艺苑》开始,鲁迅用丝线替代铁钉穿订,这样就避免了铁锈的产生,又有别致的感觉。到 1931 年出版《梅斐尔德木刻士敏土之图》一书,鲁迅首次用线装之封面设计运用于西人画册之中,又把传统的中式翻身改为西式翻身,以适应西洋画册的观看需要。1936 年的《凯绥·珂勒惠支版画选集》,是西人画册的装帧精品,与之相应鲁迅诠释了中式装帧中的精品设计。

不仅在外观设计,鲁迅对设计元素的运用也形成了自己的表达方式。鲁迅的作品,可以粗分为文学译作、文艺思想译作与随笔杂文。他对文学译作的封面制作,多采用一张西方装饰图作为封面插图,如《毁灭》与《铁流》。文艺思想译作封面设计的现代意识就比较浓厚了,吸收了构成主义、未来主义的设计方法,进行版面的切分与层次肌理的关系。

① 据资料,《海上述林》是由常年服务于开明书店的印刷所制版,在国内打好纸型后寄往日本印刷,共印 500 册。

鲁迅自己的杂文则全无图案，以手写体竖排书写，字体略有变形。较为奇特的就是《萧伯纳在上海》。鲁迅以达达主义的设计方式进行拼贴，说明书籍的性质是快餐阅读。

鲁迅还在形态中区分了书的层次与读者。鲁迅设计作品有中式精品《北平笺谱》等四部。中式精品书籍完全用传统的印刷方式和装订方式完成，显得肃穆端庄。画册《凯绥·珂勒惠支版画选集》的设计，提出一系列有利于读者的构想，比如原作的画幅不宜过大，需按原比例刊出，又如画册制版提倡用珂罗版有利于还原原作的精髓，排版时画只印一面背后不印，以便保证画面质量。《海上述林》使用不同的材质与装订来标明著作的档次，达到区别与定位的功能。而像快餐式的读物《萧伯纳在上海》，则用了欢快活泼的构图方式，用具现代感的方式表达了这一定位。

2. 鲁迅书刊形态设计的特点

（1）精品意识的凸显

藏书家唐弢曾经评价说：鲁迅印书少而精品多。他指的是鲁迅自己投资出品的著作，多以画集为主，从《死魂灵百图》《引玉集》，一直到《凯绥·珂勒惠支版画选集》《木刻纪程一》，加上传统版画集《北平笺谱》与《十竹斋笺谱》，部部精致，确实能够经得起时间的考验。

鲁迅的精品意识，首先体现在原稿的收集之上，强调作品的历史价值，像《死魂灵百图》共有三种存世，分别为阿庚、畑克莱夫斯基和梭可罗夫。鲁迅使用阿庚的作品，先是孟十还从旧书摊上淘得，里面即有百图，并"收藏家蔼甫列摩夫所藏的三幅，并那时的广告画和第一版封纸上的小图各一幅，共计一百零五图"①。鲁迅出资出版，委托文化生活出版社发行。期间加上曹靖华寄来的梭可罗夫报插图 12 幅，让读者可观俄国插图的大概。又像《引玉集》的稿件是原版手拓。为了获得这些拓稿，鲁迅出资购买宣纸，通过好友曹靖华，以宣纸交换版画的方式从苏联画家手中收集而来。这批总共有一百余幅，鲁迅从其中精选 59 幅。

精品意识还表现在对制作过程的把握与监督之中。比如《木刻纪程》的编选是在 1934 年 3 月开始的。鲁迅在给陈烟桥的信中说："中国的木刻，已经像样起来了，我想，最好是募集作品，精选之后，将入选者请

---

① 鲁迅.《死魂灵百图》小引［M］//且介亭杂文二集.沈阳:万卷出版公司,2014:173.

作者各印一百份,订成一本,出一种不定期刊,每本以二十至二十四幅为度,这是于大家很有益处的。"此后,鲁迅开始征集作品。他在给罗清桢的信中说:"弟拟选中国作家木刻,集成一本,年出一本或两三本,名曰'木刻纪程',即用原版印一百本,每本二十幅,以便流传,且引起爱艺术者之注意。"原来打算"请作者各印一百份",但作者大多没有印拓条件,为了保证成书质量,改为请作者将原刻木板寄来。木板寄来后,鲁迅亲自去印刷厂联系。由于这些木板厚薄不均,有的甚至歪斜不正,在手摇圆盘机上拓印需要填平嵌正,鲁迅多次与印刷厂打交道,为此又"被印刷厂大敲竹杠,上当不浅"。《木刻纪程》共印订 120 册,其中 80 册委托内山书店出售,才收回一部分成本。

鲁迅注重细节的落实。比如对于色彩,鲁迅感叹中国的印刷的粗糙,他在评论格罗斯的作品在中国的流传时曾经幽默地说,格罗斯的作品是黑白画,到了中国,居然也有了彩色(指套色不准)。他注重印刷质量,对制版流程稔熟之极,因此能够精辟地指出锌版不能表现太细的线,粗线也会有问题,直接道明了书刊插图的技术还原的关键。在印刷《朝花夕拾》,鲁迅让钱君匋去盯看,以免走色。因为他深知,画家看颜色,就如文人看文法,是不能有一点走样的。

他注重版面营造。告诉李霁插图的位置不应在正中,需往上走些。现在看来,这是个简单的心理学问题,已成为设计的常识了,但在当时,确实是个技术问题。他为自己的书籍画版样时,一丝不苟地划出位置与大小。他注重印刷品质,《北平笺谱》完全采用当时不常见的饾版印刷,就是为了还原经典古籍的样貌;《凯绥·珂勒惠支版画选集》用珂罗版,是为了体现出墨色的层次。他还注重版式,《杂感选集》付印时,他告诉李小峰,竖印不如横印,因为竖版要排四百多页,太厚,而横排只要排到三百页①。

他最后出版的画集《凯绥·珂勒惠支版画选集》是其精品意识的完美体现。画集选用中国宣纸为材料,4 开本,珂罗版精印。为获得良好效果,特托郑振铎在故宫印刷厂制版,印成散页,印画的费用有五百多元。然后将文字部分,包括史沫特莱撰写、茅盾翻译的序言及自己写的序目交由文化生活出版社铅印,又自己加添衬纸,正如鲁迅在给曹白的信中

---

① 诸如此类的细节可参见:上海鲁迅纪念馆,中国美术家协会上海分会.鲁迅与书籍装帧[M].上海:上海人民美术出版社,1981.

所写,"病前开印《珂勒惠支版画选集》,到上月中旬才订成,自己加添衬纸并检查缺页等,费力颇不少"(《鲁迅全集》第十三卷400页)。配页成册后,再委托文化生活出版社线装成书。此书共印了103册,其中30册送往国外,40本赠送国内友人,仅余33本交内山书店代售,从经济角度讲,完全是亏本的生意,但的确保证了作品的高品质。

（2）整体意识的呈现

鲁迅是兼内容编辑与美术编辑为一身的编辑家,他做的是整体设计。"他运用我国线装书的传统形式,设计了《北平笺谱》的封面和扉页、序言、目次等,用幽静的暗蓝色宣纸作书面,书名用签条形式,请沈兼士题字,用白色宣纸加框,黑字朱印,粘贴在书面的左边偏上角,用粗丝线装订,一派清丽悦目的风格,使人爱不忍释。扉页请天行山鬼（即魏建功）题字,字体近似唐人写经,古朴可喜。序言请郭绍虞用秀丽的行书挥洒,近似恽南田的书体,活泼流畅,使人在阅读序言的同时获得书法的欣赏;目次也由天行山鬼书写。对《北平笺谱》的绘画者及刻版者这一项设计,也是别开生面。凡是找不到刻版者姓名的地方,用一条与刻版者姓名等长等宽的长方黑块代之,这是动过脑筋的好设计。笺谱的幅式有大小宽窄,所放的位置也曾经过周密的考虑,都给予最恰当的安排。是对古典版式具有一定的素养的人,才能做出如此优秀的设计来的。通过这部书的设计,可以证明鲁迅对书籍装帧的精通了。"①

鲁迅对自己的作品如是,对其他人的作品只要是自己接手的,也是如此,比如孙用的《勇敢的约翰》（匈牙利裴多菲著,孙用据世界语译,1931年上海湖风书店出版）②。作为局外人的鲁迅代为张罗出版事宜,他对文字进行了严格的校对,仅在孙用的译本上做过的改动就达40处之多。为了让此书有更可观的面目,在致孙用信里,鲁迅一再强调插图的重要,并又获得12张精良的插图。鲁迅算了一笔账,如果图全用彩色以一千枚计至少60元一张,全图720元,价格太高。他又与《小说月报》社接洽,希望后者每期刊用一节译文并四张三色图,出齐之后再出单行本,但是没有结果。只有上海湖风书店后来答应出版此书,不同意刊用12幅插图。结果鲁迅先以自己的财力,印刷单色铜版给书局。在给孙用

<hr>

① 钱君匋.书籍装帧[G]//钱君匋.书衣集.太原:山西人民出版社,1986:13-14.
② 高信.鲁迅·孙用·勇敢的约翰[G]//高信.北窗书语.西安:陕西人民出版社,1992:28-33.

寄样书的时候鲁迅写道:"这回的本子,他们许多地方都不照我的计划:毛边变了光边,厚纸改成薄纸,书面上的字画,原拟是偏在书脊的一面的,印出来却在中央,不好看了……"可见鲁迅在进行出版时,是对全书有一个统一的设计方案的。即使未按照鲁迅的计划执行,此书在当时的市场也算得上是一部漂亮的书籍。"这是目前我看到的鲁迅校订的印刷质量最好的图书之一。长诗很美,人物的性格、形态及内蕴都是极富张力的。书中的插图,可谓精良得很,史诗的哲思流着精神的波光,借着那画面也隐约可读出风情之美。"①

鲁迅是从读者的角度对书刊进行整体形态设想的,他提倡封面的多样化与图案化。当时的书籍一般都是传统题签的发展:中间是书名,右面是丛书名称或作者姓名,左面是出版的书店。而鲁迅则要求封面设计要多样化:经典的三段式布局,插入一张图案画,到纯用文字的设计,再到构成主义的采用,变化极多。又如对版式的要求,以往"大抵没有副页,天地头又都很短,要想写上一点意见或别的什么,也无地可容,翻开书来,满本是密密层层的黑字;加以油臭扑鼻,便人发生一种压迫和窘迫之感,不特很少'读书之乐',且觉得人生已没有余裕了"于是在里封面之前,版权页之后,各留一两张空白副页,供读者做笔记。版式的设计,天地头放宽,每篇的题目前后留下几行空行,每篇另面起,行与行之间保持相当距离。材料方面,"纸张方面,当时出版的书,哪怕是文艺书,本文都用起白报纸,封面都用粗糙的国产的书面纸,拿在手里,一点不上眼。我们决定改用六十磅或七十磅道林纸,封面改用重磅木造纸,一百五十磅以上的,或用各色精制的书面纸和布纹纸"②。印刷方面,鲁迅认为"书要印好,小印刷厂是不行的"③。黄源回忆,鲁迅为《译文》精心选择插图,精心设计版式,连印刷用纸,插图署名,他都一一操劳,没有丝毫轻率马虎。不仅如此,他在设计时还有一个明显的个人烙印,就是保留毛边。鲁迅自称是"毛边党":"切光了的都送人,省得他们裁,我自己是在裁着看。我喜欢毛边书,宁可裁。光边书像没有头发的人——和尚或尼姑。"④毛边不仅看着美观,而且它把一贴贴内文折成封闭的空间,造成一个整体的效果,阅读时颇有"躲进小楼成一统"的兴味。

---

① 参见:孙郁.鲁迅与诗画[N].浙江日报:钱塘周末,2009 - 07 - 17.
②③④ 李小锋.新潮社的起末[G]//中国人民政治协商会议全国委员会文史资料研究委员会.文史资料选辑:第21卷第61辑.北京:中国文史出版社,1979:69 - 109.

3.鲁迅书刊形态设计的历史意义

依凭在鲁迅的文集中流露的细节,我们可以拼凑起鲁迅书刊形态设计的总体的情状,毋庸置疑,鲁迅是当时文学家中身体力行亲自体会形态设计的第一人。从形态设计的历史来看,鲁迅值得大书一笔,因为他站在现代书籍形态设计的原点,以他一贯深邃的目光,透视了书刊形态的意义。

（1）对形态设计的元素意义进行挖掘与整合的第一人

在民国时期,论把心思花在视觉语言上的设计师鲁迅要算第一人。清末民初,随着书刊现代形态的出现,封面被笼入设计的范畴之内。现代封面的设计要素:图片、文字、线条与色彩并没有得到很好地利用。早期的书刊封面,一般无插图,如果有,也只是作为封底图填满整个版面。鲁迅在早期制作《海底旅行》时也是将图片置于底层,几个大写的楷字呈线排入版面,醒目有余,而美观不足。但到设计《域外小说集》的时候,马上将几项要素进行了合理的安插。希腊缪斯女神图像被置于矩形框之中放置在页面偏上的地方,中间是篆文的书名,下偏底是宋体的集号,整个布局为古典式的居中对称。这种形式持续了较长的时间,如《桃色的云》也是居中对齐,只是文字全放在偏下的地方且均用纤细的仿宋。他与陶元庆合作之后,陶元庆所做的《工人绥惠略夫》《朝花夕拾》《唐宋传奇集》也是由这样的格局。版面中的图案、文字与一些简单的线条与色彩成为鲁迅封面的基本配置。而对称式的布局则不断地变化,《象牙之塔》将文字与图案分左右排列,《苦闷的象征》则将文字移到了左下角;在色彩上,考虑到制作的成本,多为双色制版,少有三色制版的。鲁迅喜欢用少许的红色作为强调,这红色是《译文》中醒目的刊名,《萌芽》中的卷期号,《坏孩子与别的奇闻》中的题名。相比较商务早期文学书籍封面的浓郁风格与后期的严肃刻板,相较于良友的富丽堂皇或者气势压人,鲁迅的封面设计显得比较秀丽,布置疏朗,避免用过重的字体造成一种沉闷的感觉,也没有奢侈的三色版来炫耀,而是用足够的空间感来展现出各种元素在编排上的灵活穿插、内容丰富的感觉。

在插图元素方面,鲁迅早期使用自己描绘的图案,像画像砖中的云纹,六朝墓碑上的动物纹样,后来使用陶元庆与孙福熙绘制的图案画,再后来直接把内文中的插图移至封面。图案画使用的变化,反映出鲁迅观念的变化。字体元素上,鲁迅是较早使用美术字体的设计家。他选用的字体,既不是手写的草书,也不是铅印标准体,而是介于两者之间的,具有模件化意识又能体现书写美感的字体。《准风月谈》是变隶的字体,下钤"旅隼"朱印;《集外集》是变隶的字体,《花边文学》用仿宋铅字外加花边线框;《且介亭杂文》用手写字体。

在版面安排上,鲁迅的特点是偏向于疏阔清晰的版面安排。横排本《朝花》较之《创造》系列的横刊本天头地脚更大,而且在标题的留空上,毫不吝啬。这样做,也是为读者考虑,能够让读者在书上做笔记,增添读书的兴趣。在力求将书刊做得尽善尽美的过程中,鲁迅还不时有奇思妙想,比如在印《莽原》时,原计划上部印刊名,下部印目录,但是鲁迅经过思想调整,将目录移到一边,以便检查,但又无隔断文本之弊。在印《北平笺谱》时,翻新色彩,不用墨色印刷页码,而是"任择笺上之一种颜色,同时印之",这样"倒也有趣",而且节省成本。

(2)"筚路蓝缕,以启山林"之功

鲁迅先生不仅身体力行地进行书籍装帧的设计工作,而且指导和影响了装帧人才,在现代书籍装帧史上,有筚路蓝缕之功。鲁迅是现代书籍装帧的导路人,他对年轻后代的提携与帮助是很大的。他与年轻艺术家如陶元庆、司徒乔、孙福熙、钱君匋、郑川谷、李霁野、刘岘等都有交往。他对陶元庆的设计的肯定与评价极具眼光。司徒乔[1]也是鲁迅向未名社与北新引荐的设计家,《莽原》的插图由其所绘,显得情感受奔放,用笔大胆活泼;《思想·山水·人物》的插图由孙福熙绘制;《死魂灵百图》由鲁迅提出封面设想,钱君匋设计;《表》就是鲁迅构思,郑川谷设计的[2]。鲁迅在未名时代对韦素园的教诲,在朝花社的书刊编辑过程中,他又手把手地教柔石进行排版等,在《译文》时代对黄源的帮助均是如此。后期对木刻运动的推动中,又指导刘岘、罗清桢等一些年轻的木刻家进行插图设计,给予实际而具体的指导。

(3)民族性的立意具有丰富的内涵

而从艺术重建这个角度来看,鲁迅认为民族性具有非常丰富的内涵。民族性第一层的意思是从空间界定的。首先是对盲目跟从西方或

---

[1] 司徒乔(1902—1958):毕业于燕京大学,曾赴法留学研究美术。其主要设计作品《白茶》(俄独幕剧)、《柚子》、《飘渺的梦》、《争自由的波浪》、《浮士德》、《饥饿》等。

[2] 鲁迅对此书还发表了意见:"边上太窄,封面的字,还可以靠边一点,即推进半寸,'表'字也太小。"

者否定西方的批判。鲁迅针对《泼克》讽刺学习外国文艺的现象进行了剖析，他指出这种盲目排外的美术家是"可怜"的，因为"他学了画，而且画了'泼克'，还未知道外国画也是文艺之一。他对于自己的本业，尚且罩在黑坛子里摸不清楚，怎么能有优美的创作，贡献于社会呢？"鲁迅的艺术视野是非常开阔的，他介绍的艺术家，有带着唯美主义风格的比亚兹莱，有着密丽风格的蕗谷虹儿，也有代表了表现主义风格的木刻家柯勒惠支等。但是，他只提供有用的资料，却不崇尚生搬硬套的模仿，因此他对叶灵凤生硬的模仿表示出轻蔑："在现在，新的流氓画家又出了的叶灵凤先生，叶先生的画是从英国的比亚兹莱剥来的。"①民族性在空间维度的第二层意思是要建立起能立于世界之林的中方艺术。"有地方色彩的，倒容易成为世界的，即为别国所注意。打出世界上去，即于中国之活动有利"（1934 年 4 月 19 日致陈烟桥信）。中西艺术在世界艺术之林中的地位是相当的，自然就无高下之别，而只能表明出特质上的差异，而差异恰恰是切入世界的优点。

进一步，他认为民族性不仅可以在空间上划分，也应该在时间维度上区分于传统。这个传统既然指中国的传统，也指以纳新为名引入的西方旧有的传统。"然而现在外面的许多艺术界中人，已经对于自然反叛，将自然割裂、改造了。而文艺史界中人，则舍了用惯的、向来以为是'永久'的旧尺，另以各时代各民族的固有的尺，来量各时代各民族的艺术，于是向埃及坟中的绘画赞叹，对黑人刀柄上的雕刻点头，这往往使我们误解，以为要再回到旧日的桎梏里。而新艺术家们勇猛的反叛，则震惊我们的耳目，又往往不能不感服。但是，我们是迟暮了，并未参与过先前的事业，于是有时就不过敬谨接收，又成了一种可敬的身外的新桎梏。"②鲁迅认为新的艺术既是向自身传统的反叛，也是对西方传统的扬弃，既有别于自身旧有的面目，还应该有别于西方新的艺术。那么这种艺术的形式即是一种"新的形""新的色"，是"中国向来的魂灵"。所以在实践中，鲁迅早期的封面还引用了西方的女性形象，但马上纯然的西方形象也消失了，而取代它的是更为抽象的、原型式的形象，这种形象完全不受地域与时间的设定，表现出原始的生命力。

---

①　鲁迅.上海文艺之一瞥[G]//张望.鲁迅论美术.北京:人民美术出版社,1982:81.

②　鲁迅.当陶元庆君的绘画展览时我所要说的几句话[G]//《新文学史料》丛刊编辑组编.新文学史料:第二辑,北京:人民文学出版社,1979:77.

在发现陶元庆的创作时,鲁迅觉得他的美术思想得到具体的落实,他的兴奋难以言表,多次为陶的展览做出评价①。鲁迅指出陶的绘画"中西艺术表现的方法结合得很自然","陶元庆君的绘图,是没有这两重桎梏的。就因为内外两面,都和世界的时代思潮合流,而又并未梏亡中国的民族性"。"他(陶元庆)以来写出他自己的世界,而其中仍有中国向来的魂灵——要字面免得流于玄虚,则就是:民族性"②。

鲁迅将陶氏作品视为中国艺术重新定位的标本范本。鲁迅由衷地赞叹:"我想,必须用存在于观今想要参与世界上的事业的中国人的心里的尺来量,这才懂得他(陶元庆)的艺术。"③这种定位是在解构了东西方艺术的差异,将艺术视为人类的共有财产之后做出的超越性的艺术建构,是对设置的参照系的瓦解与突破,而其超越时空限制而获得的特殊地位就是体现在作品永恒的价值。

所以鲁迅在遇见陶元庆之前亲自操刀,从中国传统的纹样中寻求崭新的表述语言,而在遇见陶元庆之后一直请陶元庆替他做书封。鲁迅喜欢陶元庆的画,甚至请陶元庆不要考虑为书籍作画的局限,把书封当成自然画那样去创作。而陶元庆去世之后,鲁迅在后期书刊设计中很少再请其他人操刀,而是通过自己的设计对中国的文字元素进行了创新的排列。他也尝试运用西方构成主义的方式创作,但是他意识到构成主义由于形式语言的过分发达而成为内容,意义却因此被悬置,所以这种形式他在学术著作中较少被用到。很多时候,鲁迅只是通过文字的形式与结构把文字背后的意义呼唤出来,像《集外集》《集外集续编》仅仅借文字自身的变化而产生美感,而像《萌芽》《奔流》则通过象形的变化融入思想的广度。空间的飞白,诗意的书写,以及通过文字到达的时空的穿透

① 1925 年 6 月陶元庆在北京开了一个"陶元庆西洋绘画展览会",鲁迅写了《序》。在 1927 年,鲁迅又为陶的画展写了《当陶元庆君的绘画展览时我所要说的几句话》。1930 年 11 月 19 日,鲁迅在给崔真吾的信中写道:"能教图案画的,中国现在恐怕没有一个,自陶元庆死后,杭州美术学院就只好请日本人了。"1931 年 8 月 14 日的深夜,鲁迅重又把陶元庆的书和美术明信片拿出来欣赏,并在其中的一册书和一套明信片的封套上分别写下了对死者的思念之情,书中扉页上写道:"此璇卿当时手订见赠之本也,倏忽已逾三载,而作者亦久已永眠于湖滨,草露易晞此为念呜呼! 一九三一年八月十四夜,鲁迅记于上海。"

② 鲁迅.当陶元庆君的绘画展览时我所要说的几句话[G]//《新文学史料》丛刊编辑组.新文学史料:第二辑.北京:人民文学出版社,1979:77.

③ 许钦文.鲁迅与陶元庆[G]//许钦文.《鲁迅日记》中的我.杭州:浙江人民出版社,1979:93.

性,是鲁迅感悟陶元庆的图画创作之后对图像超越感做出的阐释,在无形之中贴切地表达无法言表的民族性的实质。

图 5 - 7　鲁迅封面设计作品

五、新文化书刊民族化设计的总结

新文化书刊设计的阵营虽然对民族化设计有所探索,但是这些人员的设计身份以客串者为多,这就意味着他们的民族化立意角度并非纯粹艺术角度,而更多的是从文化角度与意识形态角度出发的。在创作实践上,他们多少与西方的艺术有着一定的联系,比如闻一多与唯美主义比亚兹莱及肯特的作品有着模仿或者相似的一面,丰子恺与日本蕗谷虹儿的作品有着相似的一面,鲁迅则有直接借用希腊图案画与现代画的实例,而其最后转向于对西方木刻作品的引入,这充分说明这一阵营的世界眼光。

同时他们提出的民族化设计不仅有主张,也有实践。比如闻一多对于版面的西方式切割方式与东方形象的填入方式,营造了一个新的版面空间。鲁迅的民族化是超越于具象之上的抽象民族符号,是通过最为抽象的字与线条再创中国式的视觉效果。丰子恺则守望着东方传统的笔墨意味,以舒展的线条与敦厚的墨块传统东方式的恬静与平和,这比通俗文化阵营通过现实的复制或者重新回到中国式的构图种种方案有着极大的不同。

第四节　中国近代都市文化书刊民族性设计的探索及认识变迁

都市文化发展过程中,对书刊形态的传统与现代的拷问中,还有不同的思想和方案。这些方案,一方面契合了商业美术的精神内质,一方面也满足了都市文化对工艺物的美学要求。

一、陈之佛的书刊设计实践及民族化探索

陈之佛是受过专业绘画训练的工艺美术家。1918 年,陈之佛在日本东京美术学校学的就是工艺图案科专业。图案专业的出身,使其作品体现出专业的艺术精神。回国后,他创办尚美图案馆,又受聘于上海东方艺专任图案科主任,并为商务印书馆的《东方杂志》《小说月报》担任装帧刊物设计工作。此后又陆续为生活书店的《文学》刊物、大东书局的《现代学生》、中华书局的《新中华》、中山文化教育馆的《中山文化教育馆季刊》等刊物做封面设计。20 世纪 30 年代陈之佛与天马书店的合作甚多,不仅为天马书店设计标志,而且也为其出版的一系列书籍设计封面。

1. 陈之佛的书刊设计实践

陈之佛其代表作品如下:

《东方杂志》封面[商务印书馆,22 卷(1925 年)到 27 卷(1930 年)。这组设计,是东方意味与西方式构图的完美结合,图案强调了"东方"的概念,以具有代表性的佛像、中国汉代画像砖中人物、中国古代车马和鸟类图形等东方艺术元素来隐喻东方,时而又以版画阴线表现江南山水]

《小说月报》封面(商务印书馆,第 18 卷共 12 期,其中第 19 卷 1 期的设计用了一年之久。这组设计的立意与《东方杂志》阳刚之气不同,多用女性形象来表现阴柔温婉。每期封面刊名字体都不相同,并且采用不

同背景下的女性形象,表现她们健康的形体美。有在花丛中幻想的少女,有浴后梳妆的少妇,有翩翩起舞的女神等,神态、服饰各异,色彩富丽典雅。这种与其他杂志迥然不同的艺术表现手法,使人耳目一新,给人以美的享受)

《文学》封面(生活书店出版,1934 年第 1—2 卷,1935 年 1—2 卷。封面以结构主义的表现形式表现出现代气象,历来为人称道)

《英雄的故事》封面(高尔基著,上海天马书店出版。封面是装饰主义的主义的。近左七分之三处纵向分割版面,左侧反白,写美术体的书名,左旁以赭色的文武边提示边缘,右侧深色背景上下靠近边缘处分别镶嵌一组花边,花边以细白边横向切割版面,纹样上下呼应,又富于变化,减弱了右侧的膨胀之感,版面得以平衡)

《婚姻与社会》封面设计(辛克莱著,雯若女士译,上海天马书店。封面纵向分两部分,右为图案组成,左为仿宋书名,竖排)

"作家自选集丛书"(是上海天马书店出版的一系列新文学作品,包括《鲁迅自选集》等。封面是以几何的造型显示出严格的对称,仅书名不同,其他部分相同)

《创作的经验》(鲁迅等著,上海天马书店。封面设计为传统的窗棂,以回纹为铺满,上印鲁迅的书法体书名。纹样用拟金色,文字用朱砂色)

《创作与批评》(上海天马书店出版。封面以构成主义的方式通过直线与曲线的结合分割画面,线条相交划出的空间以红色填满,与刊号几个字呼应,相应文字的形状也以线条变形而成的美术字表现)

《战烟》(黎锦明著,上海天马书店出版。封面以高度抽象的黑白空间的穿插刻画出空中作战的飞机与战场上的枪阵,书名《战烟》两字,以篆文写出)

《忏余集》(郁达夫著,上海天马书店出版。封面的上左右三边框采用青铜器的纹饰,框内自下而上是与外框纹饰相配的几何造型,表现出江南的山水、楼台亭阁,上方是美术字体的书名与作者名,基于篆体,线条做了弧度的处理,与下面的造型相配。封面边框以褐色与为底色,黑色线条)

《恋爱日记三种》(吴曙天著,上海天马书店出版。封面设计只是出现象征性的图案化人物)

《发掘》（圣旦著,上海天马书店出版。黑色上划出白色版面,以紫色双线勾出,白色背景右上方画以紫蓝卷纹为纹的花框,左侧自上而下横排书名、作者名与出版单位）

《表号图案》（上海天马书店出版。设计颇似当时商务印书馆的封面风格:外部是花纹围成的圈地,内部是一张图案,精装）

《图案》（开明书店出版。封面为对称的图案,两个字处理与图案相似）

《图案构成法》（开明书店出版。严格的对称构图在其图案的专著中常见）

《现代学生》（大东书局,1930—1932 年第一卷 2、4、5、8、9、10 期;第二卷 1—10 期。版面为构成方法）

《新中华》（中华书局。1935—1936 第三、四卷共 24 期。文字使用魏碑体体现出庄重的风格）

《中山文化教育馆季刊》（综合性刊物,中山文化教育馆。1934 年 8 月创刊。刊物有较高学术水准,主旨是传播孙中山先生的三民主义思想与文化。在这本刊物中,陈之佛又以严谨的构图、繁复精细的线条来勾勒世界著名艺术图案,比如中国的画像砖、埃及的壁画等,字体是手写的印刷美术字,底色较为凝重沉稳,上压黑灰系列的线条图）

《文艺月刊》[①]第四卷 1—2 期,1933 年 7—8 月,1940 年 1—2 期（封面有西方化的女性形体,带有比亚兹莱式的黑白对比）

2. 陈之佛书刊设计的特征

(1) 图案本位主义出发的探索

陈之佛从图案设计的本位出发进行探索。一方面,他对西方的装饰方法进行了介绍,比如出版了《影绘》,也发表《混合人物图案之象征的意义》等文章进行西方装饰艺术的介绍,但同样他出版了《图案》等作品,对中国传统的纹样进行了梳理。早期,他的作品带有明显图案设计之法,讲究画图的精致艳丽与工整,采取对称的布局,以中国的纹样与西方的艺术母题进行组配,从而让中国式的大框架容纳了西方的装饰元素,其作品既有鲜明的异域风情,又有本土的气息。在书刊装帧上,陈之

---

① 《文艺月刊》,1930 年 8 月 15 日创刊于南京,编辑、发行均属“中国文艺社”,此社是国民党中央宣传部直接领导下的影响最大的一个文学社团。《文艺月刊》是当时“大型化”“长刊期”的国民党官办刊物,此刊作者身份极为复杂,主要编辑负责人是王平陵。

佛同样采用与图案设计一样严谨而有系统的视觉传达方式,在对书刊的整体装帧上,他与鲁迅、丰子恺、叶灵凤等都是成绩颇为显著的设计师。后期,他大胆采用了现代主义的设计方法,在视觉上有很大的突破,现代感很强。

(2)文字与图像的和谐设计与定位

陈的艺术功底扎实,因此他在营造版面的时候,各个元素都得到妥善地处理,版面赋有艺术的美感,文字、图案、线条与颜色成为有机的整体,体现刊物的定位与取向。

这首先表现在他为商务进行设计的刊物《东方杂志》与《小说月报》上。在定位时,他注意到了两者定位的差异。《东方杂志》多表现出阳刚的气质,图案上借鉴了希腊的瓶画、埃及的壁画、波斯的挂毯、美洲壁画、中国的唐卡以及汉画像砖的构图与组织方式,表现出庄严肃穆的版面效果。多采用中国汉代画像砖中人物、车马和鸟类图形等东方艺术元素,充满诗的情趣。之后他又为《小说月报》做封面设计(商务印书馆,第18卷共12期,第19卷1期的设计用了一年之久)。每期封面刊名字体都不相同,并且采用不同背景下的女性形象,表现她们健康的形体美。有在花丛中幻想的少女,有浴后梳妆的少妇,有翩翩起舞的女神等,神态、服饰各异,色彩鲜明,富丽典雅。这种与其他杂志迥然不同的艺术表现手法,使人耳目一新,给人以美的享受。第18卷15号采用一个裸女垂首弄发的图案,拟金的效果勾勒出发质与背景上的卷云纹,他采用隶书书写刊名,笔画纤细而修长。尤其值得重视的是其在工艺美术的框架下对古今中外的视觉元素进行的整合与改造,因此在视觉上出现的新的面貌,可称之为"表现性图案"。这一图案不再拘泥于古法的固定模式,而是在大致相同的情况下进行修正。比如在古画像砖的移用上采用"影绘"之法,将人物等对象的轮廓进行精细地区分。陈之佛"运用现代图案法对传统艺术图式进行改编和重写。这种'重构'的特色较为符合贡布里希所谓的'图式与矫正'的公式,即设计师在作品的制作过程中。不断地结合行为的目的、方法和功能而进行匹配和顺应,最终会部分脱离原有的'共相',从而实现了作品'独特性'的一面"①。

---

① 李华强.设计、文化与现代性:陈之佛设计实践研究(1918—1937)[M].上海:复旦大学出版社,2016:339-340.

图 5-8　陈之佛作品:《小说月报》封面

图 5-9　陈之佛图案画与汉画像砖的表现差异:
通过对作品细节的加强和线条的加入增强视觉感

在 20 世纪 30 年代,他为《中山文化教育馆》《现代学生》与《文学》做设计,依然把握刊物的特征,综合性地采用视觉元素。

1930 年,《现代学生》创刊。这是一份供中学以上学生阅读的刊物,在设计上充分注意到了学生的蓬勃向上的精神面貌,设计笔法不像严肃读物那么精细,而是显得随意,手绘的感觉较重。作品线条少而色块多,简练放松;颜色用色浓郁、对比度大;配以书法体的刊题,显得活泼热烈。

(3)与时俱进地开挖图像的美学价值

设计是有时代性的,因此设计的难度在于传统与当下的语言对接以及视觉的当下性的转换。

有关陈之佛在日留学期间的钻研经历,邓白有这样的详尽追述:"(先生)从早年起专攻图案,即以刻苦钻研著称。……留学日本时,他对中、西学术兼收并蓄,对古埃及壁画及希腊陶瓶的装饰,有特殊的兴趣,临摹、探讨,孜孜不倦。对印度、波斯的装饰画和地毯,又是那么欢喜赞叹,爱不忍释。至于祖国的艺术遗产,举凡彩陶的纹样,商周的鼎彝,汉代的瓦当和画像砖,敦煌历代的壁画、藻井,以至明、清的云锦、刺绣,都足以使他废寝忘餐,学如不及。"①正因为有扎实的造型能力与广阔的视野,其设计变化多端,并且能够抓住时代的脉搏,与时俱进。

早期,他的设计显现出图案装饰主义的严肃与精细。1925 年之后,随着比亚兹莱影响的扩大,他的装饰主义作品中也显现出比亚兹莱的影子,利用卷曲旋转的线条与浪漫主义的人物造型,采用大面积的黑白对比,形成版面上黑白的对照。20 世纪 20 年代末至 30 年代以后,中国艺术上受到未来主义、立体主义结构主义的影响明显,陈之佛的版面图形多用夸张而整饬过的工业造型,图形不再受到对称的经典图案法控制,而是利用线条与版块进行版面分割,图案组织中继续使用带有东方情调的图案与装饰纹。

应该强调的是,陈之佛是个职业的图案美术家,因此他在日本期间早已接触到西方现代主义作品,唯美主义也好、现代主义也好,在传播上中国都略晚一些。而陈之佛始终是处于领先位置的人物,敏锐地抓住了市场设计的需要来组合设计的元素,他不仅肩负介绍引入西方现代主义艺术的责任,而且还身体力行地进行创作的实践。

他的设计大多显现的文人温雅的一面,也偶有怒目金刚的一面。又如《战烟》的封面设计。1932 年"一·二八"事变发生,作者黎锦明亲眼看见日军暴行与中国军队的英勇,1933 年他写了《战烟》。陈之佛在设计此封面时以右 1/3 版面空间来表现中国军人以刺刀、长枪对抗敌人的战斗机的英勇的战斗精神。空中的战斗机笔意较草,表现出野蛮与暴力的横行,而对下面的长枪刺刀则进行了图案化的整饬,显得密不透风又以红色彰显,表现出即便面对强敌,也要众志成城,反抗到底。用色对

图 5 - 10　《战烟》封面,
陈之佛作品,1933 年

比强烈,构图显得动态而又有疏密有致,意境也显得抽象。根据内容来灵活地变换设计方向,但又能保持高水准的设计水平以及内在稳定的设计理念,这是衡量高水平设计师的标准,从这一角度讲,陈之佛是近代一流的装帧设计师之一。

① 邓白.缅怀先师陈之佛先生[J].艺苑,1982(1):3-6.

3. 陈之佛民族化设计的意义

（1）工艺美术的民族化设计

陈之佛在工艺美术框架下看待书刊形态设计的属性。他发表了一系列关于工艺美术的文章，主要有《美术与工艺》（中国美术会季刊 1 卷 2 期，1936）、《应如何发展我国的工艺美术》（中国美术会季刊 1 卷 3 期，1936）、《重视工艺图案的时代》（中国美术会季刊 1 卷 4 期，1936）、《工业品的艺术化》（中国美术会季刊 1 卷 4 期，1936）以及《工艺美术问题》（《文艺先锋》11 卷 5 期，1947）等。

装帧设计应重视其实用性。他一再强调要对"图案"的要领做彻底的了解，因为图案一方面体现在美术结构之中，一方面也与生活的实践有着紧密的联系。因此图案本身即带有一种大众的性质。陈之佛认为美术工业是"适应日常生活的需要的实用之中，和艺术的作用抱合的工业活动"[①]。这样美术就成为实用品内在的一个要素，从而与器物完整合一。

陈之佛继而又区分了粗野的、堕落的与隆盛的时代的奢侈观，强调装饰的适度。他进而提出了提高大众审美的途径，是从儿童开始灌输美的教育。"图案装饰的优劣就可以分别这民族的文化程度的高低。"[②]其关切点是在人为什么要将图案纳入日常的生活，图案是不是只是一种外在的修饰，是可有可无的附带品，甚至是一种强调奢侈的多余物。他分析了民众艺术发展的趋势，"随着贵族的消灭，就不得不产生以民众为基础的艺术"，而民众与艺术的接近与合抱，也就成为这一时代的呼声。在这种前提之下，最应该做的是美的观念的改进。

陈之佛在 20 世纪 20 年代后期重视工艺美术，将工艺美术当成是民众的艺术。"无论生产者、消费者，对于这工艺品上，应该有同等的快感和幸福的感想。如果专为富者阶级的需要而制造，则生产者与消费者之间自然无任何精神的关系，还有什么美术工艺的必要。"[③]日常生活的美化，有向上的基调，引起人的愉快的情绪。他的封面设计，"一般设计，大都限制在三个色彩以内，至多用到四色，如果用到五色，那是在迫不得已

---

① 陈之佛. 美术工业的本质与范围[J]. 一般，1928，5(3):339-357.
② 陈之佛. 图案概说[J]. 中学生，1930(10):1-10.
③ 陈之佛. 美术工业的本质与范围[J]. 一般，1928，5(3):339-357.

的时候"①。

（2）高水准的民族性理解

陈之佛的知识结构决定了他从一开始就有世界性的眼光,将设计上升为国族表征的手段。

在日本留学时,他的老师岛田告诫他说:中国的图案画,有极其悠久的历史,必须要汲取中国传统的艺术资源。陈之佛深记此言,对中国艺术的探索一直未停。在日本期间,他又接触到了世界的艺术,因此,他对视觉元素的融合,显得从容不迫而且信手拈来。

陈之佛设计的作品涉及的元素相当之多,有古波斯的女性图像,有古埃及的壁画形象,有希腊瓶画中的移植形象,有古代中国的砖画形象,也有古印度的圣兽与女性形象,还有古代欧洲的纹样,被他结合在一起,形成了一个序列。

陈之佛有一枚印章章题是"取益在广求",想刻而未刻成。"这五个字正是他艺术观的实质内容,他的艺术成就无疑是广求的结果。他坚守本位的主要意义并不在拒绝西方艺术,而在肯定传统艺术就能理解现代西方艺术,因为近世西洋画论与中国美术思想有其共同点。坚持'本位'是相信本国艺术有自身的特性,可以吸取外来艺术,广泛吸收外来艺术而必须保持自身特性不变,他的'广求'的观点由此而来"②。从这一角度说,陈之佛是世界主义者,他没有贬低或者忽视任何一个民族的艺术创作,他对这些艺术进行"提纯与锻炼",形成民族艺术的象征符号,使用在他的创作之中。

二、张光宇书刊形态设计实践及民族化设计探索

在现代美术史上,张光宇是继张聿光之后又一个在多种艺术领域均有尝试的艺术家。张光宇在抗战之前就享誉书装界。1934年颇有影响的《现代》杂志请当代名家设计封面画,张光宇与庞熏琹、雷圭元等均列名家之列。

张光宇早期的生活经历非常丰富,跟从张聿光从事舞台布景、在生

---

① 钱君匋.论书籍装帧艺术[G]//陈子善.钱君匋艺术随笔.上海:上海文艺出版社,2015:8.

② 李立新.探寻设计艺术的真相[M].北京:中国电力出版社,2008:183－184.

生美术公司编辑《世界画报》、参与编辑《影戏杂志》①、在南洋兄弟烟草公司任绘图员、在《太平洋画报》发表漫画与插图、到英美烟草公司广告部任绘画员、创办了《三日画报》、创办《上海漫画》等。这使他的实践能力非常强。

20 世纪 20 年代末,他与邵洵美等组建了工艺美术合作社,才开始专门转向出版经营。1934 年他离开英美烟草公司,参与创办上海时代图书公司。他参与编辑了《时代画报》(与叶灵凤)、《时代漫画》(与叶浅予)、《万象》等。1935 年自办《独立漫画》。又在 1937 年创办《泼克》。由上可见他的许多活动与出版有关。下面梳理张光宇在抗战之前的书装活动,分析其对书装的探索及贡献,并在此基本上分析张光宇书装实践的历史意义。

1. 张光宇书装实践活动梳理

早期张光宇的书装实践大致可以分成两个阶段,一是在 1934 年之前,主要还是以兼职的状态参与和完成书刊的设计与编辑。这一时期,主要从事封面画的设计;1934 年之后是其以专职身份进行书刊编辑与设计的时期,作品的风格成熟,以插图《民间情歌》与编辑的《万象》为代表。其参与设计的主要书刊设计作品②如下:

1921 年 20 期作《半月》③封面画。

1928 年《上海漫画》作封面画 18 幅④;《上海漫画》设计 10 种十期合订本《汇刊》封面;设计两种精编本《丛刊》的封面。

1931 年设计《诗刊》⑤封面。

---

① 《影戏杂志》:16 开本。共出版三期。1921 年秋由中国影戏研究会创刊于上海,其中顾肯夫编辑撰述部分,陆洁(不浊)编辑翻译部分,张光宇任美术编辑。第二期以影戏杂志社名义于 1922 年 1 月 25 日出版,第三期以明星影片公司名义于 1922 年 5 月 25 日出版。

② 根据唐薇《张光宇年表》《清华美术(6)——清华大学美术学院院庆 50 周年纪念》及笔者收集材料整理。对设计作品以不同表示方式来表现对书刊形态的实际作用:画封面是指提供封面画作,设计封面是指封面的版面设计;美术编辑,即承担书刊的封面和版式以及纸张装订等的总体设计,主编即是在美术编辑之外加上内容的统筹编辑。本书是以美术编辑的身份来考察张光宇的装帧实践,更强调书装的专业性。

③ 《半月》:半月刊,王钝根、周瘦鹃为主编的通俗刊物。

④ 分别为《立体的上海生活》《腐化的偶像》《缤纷》《无题——捉放曹》《牌》《国民之魂》《无知的摧残者》《征服》《新春》《偶然的动念》《善》《盲》《妈妈不在家》《做牛马》《坠落》《老人》《哦,甜蜜的上海》《1930 之夏》和百期纪念号封面《漫画家的梦》

⑤ 《诗刊》,1931 年 1 月至 12 月共出版四期,主编徐志摩,新月书店出版。第四期为徐志摩纪念号。

1931 年任邵洵美的《小姐须知》的美术编辑①。

1933 年作《十日谈》封面画 22 个②。

1934 年设计《新春特刊》封面。

1934 年任《万象》③主编,其中作封面画有《森罗万象》《科学与理想》《虫鸟鱼兽图》。

1934 年作《时代漫画》部分封面画并设计刊名:《文房四宝骑士》(第1 期);《无题》(第 13 期)。

1935 年任《独立漫画》④主编并作封面画 7 幅⑤,其中有《民间情歌》插图。

1935 年作《十日杂志》⑥封面画 19 幅⑦。

1935 年任《民间情歌》⑧美术编辑。

1936 年任《光宇讽刺集》⑨美术编辑。

1936 年设计《漫画界》第七期全国漫画展第一届出品专号封面。

---

① 据邵洵美的女儿介绍,此书的插图、封面和版式都是张光宇,所以可以认定张光宇是美术编辑。

② 《十日杂志》:时代出版公司出版。据章克标回忆,杂志分创刊时为 9 开本的大杂志,因为封面画难画,所以后来变为 23 开本,见俞子林《书的回忆》,上海书店出版社,2008年。杂志在第 25 期后张光宇封面画不多见。之前,1934 年 19 期、21 期为叶浅予所作,23 期黄文农所作,24 期鲁少飞所作。封面分别为《无题》《献瑞图》《除蝇图》《嗷嗷图》《吞款图》《山居图》《国庆图》《囡囡图》《观游图》《开源节流图》《出塞入塞图》《封侯图》《组织图》《政圣图》《岁寒清供图》《无题》《三军得胜图》《政坛合影》《膝下图》《无题》。

③ 《万象》:时代图书公司出版,不定期刊,小 8 开,一共出了 3 期。

④ 《独立漫画》:半月刊,上海独立出版社出版,1935 年 9 月创刊至 1936 年 2 月,共刊行 9期。1936 年 2 月 29 日被禁。

⑤ 分别是《新失乐园》《白色台面,何来黄狸?》《不自己鞭策,有他人驱使》《破落的厨房》《金刚怒目,菩萨低眉》《牛医生检弹图》《捉迷藏》。

⑥ 《十日杂志》:旬刊,是张佛千主编的综合性杂志。1935 年 10 月至 1936 年 5 月共出版24 期。

⑦ 分别是《墨索里尼走上拿破仑命运之途》(第 3 期)、《山雨欲来风满楼》(第 6 期)、《蛇钻七窍,王八打墙》(第 7 期)、《石狮子门前闹学》(第 8 期)、《新春夜之梦》(第 9—10期)、《城上也哭,城下也哭》(第 11 期)、《蒙古的姿态》(第 12 期)、《迎胡小景》(第 13期)、《三个渔翁》(第 14 期)、《春蚕的动态》(第 15 期)、《金鱼的悲哀》(第 16 期)、《火烧桃源洞》(第 17 期)、《渡江夕阳》(第 18 期)、《骡马精神》(第 19 期)、《千秋万岁图》(第 20 期)、《紫气又自东来》(第 21 期)、《墨索里尼:文明战胜野蛮》(第 22 期)、《窃盗并进》(第 23 期)、《釜底英雄》(第 24 期)。

⑧ 《民间情歌》:上海独立出版社出版,上海独立出版社是张光宇自己创立的出版机构。

⑨ 《光宇讽刺集》:上海独立出版社出版,28 开,62 页。多页彩页。

1937年任《泼克》①主编及封面设计。

2. 张光宇对书刊形态设计的探索及贡献

书刊装帧设计具有间接性与借用性的特征,即必须凭借一定的印刷与装订技术,借用相应的视觉元素表达设计家对作品内容的理解。因此,无论是封面画提供者还是书刊的设计者,都必须掌握技术对于图像的还原性,而后者(也就是现在所称的美术编辑)更应该掌握材质、印刷以及装订诸要素的表现能力。张光宇无疑是属于后者的设计师,他不仅可以根据印刷的要求,设计相应的封面画,更能对书刊进行整体设计,他的探索是多方面的。

(1)对版式、材质与印刷技术的综合探索

张光宇编辑的杂志可以分成两类,一种低价位的大众读物,一种是高格调的小众性读物,前者以《上海漫画》为代表。后者以《万象》《泼克》为代表。读物的定位,在形式上通过版式的格调、色彩的隐喻、成本的高低等来界定。张光宇对于版式的表达是有自己主张的。张汀回忆,张光宇在画版式时,不是像通常人做的那样,将图片的空白位置留出,而是将图片像画一张画一样,精细地画到版式纸上。"想不出花样,情愿排得老老实实、大大方方",或者"严密不漏,万无一失",以内容的翔实来突显高性价比的特色,或者"空灵透气,水陆畅通"②,以疏朗大气的版面来显现高品质的风格。如《万象》(第一期定3角,38页内页,3个彩页;第二期定价5角实洋,6个印张左右,6个彩页;第三期定价5角实洋,6个印张左右,7个彩页)是8开本的出版物。大开本的视觉冲击力较大,也隐约标志着身份的高贵。第一期《万象》的《编者随笔》中写:"《万象》的创刊,目的是在以神通实的内容,用精致的外表,每期贡献于进步的读者们的一个水准较高的刊物。"因此目标人群是"对于艺术、对于文艺有鉴别力的读者"。与同期的大开本的《良友》比较,《万象》的印刷成本比《良友》(《良友》1934年87期定价4角实洋,36页内文,专色印刷)更高一些。因为从编排来看,《万象》的图版率与图文率都得到严谨有效的控

---

① 《泼克》:1937年3月于上海创刊,仅出一期。由于开本宽大。封面画是张光宇亲自操笔;汪子美红墨两色的《高尔基地狱游魂》、胡考的《某一个女子的一生》以及张乐平的《大饭店》和初入漫画行的张汀在《泼克》上分别占了一整面。

② 袁运甫. 永远的旗帜[G]//杜大恺. 清华美术(卷6):清华美术学院院庆50周年纪念. 北京:清华大学出版社,2008:11.

制,所用的字体更为纤细,品味更高一些。从内容来看,读者群更为小众,定位更为高端。高成本的运作可能也是《万象》难以为继的原因。1935 年在出版第三期后,《万象》停刊。张光宇之后主编的《泼克》更是豪华,这体现在杂志所用彩页较多,而且多是以对页为单位进行设计:"封面画是张光宇亲自操笔占一整面;汪子美红黑两色的《高尔基地狱游魂》占一整面;胡考的《某一个女子的一生》占一整面;张乐平的《大饭店》占一整面……张汀在《泼克》上也占了一整面发表两幅漫画。曹涵美的《我怎样画工笔画》占了两个整面,配 8 幅图片加上本人小照。张乐平的《三毛》,叶浅予的《王先生》,胡考的《入塞行》,汪子美的《罗密欧与朱丽叶》,陈惠龄的《扑克牌四张》皆为多色印制,十分悦目。"①所以黄茅认为:"《上海漫画》与《独立漫画》的编排和内容比前已大见进步,尤其是后者更为活泼。光宇主编的《泼克》把漫画艺术的水准提高了。"②

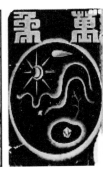

图 5 - 11　张光宇设计作品:《泼克》1937 年封面/《独立漫画》

　　除却内文编排,张光宇对封面的要求也很高,他做设计时,"总是在画面上拉成许多对角线,从三角形空间里安排有秩序的画面,实体与空间的形块、比例都是经过反复推敲,站得住的"③。比如他担纲设计的《万象》第三期封面,封面的素材是特别请人寄来的。编者在前记中写道:"这一期封面的《虫鸟鱼兽图》和《雕纸》这一批材料,是承丁济南先生特地从北京寄来的,尤其是封面用的那几张染色的图画,更是鲜艳无比,封面全幅的取意是说明中国人用虫鸟鱼兽等形状巧妙地组成了吉祥图案,对宇宙万物,随处祝福。"张光宇注意疏密、大小、色彩的关系,力求

①　谢其章.漫画漫话(1910 年—1950 年世间相)[M].北京:新星出版社,2006:151 - 152.
②　黄茅.漫画艺术讲话[M].上海:商务印书馆,1947:33.
③　袁运甫,永远的旗帜[G]//杜大恺.清华美术(卷 6):清华大学美术学院院庆 50 周年纪念清华美术 6 卷.北京:清华大学出版社,2008:11.

符合视觉的节奏、韵律的要求。

此外，张光宇对杂志开本、所用的材质、印刷技术等进行了有益的探索。早期的《上海漫画》（1 个印张，半个彩色印张，定价 1 角）是用一张对开铜版纸对开印刷，其中 1、4、5、8 版为彩色石印，2、3、6、7 版为黑白印刷。先印刷彩版然后印黑版，结果未干的彩色版颜色容易渗入黑版，影响黑版的阅读，因此《上海漫画》63 号出版时敬告读者准备黑版与彩版分成两张印刷，彩色部分继续使用铜版纸，黑白部分使用 80 磅的桃绫纸，加以铅丝连缀。但是却用发现两张印刷反而更花时间，所以还是维持原状①。这充分说明了编辑为了追求视觉效果所做的努力与尝试。《诗刊》是徐志摩主编的杂志，张光宇以一裸体男子为图案画配以刊名，相当简洁。其中第三期中间图为凸印，即运用了铜版雕刻印刷，即铜版的下凹处较深，印刷时产生浮雕的效果。同样的做法还运用于《上海漫画》汇刊第 8 集第 9 集中，使用五彩凸漆印。《十日谈》是双色印刷，张光宇利用墨色与朱红色的对比，形成醒目的视觉效果，又节约了成本。《小姐须知》版式是以花纹修饰版框，别出心裁②。

（2）设计元素的创新

由于张光宇有多年工艺美术的从业的经验，他才能形成自己的装帧特点，在中国书刊形态设计史上留下浓墨重彩的一笔，他的主要的成就可以用以下几点总结：

①以工艺美术的观念打造插图

他的插图，首先是把工艺美术的观念运用到绘画之中的，也即是说，绘画除了叙事性之外，还有图案化、装饰性的特点，这些特点，不仅落实在构图上，而且还落实在色彩上与每根线条中。

张光宇把绘画与图案结合在一起的思想，来源于他在烟草公司任职的经历。"我第一次接触图案，是 1921 年在南洋烟草公司，老板叫我把一幅月份牌画面装饰得好看一些，在这个'装饰'要求的启发下，才画了图案。从那时起，我就没有把绘画与图案分割开来。总是力图

---

① 编辑部启事[J].上海漫画,1929(64):7.
② 有关《小姐须知》,叶浅予评价说:"及至时代图书公司时期,他为邵询美的《小姐须知》一书所作的插图,虽系游戏之笔,但笔笔扎实,图图灵活,又是一番风貌。此书印数甚少,见者不广。"参见:叶浅予.介绍张光宇刻不容缓[G].唐薇.瞻望张光宇:回忆与研究.北京:人民美术出版社,2012:18 - 19.

扩大它的领域,冲破二方连续、四方连续的概念,使图案的根本法则运用于画面造型、结构和色彩处理。作为绘画研究来说,我是把线描当作建筑的钢骨水泥来看的,这是看家本领,同时自始至终贯注于装饰意匠和样式化的肯定处理。"[1]在当时的工业美术理论中,总是把图案理解为花纹、纹样,张光宇把这个概念的内涵大大增加了。"装饰构图就是不受自然景象的限制,往往是服从于视觉的快感,而突破平凡的樊笼,往往是一种向上的或者飞升的能鼓起崇高超拔精神的一种形态。"[2]

张光宇的漫画插图,是以一种夸张性的手法对内容进行足够的延伸,使插图的独立性建立在隐喻、象征和幽默的基调之上;同时,通过装饰化的处理,插图冲破了固定的时空观念,将不同片断进行嫁接、覆盖,形成了多重的表达空间,大大丰富了插图的意境。

②美术字的设计别具风神

20 世纪 30 年代的刊物较多使用美术字,民国时期最早出版的美术字书籍即出现在这一时期。鲁迅、陈之佛等也对封面的题名进行过考虑,也有过实践;20 世纪 30 年代,《东方杂志》画报莫志恒所做的刊头设计及钱君匋的美术字符合模件化的要求,但是像张光宇这样变化多样的具有图案样式的却是不多。廖冰兄说:"只要看看光宇书写的刊名——《时代漫画》《上海漫画》《独立漫画》《漫画界》《万象》,便要信服光宇确实是为汉字的图案化开辟了一条既崭新又宽广的大路。"[3]

张光宇擅长设计各种字体,特别是立体与图案字。晚清时曾一度兴起添加阴影成为立体字的文字处理时尚,结果是文字由于阴影的存在而模糊不清。后民国政府还专门下文禁止这样的美术字体使用。张光宇却是纯粹使用了笔画的处理就带有立体的感觉,有的通过添加侧面,有的通过字形边角的程式化处理。

(3)"张光宇装饰风"的形成

1933 年墨西哥壁画大师珂弗罗皮斯来到中国,看到了邵洵美带给他的张光宇的作品,珂弗罗皮斯评论张光宇:"他非常了解西方艺术的长处,

————————

① 袁运甫.永远的旗帜[G]//杜大恺.清华美术(卷6):清华大学美术学院院庆50周年纪念.北京:清华大学出版社,2008:11.

② 张光宇.装饰诸问题[G]//王家树.工艺美术文选.北京:工艺美术出版社,1986:59.

③ 廖冰兄.辟新路者[G]//唐薇.瞻望张光宇:回忆与研究.北京:人民美术出版社,2012:69.

同时又能尽量发挥东方艺术固有的优点。"①民族性与国际性的结合,这也是张光宇的学养所积淀的浓厚创作力的自然表露的结果。

在民族艺术方面,张光宇早年从事布景工作,就学到中国艺术程式化的表现方式,像脸谱所展现的类型化、高度提炼,以及明确的指示性,他也喜欢"收藏一点民间美术的书本和几件泥塑木雕的破东西"。民间木刻、剪纸、铜器线雕,石刻的线描案、陈老莲的画,以及《晚笑堂画传》,都给他对于民间表现特征的最形象和具体的提示。他为烟草公司服务的几年中从事黑白画广告画设计,利用的是西方绘画技巧。他写过《近代工艺美术》,在书中,他系统地分析了西方式艺美术的形式与图式,对西方的艺术流派有深入的了解。墨西哥壁画家里维拉的弟子珂弗罗皮斯对他的影响非常之大。邵洵美介绍珂弗罗皮斯艺术"从脸上一个变形或是身上一条曲线,我们已可以明白那个对象心理上的变化"②。珂弗罗皮斯对对象形体的夸张变形可以用各种简单的方圆加以规整。张光宇提倡设计"装饰得无可装饰"就是把画面处理到最为简洁的地步,然后运用"圆中寓方""方中寓圆"的理念将对象几何形象进行夸张与抽象,这与民间审美中的"压扁了看、穿透了看"这些极为朴素的观念相近。

张光宇认为:"漫画艺术也并不限制适度的装饰性与夸张性,只要不是削弱漫画本身的意义和他的讽刺效果。"③张光宇代表作《民间情歌》也历来为漫画家与漫画理论家推崇,如黄茅评价:"完全抒情地将山歌在平面形象化,男女间所歌唱的词句底深挚的感情流露于其浓厚民间艺术味道的形式上。"④叶浅予评价:"《民间情歌》不仅显示他对中国民间版画所下的功夫,并在造型方面透露德国画家的严谨精神和墨西哥画家珂弗罗皮斯的夸张手段,方是方、圆是圆,达到造型纯熟之境。既简练又饱满的超完整性,与民间版画有异曲同工之妙。"⑤甘险峰说:"《民间情歌》以巧妙的装饰构图和装饰造型吸引读者。他的线条挺拔流畅,疏密得当,画面生动别致。无论是线条的韵味还是造型的方圆,都具有明式家具稳大方的中国气派,表现出达到了极致的简练与优雅。珂弗罗皮斯造

---

① ② 邵洵美. 珂弗罗皮斯[J]. 十日谈,1933(8):7-8.

③ 黄苗子. 张光宇的艺术精神[G]//杜大恺. 清华美术(卷6):清华大学美术学院院庆50周年纪念. 北京:清华大学出版社,2008:14.

④ 黄茅. 漫画艺术讲话[M]. 上海:商务印书馆,1947:33.

⑤ 叶浅予. 介绍张光宇刻不容缓[G]. 唐薇. 瞻望张光宇:回忆与研究. 北京:人民美术出版社,2012:18-19.

型艺术的长处,已经被张光宇隐藏在淳厚的中国情味与东方风范中。这组作品影响非常深远。"①中国传统的透视的运用以及剪影、木刻、版面素材的体现,结合在夸张的线条之下,充满的现代观感。

3. 张光宇在书刊装帧史上的意义分析

(1)民间立场与大众传达

张光宇不是以一个文人画家的身份,而是以一个准精英的身份进入设计史,他的艺术设计的目的就是为了追求公众性。张光宇认为,工艺美术早于纯美术存在,所以工艺美术设计是他自觉的选择。在他的从业经历中,他的设计的敏感性与自觉性仿佛能够自然地倾向于民众的需要,这不仅表现在他的插图能够贴近民众的观看需要,也表现在他的漫画也能贴近民众心理。《时代漫画》主编鲁少飞回忆道:"当时我们希望明确办刊宗旨,让读者清楚我们要走的方向。张光宇同我主张强调把重大题材、政治题材放在《时代漫画》上,要求直接反映抗战。一般读者一看便知。"②有研究者认为:"中国20世纪20、30年代的进步杂志在很大程度上承担了释放或排解当时大众(对当权政府)内心的不满情绪或政治焦虑的任务;人们心中普遍积累的政治焦虑在对进步杂志的共鸣性阅读中得到了审美性置换。"③《上海漫画》出版后,第一期几天内销售一空。每10期的汇刊也是需要增添印数,就极说明问题。

(2)煅造出漫画插图这一形式

在书刊中,文艺性的插图是附依于内容呈现而又相对独立性的作品。马蒂斯说:"插图,并不意味着对文字做补充。……文学家不需要请画家来解释他们想说的话。"中国传统的线条图采用了散点式的透视效果,将凝定的时空观切分在插图空间里从而实现了多维空间的营造,如明万历容与堂本《金瓶梅》的插图就是如此。但这一样式却在新闻画图的兴起之后得到了修正,插图在遵守凝定的时空点对某一细节进行描述。新文化兴起之后图案画的广泛使用使插图游离于内容之外成为纯粹形式上的点缀。这时候,新兴的漫画家承担起文艺插图的责任就被抹上了一种特别的色彩。张光宇是其中杰出的一个,他是把漫画作为重要

①　甘险峰.中国漫画史[M].济南:山东画报出版社,2008:102.

②　鲁少飞.集大成而革新[J].装饰,1992(4):6.

③　张玉花.论张光宇漫画的社会批判性和装饰性[J].文艺理论与批评.2010(2):116 – 118.

的插图资源以及形式设计的技术使用的。《诗刊》的封面设计即表现出张光宇以漫画作为插图的方法与内文的巧妙结合。创刊号上是一裸体女子端然而坐的形象,上端正是一只高歌的夜莺,刊名以美术字写出,纸张非常讲究。封面画很容易使人想到徐志摩的"天教歌唱的鸟不至呕血不住口"的意象①。

从晚清开始的讽刺性漫画由于其表现力度过强而溢出了文本的掌控范围,意义表达过于直白,使漫画的深刻性失落在纯粹的揭露、唤醒与批判之中,随着宣传作用的加强,漫画反而退回到了狭小的表意空间之内。幽默,正是对讽刺力度的消解。后丰子恺等减少其硬度而使其安置于文本之中,但是却由于风格的指向与时代的表达脱节。直到张光宇这代漫画家出现,才在都市文化与国际视野之中将漫画的格调进行了修正与变革。张光宇在《光宇讽刺集》的序言中说:"讽刺画是一幕严重的喜剧,讽刺画家是一个悲壮的小丑,严重悲壮是我们的立论,演喜剧做小丑是我们的立身。"漫画之所以能够成为书刊的设计元素,正是由于它的硬度的减少而能安置于文章表达的强度之内,这时漫画成为书刊形态设计中合理存在的一个元素。如果从这个角度来反观漫画,那么可以建立插图模本的样式并不是很多,张光宇的《民间情歌》算是其中的佼佼者。它在造型方面的技巧以及意义表达的恰当上都达到了平衡,图像对内容的溢出程度正好补济了民间的直白与粗糙,因而显得相得益彰。而且,漫画作为插图的优越之处还在于它对具本现实情境的超越,利用蒙太奇的组织方式来达到多维时空的创建。他的漫画插图由于其具有的反讽与幽默的基因从而获得了意义的存在。

20 世纪 30 年代初,张光宇是当时漫画界的核心人物,这不仅是指其为人大方有号召力,也是指其艺术造诣上的首屈一指,影响力颇大。他的作品当时就有人模仿,比如《大鱼吃中鱼》被模仿,《民间情歌》的被借鉴均是如此。如果从装帧的角度来看,张光宇的贡献就是将民间资源纳入到现代性设计中来,提供了大众化艺术与国际艺术成功接轨的样式,同时开拓了插图的艺术表现方式,他的经验,足以让当代人咀嚼回味。

在设计实践上,这一时期的民族化设计的探索是由工艺美术家进行的,因为在发言的精确性以及操作性上,他们最具有专业的眼光,也最容

---

① 后几期有以男子裸体的形象与刊名的巧妙结合,简洁而有想象;终结号为徐志摩纪念号,为一个戴眼镜的诗人形象

易把握设计的精髓,对形态设计的工艺、材料、元素、流派有着最有力的发言权。

晚清民国特殊语境下的民族化探索,是对建立世界坐标之下的的国族文化形态表征的探索。民族性如何与传统相接,又如何与现代性牵手,时至今日还是值得探讨的。而在近代设计中,还表现出另一维度的思考,设计究竟是精英文化的现代改造,还是民间资源的当下激活。中国符号究竟以哪种面目出镜才能博得世界的青睐?到了 20 世纪 30 年代,作为书刊设计的集大成者,如陈之佛、张光宇这样的设计师较为深入地分析了这些问题也给出了自己的答案。民族性的符号,不是传统纹样的镜像引用,而需要在新的时代以新的技巧来转译与传递,也就是说能指的变动是与时俱进的,而与所指的结合方式也需要再度思考,没有创新的符号只能成为博物馆的标本,失去与当下对话的可能。

附　录　近代书刊形态变迁示意图（1895—1936）

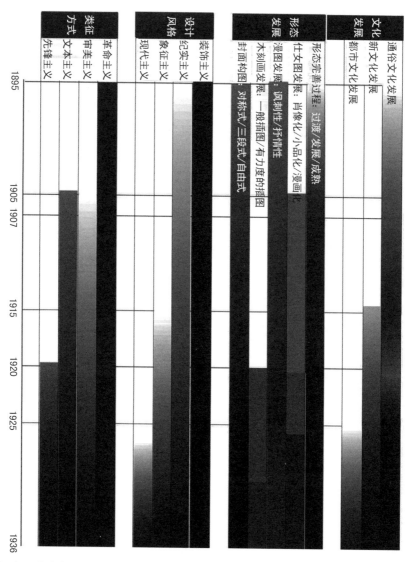

注：主要节点如图所示，图中渐变表示发展过程，不同色度表现有重要变化。

参考文献

一、书籍文献

阿英.晚清小说史[M].北京:东方出版社,1996.

包天笑.钏影楼回忆[M].香港:大华出版社,1971.

毕克官.中国漫画史话[M].天津:百花文艺出版社,2005.

巴比耶.书籍的历史[M],利阳,等译.桂林:广西师范大学出版社,2005.

鲍德里亚.消费社会:第4版[M].刘成富,全志钢,译.南京:南京大学出版社,2000.

彼得·比格尔.先锋派理论[M].高建平,译.北京:商务印书馆,2002.

陈超南.上海月份牌画——美术术与商业的成功合作[C]//石守谦,刘翠溶.经济史:都市文化与物质文化.台北:"中央研究院"历史语言研究所,2002.

陈瑞林.现代美术家陈抱一[M].北京:人民美术出版社,1988.

陈平原,夏晓虹.20世纪中国小说史(第一卷)[M].北京:北京大学出版社,1989.

陈平原,夏晓虹.图像晚清:点石斋画报[M].天津:百花文艺出版社,2001.

陈瑞林.中国现代艺术设计史[M].长沙:湖南科学技术出版社,2002.

陈星.丰子恺漫画研究[M].杭州:西泠印社出版社,2004.

陈平原.中国现代小说的起点:清末民初小说研究[M].北京:北京大学出版社,2005.

陈星.新月如水——丰子恺师友交往实录[M].北京:中华书局,2006.

陈建功.百年中文文学期刊图典:上[M].北京:文化艺术出版社,2009

陈树萍.北新书局与中国现代文学[M].上海:三联文化传播有限公司,2008.

曹意强.艺术史的视野[M].杭州:中国美术学院出版社,2007.

丁聪.转蓬的一生[M].贵阳:贵州人民出版社,1994.

董丽敏.想像现代性:革新时期的《小说月报》研究[M].桂林:广西师范大学出版社,2006.

丰一吟,等.丰子恺文集:第三卷[M].杭州:浙江教育出版社,杭州:浙江文艺出版社,1992.

费正清.剑桥中华民国史,1912—1949[M].北京:中国社会科学出版社,1994.

马比耶.书籍的历史[M].刘阳,等译.桂林:广西师范大学出版社,2005.

费夫贺,马尔坦.书籍的诞生[M].李鸿志,译.桂林:广西师范大学出版社,2006.

范伯群.礼拜六的蝴蝶梦[M].北京:人民文学出版社,1989.

丰子恺.丰子恺文集:艺术卷四[G].陈宝,丰一吟,丰元草,编.杭州:浙江文艺出版社,浙江教育出版社,1992.

范伯群.中国现代通俗文学史(插图本)[M].北京:北京大学出版社,2007.

丰子恺.丰子恺谈艺录[G].墨明,编.长沙:湖南大学出版社,2010.

葛元煦.上海滩与上海人——沪游杂记·淞沪梦影录·沪游梦影[M].上海:上海古籍出版社,1989.

高信.北窗书语[M].西安:陕西人民出版社,1992.

高丰.中国设计史[M].南宁:广西美术出版社,2004.

郭恩慈,等.中国现代设计的诞生[M].上海:东方出版中心,2008.

甘险峰.中国漫画史[M].济南:山东画报出版社,2008.

高信.民国书衣掠影[M].上海:上海远东出版社,2010.

龚书铎.中国近代史[M].北京:中华书局,2010.

贺贤稷.上海轻工业志[M].上海:上海社会科学院出版社,1996.

黄茅.漫画艺术讲话[M].上海:商务印书馆,1947.

黄镇伟.中国编辑出版史[M].苏州:苏州大学出版社,2003.

杭间.岁寒三友——中国传统图形与现代视觉设计[M].济南:山东画报出版社,2005.

何莫邪.丰子恺[M].张斌,译.济南:山东画报出版社,2005.

韩琦,米盖拉.中国和欧洲:印刷术与书籍史[M].北京:商务印书馆,2008.

黄克武.画中有话:近代中国的视觉表述与文化构图[M].台北:台北"中央研究院"近代史研究所,2003.

贾植芳.中国现代文学社团流派(两卷)[M].南京:江苏教育出版社,1989.

姜德明.书衣百影(及续编)[M].北京:三联书店,1999,2001.

金观涛,刘青峰.中国现代思想的起源:超稳定结构与中国政治文化[M].北京:法律出版社,2010.

孔庆东.1921:谁主沉浮[M].重庆:重庆出版社,2008.

鲁迅.鲁迅全集10书信集[M].北京:人民文学出版社,1976.

李何林.中国文艺论战[M].上海:北新书局,1930.

李金发.异国情调[M].上海:商务印书馆,1946.

林平兰.闻一多选集(第一、二卷)[G].成都:四川文艺出版社,1987.

罗荣渠.从"西化"到现代化:五四以来有关中国的文化趋向和发展道路论争文选[G].北京:北京大学出版社,1990.

刘青峰.民族主义与中国现代化[M].香港:香港中文大学出版社,1994.

吕思勉.吕思勉遗文集:上[M].上海:华东师范大学出版社,1997.

鲁迅.鲁迅书话[M].孙郁,选编.北京:北京出版社,1997.

刘丰杰.现代装帧艺术[M].北京:中国书籍出版社,1998.

栾梅健.通俗文学之王包天笑[M].上海:上海书店出版社,1999.

刘晓路.世界美术中的中国与日本美术[M].桂林:广西美术出版社,2001.

刘建辉.魔都上海:日本知识人的"近代"体验[M].上海:古籍出版社,2003.

刘运峰.鲁迅序跋集:下卷[M].济南:山东画报出版社,2004.

刘运峰.鲁迅序跋集:上下卷[M].济南:山东画报出版社,2003.

李频.大众期刊运作[M].北京:中国大百科全书出版社,2003.

李宏图,王加丰.表象的叙述——新社会文化史[M].上海:三联书店,2003.

李华强.设计、文化与现代性——陈之佛设计实践研究(1918 – 1937)[M].复旦大学出版社,2016.

李铸晋,万青力.中国现代绘画史[M].上海:文汇出版社,2004.

李少云,袁千正.闻一多研究集刊(总第9辑)[M].武汉:武汉出版社,2004.

梁景和.中国近代史基本线索的论辩[M].南昌:百花洲文艺出版社,2004.

罗苏文.上海传奇:文明嬗变的侧影,1553 – 1949[M].上海:上海人民出版社,2004.

达恩顿.启蒙运动的生意:百科全书出版史[M].叶桐,顾杭,译.上海:三联书店,2005.

埃斯卡皮.文学社会学[M].于沛,选编.杭州:浙江人民出版社,1987.

李欧梵.上海摩登:一种新都市文化在中国[M].毛尖,译.香港:牛津大学出版社,2006.

李楠.晚清、民国时期上海小报研究——一种综合的文化、文学考察[M].北京:人民文学出版社,2005.

李健,周计武.艺术理论基本文献·中国近现代卷[M].北京:生活·读书·新知三联书店,2014.

刘运峰.鲁迅书衣百影[M].北京:人民文学出版社,2007.

陆耀东,李少云,陈国恩.闻一多殉难60周年纪念暨国际学术研讨会论文集[C].武汉:武汉大学出版社,2007.

刘瑞宽.中国美术的现代化——美术期刊与美展活动[M].北京:三联书店,2008.

林素幸.丰子恺与开明书店[M].陈军,译.西安:太白文艺出版社,2008.

刘东黎.北京的红尘旧梦[M].北京:人民文学出版社,2009.

刘群.饭局·书局·时局——新月社研究[M].武汉:武汉出版社,2011.

李明君.历代书籍装帧艺术[M].北京:文物出版社,2009.

李勇军.图说民国期刊[M].上海:上海远东出版社,2010.

李频.大众期刊运作[M].北京:中国大百科全书出版社,2003.

李健民.五卅惨案后的反英运动[M].台北:"中央研究院"近代史研究所,1986.

陶东风.文化研巧(第3辑)[M].天津:天津社会科学出版社,2002.

马国亮.良友忆旧——一家画报与一个时代[M].上海:三联书店,2002.

巴纳德.理解视觉文化的方法[M].常宁生,译.北京:商务印书馆,2005.

卡林内斯库.现代性的五副面孔[M].顾爱彬,李瑞华,译.北京:译林出版社,2015.

宁成春.日本现代图书设计[M].北京:三联书店,1990.

倪墨炎.现代文坛散记[M].上海:三联书店,1992.

欧阳宗俊.陈之佛[M].苏州:古吴轩出版社,2000.

彭泽益.中国近代手工业史资料:1840—1949[M].北京:中华书局,1962.

潘君祥.中国近代国货运动[M].北京:中国文史出版社,1996.

潘君祥.近代中国国货运动研究[M].上海:社会科学院出版社,1998.

熊月之.上海通史[M].上海:上海人民出版社,1999.

潘耀昌.中国近现代美术史[M].北京:北京大学出版社,2009.

潘公凯.中国现代美术之路[M].北京:北京大学出版社,2011.

潘公凯.现代性与中国文化自主性[M].北京:人民出版社,2011.

潘公凯."四大主义"与中国美术的现代转型[M].北京:人民出版社,2011.

潘公凯.自觉与中国现代性的探寻[M].北京:人民出版社,2011.

潘艳慧.《新青年》翻译与现代中国知识分子的身份认同[M].济南:齐鲁书社,2008.

邱陵.书籍装帧艺术简史[M].哈尔滨:黑龙江美术出版社,1984.

邱陵.书籍装帧艺术史[M].重庆:重庆出版社,1990.

钱君匋.书衣集[M].太原:山西人民出版社,1986.

钱君匋.钱君匋装帧艺术[M].香港:商务印书馆有限公司,1992.

钱君匋.钱君匋艺术论[M].晓云,司马陋夫,编.北京:线装书局,1999.

钱君匋.我对鲁迅的回忆[G].人民美术出版社."鲁迅与美术"研究资料回忆鲁迅的美术活动续编.北京:人民美术出版社,1981.

忻平.从上海发现历史——现代化进程中的上海人与社会生活(1927—1937)[M].上海:上海人民出版社,1996.

钱存训.书于竹帛[M].上海:上海书店出版社,2004.

秦艳华.现代出版与二十世纪三十年代文学[M].济南:山东人民出版社,2008.

人民美术出版社."鲁迅与美术"研究资料回忆鲁迅的美术活动续编[G].北京:人民美术出版社,1981.

舒新城.中国近代教育史资料[M].北京:人民教育出版社,1961.

山风.叶浅予自叙[M].北京:北方团结出版社,1997.

上海鲁迅纪念馆,中国美术家协会上海分会.鲁迅论书籍装帧[M].上海:上海人民美术出版社,1981.

沈从文:沈从文文集·第十一卷[M].广州:花城出版社,1984.

沈珉.现代性另一副面孔——晚清至民国的书刊形态研究[M].北京:中国书籍出版社,2015.

沈珉.芸香楮影[M].北京:中国文联出版社,2012.

桑塔格.论摄影[M].黄灿然,译.上海:上海译文出版社,2014.

实藤惠秀.中国人留学日本史[M].谭汝谦,林启彦,译.上海:三联书店,1983.

素素.浮世绘影:老月份牌中的上海生活[M].北京:三联书店,2000.

宋原放,汪家熔.中国出版史料(近代部分/现代部分)[M].武汉:湖北教育出版社,2004.

邵绡红.我的父亲邵洵美[M].上海:上海书店出版社,2005.

史春风.商务印书馆与中国近代文化[M].北京:北京大学出版社,2006.

施蛰存.施蛰存精选集[G].北京:燕山出版社,2006.

商务印书馆.商务印书馆110年大事记[M].北京:商务印书馆,2007.

孙艳,童翠萍.书衣翩翩[M].北京:三联书店,2008.

霍尔.表征[M].杭州:浙江大学出版社,2016.

徐亮等.西方文论作品与史料选[M].杭州:浙江大学出版社,2016.

上海图书馆.老上海漫画图志[M].上海:上海科学技术文献出版社,2010.

唐德刚.晚清七十年[M].台北:远流出版社,2000-2009.

唐弢.鲁迅著作版本丛谈[M].北京:书目文献出版社,1983.

汤伟康.上海旧影·十里洋场[M].上海:上海人民美术出版社,1999.

唐弢.晦庵书话:第2版[M].北京:三联书店,2007.

魏若华.鲁海拾零[M].西安:陕西旅游出版社,1991.

王受之.世界现代设计史,1864—1996[M].广州:新世纪出版社,1995。

王伯敏.中国美术通史[M].济南:山东教育出版社,1996-2008.

闻黎明.闻一多萃语[M].长沙:岳麓书社,1996.

吴光华.钱君匋传[M].北京:北京美术摄影出版社,2001.

闻立鹏,张同霞.追寻至美[M].济南:山东美术出版社,2001.

闻立鹏,张同霞.闻一多全集:第十一卷《美术》卷[M].济南:山东美术出版社,2001.

王尔敏.近代文化生态及其变迁[M].南昌:百花洲文艺出版社,2002.

王继平.近代中国与近代文化[M].北京:中国社会科学出版社,2003.

王荔.中国设计思想发展简史[M].长沙:湖南科学技术出版社,2003.

王晓秋.近代中国与日本:互动与影响[M].北京:昆仑出版社,2005.

王震.二十世纪上海美术年表1900—2000[M].上海:上海书画出版社,2005.

王忠和.袁克文传[M].天津:百花文艺出版社,2006.

王建辉.出版与近代文明[M].郑州:河南大学出版社,2006.

吴果中.《良友》画报与上海都市文化[M].长沙:湖南师范大学出版社,2007.

闻立树,闻立欣.拍案颂:闻一多纪念与研究图文录[M].北京:北京图书馆出版社,2007.

吴浩然.丰子恺书衣掠影[M].济南:齐鲁书社,2008.

俞子林.百年书业[M].上海:上海书店出版社,2008.

翁长松.旧平装本[M].上海:上海文化出版社,2008.

汪家熔.中国出版通史7(清代卷)(下)[M].北京:中国书籍出版社,2008.

吴福辉.都市漩流中的海派小说[M].上海:复旦大学出版社,2009.

吴福辉.丰子恺作品新编[M].北京:人民文学出版社,2010.

吴浩然.丰子恺插图艺术选[M].济南:齐鲁书社,2010.

吴永贵.中国出版史(上、下)[M].长沙:湖南大学出版社,2010.

吴明娣.中国近现代艺术设计专题研究[M].北京:首都师范大学出版社,2011.

吴永贵.民国出版史[M].福州:福建人民出版社,2011.

《新文学史料》丛刊编辑组.新文学史料:第二辑[M].北京:人民文学出版社,1979.

许钦文.《鲁迅日记》中的我[M].杭州:浙江人民出版社,1979.

许钦文.鲁迅与陶元庆[G]//《新文学史料》丛刊编辑组.《新文学史料》第二辑.北京:人民文学出版社,1979.

谢菊曾.涵芬楼往事[G]//随笔:8,广州:广东人民出版社,1980.

谢菊曾.十里洋场的侧影——虹居随笔[M].广州:花城出版社,1983.

熊月之.西学东渐与晚清社会[M].上海:上海人民出版社,1994.

夏燕靖.中国艺术设计史[M].沈阳:辽宁美术出版社,2001.

肖东发.中国编辑出版史(上册)[M].沈阳:辽海出版社,2002.

王一川.中国现代学引论:现代文学的文化维度[M].北京:北京大学出版社,2009.

谢其章.创刊号风景[M].北京:北京图书馆出版社,2003.

谢泳.血色闻一多[M].北京:同心出版社,2005.

谢灼华.中国图书和图书馆史[M].修订版.武汉:武汉大学出版社,2005.

谢明香.出版传媒视角下的《新青年》[M].成都:巴蜀书社,2010.

薛娟.中国近现代设计艺术史论[M].北京:中国水利水电出版社,2009.

谢六逸.谢六逸集[M].沈阳:辽宁人民出版社,2009.

俞剑华.最新图案法[M].上海:商务印书馆,1926.

杨寿清.中国出版界简史[M].上海:永祥出版社,1946.

叶灵凤.叶灵凤书话[M].小思,选编.北京:三联书店,1985.

叶圣陶.开明书店二十周年纪念文集[M].北京:中华书局,1985。

依田憙家.日中两国现代化比较研究[M].卞立强,译.北京:北京大学出版社,1991.

益斌,柳又明,甘振虎.老上海广告[M].上海:上海画报出版社,1995.

虞和平.商会与中国早期现代化[M].上海:上海人民出版社,1995.

杨永德.鲁迅装帧系年[M].北京:人民美术出版社,2001.

袁熙旸.中国艺术设计教育发展历程研究[M].北京:北京理工大学出版社,2003.

袁运甫.张光字的装饰艺术[G]//工艺美术文选.北京:北京工艺美术出版社,1986.

于柱芬.西风东渐:中日摄取西方文化的比较研究[M].台北:商务印书馆,2003.

余连祥.丰子恺的审美世界[M].上海:上海世纪出版集团,学林出版社,2005.

尹章伟,等.书籍设计[M].北京:印刷工业出版社,2006.

叶浅予.细叙沧桑记流年[M].北京:中国社会科学出版社,2006.

杨永德,杨宁.鲁迅最后十二年与美术[M].北京:文化艺术出版社,2007.

杨义,张中良,中井政喜.二十世纪中国文学图志上卷[M].台北:业强出版社,1995.

俞子林.书的回忆[M].上海:书店出版社,2008.

叶浅予.速写人生[M].汪小洋,等编.南京:江苏文艺出版社,2009.

姚菲.空间、角色与权力[M].上海:上海人民出版社,2010.

丸尾常喜.耻辱与恢复:《呐喊》与《野草》[M].秦弓,孙丽华,编译.北京:北京大学出版社,2009.

张静庐.中国近代出版史料初编[M].北京:中华书局,1957.

赵家璧.编辑生涯忆鲁迅[M].北京:人民文学出版社,1981.

赵家璧.重印全份旧版《良友画报》引言[M].重印全份旧版《良友画报》.上海:上海书店,1986.

张望.鲁迅论美术[M].北京:人民美术出版社,1982.

张光福.鲁迅美术论集[M].昆明:云南人民出版社,1982.

郑振铎.西谛书话[M].北京:三联书店,1983.

张召奎.中国出版史概要[M].太原:山西人民出版社,1985.

张光宇.工艺美术文选[M].北京:北京工艺美术出版社,1986.

张光宇.装饰诸问题[G]//工艺美术文选.北京:北京工艺美术出版社,1986.

中国现代文学馆.茅盾书信集[M].天津:百花文艺出版社,1987.

张仲礼.城市进步,企业发展和中国现代化,1840－1949[M].上海:上海社会科学院出版社,1994.

周瘦鹃.姑苏书简[M].北京:新华出版社,1995.

周作人.周作人书话[M].黄乔生,选编.北京:北京出版社,1997.

周葱秀,涂明.中国近现代方期刊史[M].太原:山西教育出版社,1999.

中国现代文学馆.陶晶孙文集[M].北京:华夏出版社,2000.

仲富兰.图说中国百年社会生活变迁(1840—1949)[M].上海:学林出版社,2001.

赵琛.中国近代广告文化[M].长春:吉林科学技术出版社,2001.

郑工.演进与运动——中国美术的现代化[M].桂林:广西美术出版社,2002.

郑逸梅.夏瑞芳、鲍咸恩创办"商务"略记[G]//前尘旧梦.哈尔滨:北方文艺出版社,2009.

赵鹏.海上唯美风——上海唯美主义思潮研究[M].上海:上海文化出版社,2013.

赵农.中国艺术设计史[M].西安:陕西人民美术出版社,2004.

朱和平.中国设计艺术史纲[M].长沙:湖南美术出版社,2003.

朱自清.论通俗化[G]//《朱自清全集》第3卷.南京:江苏教育出版社,1996.

张芸.别求新声于异邦:鲁迅与西方文化[M].北京:中国社会科学出版社,2004.

张博颖,等.中国技术美学之诞生[M].合肥:安徽教育出版社,2000.

张静庐.在出版界二十年[M].南京:江苏教育出版社,2005.

张泽贤.民国书影过眼录系列[M].上海:上海远东出版社,2005.

张泽贤.书之五叶:民国版本知见录[M].上海:上海远东出版社,2008.

张泽贤.中国现代说版本闻见录(1909 - 1933)[M].上海:上海远东出版社,2009.

臧杰.天下良友[M].青岛:青岛出版社,2009.

周佳荣.开明书店与五四新文化[M].香港:中华书局(香港)有限公司,2009.

周绍明.书籍的社会史——中华帝国晚期的书籍与士人文化[M].北京:北京大学出版社,2009.

周启荣.近代早期中国的出版文化与权力[M].北京:北京大学出版社,2011.

ALCOCK R. Catalogue of Works of Industry and Art Sent from Japan[M]. London:W. Clowes and Sons,1862.

BRIAN R. Going to the Fair:Readirtgs in the CuLture of Nineteen-CenturyExhibitions[M]. Cambridge:Whipple Museum of the History of Science,1993.

BRITTON R S. The Chineseperiodicalpress[M]. Taibei taibei press,1933.

BROHAN T, Berg,Thomas. Design Classics,1880—1930[M]. Koln:Taschen,2001.

DARMON R. Made in China,San Francisco[M]. CA:Chronicle Books,2004.

ESHERICK J. Remaking the Chinese City:Modemityand Natiorzalldentity, 1900—1950 [M]. Honolulu:Universityof Hawaii Press,2000.

FEUERWERKER A. Studies in the Economic History of Late ImperiaL China:Handicraft, Modem Industry,and the State, Ann Arbor:Center for Chinese Studies[M]. University of Michigan,1995.

FEUERWERKER A,MURPHEY R, WRIGHT M C. Approaches to Modem Chinese History [M]. Berkeley:University of Califomia Press,1967.

二、主要论文

毕倚虹.《星期》谈话会[J].星期,1922(1).

参观上海土山湾工艺局纪要[J].职业与教育,1917(2)

成仿吾.一年的回顾[J].创造周报,1924(52).

陈思和.试论"五四"新文学运动的先锋性[J].复旦学报(社会科学版),2005(11).

陈阳.《真相画报》与"视觉现代性"[D].上海:复旦大学,2014.

陈之佛.美术工业的本质与范围[J].一般,1928(1-4).

陈抱一.回忆陶元庆君[J].一般,1929(4).

陈之佛.介绍工艺美术之实际运动者马利斯[J].一般,1929(1-4).

陈之佛.图案概说[J].中学生,1930(10).

陈之佛.美术工艺与文化[J].青年界,1932(5).

陈之佛.现代法兰西的美术工艺[J].艺术旬刊,1932,1(1).

陈之佛.混合人物图案之象征的意义[J].现代学生,1931,1(5,10).

崔新京.关于中国"洋务运动"和日本"明治维新"的文化思考[J].日本研究,1999(2).

陈瑞林.城市大众美术与中国美术的现代转型[J].南京艺术学院学报,2007(3).

东海觉我(徐念慈).丁未年小说界发行书目调查表[J].小说林,1907(9).

邓白.缅怀先师陈之佛先生[J].南京艺术学院学报(美术与设计版),2006(2).

邓中和.书面铸魂者颂——钱君匋的图书装帧艺术[J].出版史料,2007(3).

董丽敏.翻译现代性:在悬置与聚焦之间——论革新时期《小说月报》对于俄国及弱
    小民族文学的译介[J].文艺争鸣,2006(3).

丁文.新文学读者眼中的"《小说月报》革新"[J].云梦学刊,2006(3).

范烟桥.小说杂志的封面[J].最小报,1922(2).

丰子恺.西洋画的看法[J].一般,1927,3(4).

丰子恺.中国画的特色[J].东方杂志,1927,24(11).

丰子恺.西洋画的看法[J].一般,1927,3(4).

丰子恺.新艺术[J].艺术旬刊,1932,1(2).

方平.用彩笔描绘梦影——钱君匋和他的装饰艺术[J].读书,1993,(2).

傅梅.时代激流中的转变与坚守[D].苏州:苏州大学,2007.

孔水村.杂志年的改造[J].文化建设,1935,1(4).

黄可.钱君匋和他的装帧艺术[J].读书,1982(11).

弘征.编辑出版家钱君匋[J].出版广角,1999(5).

胡建南.西画东渐初期图像逼真问题辨析[J].北京城市学院学报,2007(4).

胡国祥.传教士与近代活字印刷的引入[J].华中师范大学学报(人文社会科学
    版),2008.

何楠.《玲珑》杂志中的30年代都市女性生活[J].长春:吉林大学,2010.

觉我.余之小说观续完[J].小说林,1908(10).

金锐,金爱民.陶元庆书籍装帧美学特征探究[J].外语艺术教育研究,2008(3).

老棣.文风之变迁与小说将来之位置[J].中外小说林,1907(6).

林南.日本第二普罗列塔利亚美术展览会[J].现代小说文艺通信,1930(3).

林俊德.装饰图案画与图画的区别[J].艺风,1934(11).

刘海.艺术自律与先锋派——以彼得·比格尔的《先锋派理论》为契机[J].文艺争鸣,2011(11).

李浩然.新旧文学之总冲突[J].新中国,1919,1(1).

李毅士.我们对于美术上应有的觉悟[J].晨报五周年纪念增刊,1923(12).

李葵.一九三五年中国漫画界的动态[J].漫画和生活,1935(3).

李朴园.美化社会的重担由你去担负[J].贡献,1928,3(6).

焦润明,王建伟.晚清"纪年"论争之文化解读[J].辽宁大学学报(哲学社会科学版),2004(11).

吕敬人.从装帧到书籍设计概念的过渡[J].中国编辑,2003(1).

林银雅.陈之佛图案教学思想研究[J].南京艺术学院学报(美术与设计版),2006(2).

卢世主.20世纪中国设计艺术概念的嬗变与定位调整[J].江西社会科学,2010(2).

廖静爱.用艺术为心灵加"油"[D].长沙:湖南师范大学,2010.

凌夫.张光宇书衣的装饰风[J].寻根,2011(4).

梅湜.木刻特辑[J].读书月刊,1935(1).

莫志恒.书籍装帧艺术漫谈[J].读书,1981(2,3).

倪墨炎.钱君匋和他编辑的书[J].中国图书评论,1998(11).

马琳.周湘与上海早期美术教育[D].南京:南京师范大学,2006.

南北.陈之佛与庞薰琹[J].南京艺术学院学报(美术与设计版),2006(2).

欧阳文彬.读叶氏父子的图书广告[J].编辑学刊,1987(4).

欧咏梅.民国时期中国书籍装帧的艺术风格探究[J].重庆教育学院学报,2010(6).

潘耀昌.从苏州到上海,从"点石斋"到"飞影阁"——晚清画家心态管窥[J].新美术,1994(2).

裴丹青.《点石斋画报》和中国传媒的近代化[J].安阳师范学院学报,2005(3).

彭璐.兼容中西:《小说月报》1910-1920年间的装帧设计[J].美术观察,2009(8).

钱香如.本期封面画之说明[J].繁华杂志,1914(2).

邱右先,吕涛.民国时期漫画手法在设计中的应用[J].装饰,2007(4).

惕若(茅盾).《水星》及其他[J].文学,1934(12).

唐小兵.试论中国现当代艺术史中的先锋派概念[C].朱羽,译//杭州师范大学学术期刊社.中国文学再认识.上海:复旦大学出版社,2012.

尚丁.漫谈出版社的风格[J].编辑学刊,1986(2).

汤正龙.从《小说画报》到《星期》——:"五四"时期通俗小说研究[D].上海:上海师范大学,2004.

孙福熙.秃笔淡墨写在破烂的茅纸上[J].北新周刊,1926(4).

邵洵美.珂佛罗皮斯[J].十日谈,1933(10).

孙璐璐.中西艺术结合产生的宁馨儿——闻一多新诗理论简论[J].石河子大学学报（哲学社会科学版）,2008(4).

孙郁.鲁迅与诗画[N].浙江日报·钱塘周末,2009 - 7 - 17.

孙海芳.出版变迁与技术变革互动发展规律初探[J].出版发行研究,2011(3).

沈珉,冯贤静."反庸俗"与"反柔媚"——民国精英出版物封面设计的潜在命题与历史价值[J].浙江传媒学院学报,2017(12).

夏曾佑.小说原理[J].绣像小说,1903(3).

闻一多.出版物的封面[J].清华周刊,1920(187).

现代书籍装帧大家钱君匋(1907—1998)[J].新文学史料,2007(2).

汪亚尘.为最近研究洋画者进一解[N].时事新报,1923 - 6 - 24.

吴蒲若.图案法的研究[J].艺风,1934(1).

吴秀锦.丰子恺的"人生艺术化"美学理论研究[D].金华:浙江师范大学,2004.

许钦文.陶元庆及其绘画[J].人间世,1935(24).

夏燕靖.陈之佛创办"尚美图案馆"史料解读[J].南京艺术学院学报,2006(2).

杨剑花.续谈月份牌[J].紫罗兰,1927(10).

叶凯蒂.晚清上海妓女、家具与西洋物质文明的引进[J].学人第9辑.江苏:江苏文艺出版社,1996.

袁熙旸.陈之佛书籍装帧艺术新探[J].南京艺术学院学报(美术与设计版),2006(2).

袁熙旸.设计教育肇兴的三重背景——关于上海近现代设计教育史的思考[C]//上海大学美术学院.2009 上海论坛:中国现代美术教育的历史与展望,2009.

姚玳玫.如花美眷——民国时期大众媒体中的女性图像[J].东方艺术,2006(14).

于文."书籍史"的孕育与诞生[J].图书情报知识,2009(6).

余虹.审美主义的三大类型[J].中国社会科学,2007(7).

赵苕狂.花前小语[J].红玫瑰,1924,1(1).

郑逸梅.月份牌谈[J].紫罗兰,1927(1).

朱应鹏.中国大学设艺术科的提议[J].艺术界周刊,1927(14).

钟敬文.陶元庆先生[J].一般,1929,9(2).

苕狂.《红玫瑰》编者话[J].红玫瑰,1929,5(24).

张德荣.工艺美术与人生之关系[J].美术生活,1935(1).

张吉兵,张吉旺.艺术是本体的自我赋形——闻一多艺术本体论思想论析[J].黄冈师范学院学报,2003(4).

张吉兵.舞蹈的发现——闻一多艺术类型论研究之二:读《说舞》[J].荆州师范学院学报,2003(6).

张守义.钱君匋对我的艺术教诲[J].新文学史料,2007(3).

朱金顺.《鲁迅书衣百影》的二三瑕疵[J].鲁迅研究月刊,2007(11).

朱红红.同国书籍装帧设计研究[D].南京:江南大学,2007.

周鲐.1919 廖冰兄:漫画史中的革命话证明研究[J].美术学报,2017(1).

张玉花.论张光宇漫画的社会批判性和装饰性[J].文艺理论与批评,2010(2).

赵健.中国现代书籍设计范式的发端及其成因[D].北京:中国艺术研究院,2010.

查常平.中国先锋艺术思想史——先锋艺术的定义[J].东方艺术,2013(3).

后　记

　　书写的过程是让人备觉遗憾的过程。因为只有在书写时,你才会发现意义远在语词之外,书写根本无法穷尽你想要表达的。

　　我在研究近代书刊的另一部作品《现代性的另一副面孔——晚清民国形态研究》中说过,想要了解现代装帧,近代是绕不过去的一段时间,对这一时期的探索是有价值的。因为,这是中国书刊从古典形态走向现代形态的探索时期。时空双重挤压之下得出的结论就是民族性是现代性的必然结果,民族化设计是中华民族能立于世界艺术之林的保证。

　　现在我还是这样认为。但是上次的写作,主要还是想梳理事实,挖掘历史,但此次却想反思,找出过去媒介的张力。从图像上看,有价值的图像往往是设计者文化自觉性所致,无论是周瘦鹃通俗文化采取的俯贴生活层面进行提炼,抑或是精英知识分子如鲁迅超越时空的抽象意境的构成,还是陈之佛们在美育救国高度下对图案的改革,这些民族化设计无一不是实现了视觉的现代性转换,正是这些转换才能使作品在穿越近一个世纪之后,仍然显出它的价值。多年前我在《重估与重建》的文章中,谈到传统图形的现代创新,那时我还只在传统纹样中打转,提出了形式创新、语言创新与表征创新,现在再回头看看,这一认识还是较浅的。这部书中,我从构图元素开始追溯,从标点、字体、饰线等细节中发现民族性的表征。特别是对近代软体字的开发进行了重点的研究。针对这一现象我们可以再读下陈之佛、张光宇、雷圭元等人的论述,可以发现这些艺术家的探索已经达到的那个高度,远比我们一味抄袭传统纹样来得深刻。

　　而且,这种张力在新的构想中得到阐释。总体来说,我想从媒体考古学的角度来探索。虽然目前媒体考古学的研究路径并不分明,但是埃尔基·胡塔莫（Erkki Huhtamo）认为，艺术、科学和技术的"之间"（in-between）就是媒介的观念，同时试图从"媒介—艺术"角度来考察"主题"的方法吸引了我。历史总是在重复一些东西，比如像"虚拟现实"这一概念，可以追溯到维多利亚时代，甚至到更早的时代，只不过形式略有不同而已。这使人想到图像的表征，表征的主题其实并没有几个，但是形式却在不断地变化。主题的研究，确实使人能够从社会文化史的写作中脱离出来，关注到技术与媒介自身的发展轨迹。当然，这种思考还能将布列逊的"间隔"、符号学中的"组合轴"与"聚合轴"加以关联，使考察的视野空前宽阔。

但是在意义的探究中，还不得不求助于其他的研究方法。

图像学的方法是我使用较多的研究方法，而在媒介研读中，它有助于客观理解近代文化是如何被体现在图像之中的：革命主义、文化主义、装饰主义与写实主义都会找到合适的表征方式。符号学当然是嵌入其中的分析方式。本书着力最多的就是将罗兰·巴特（Roland Bothes）普泛的意指方式与艺术设计的方法加以联系，以便能够从类型史与风格史的角度来探究图式与意义的对应关系。这样能够发现，现实主义作为风格，既是真实的能指，也是虚拟的能指。比如在杭稚英为周瘦鹃贡献的封面画上就能看出一些端倪。早期仕女图像沿袭着传统线图中女性低首垂目、全身显像；在20世纪20年代的仕女则明显带有照相的痕迹，目光向外，且用近景构图，但在都市刊物中仕女形象还是全身的，而且细致地表现着周围的环境。这样就构成微妙的图像差异：以全身图像的能指对应通俗读物，而以半身来对应文艺。到了20世纪30年代，近身图像的能指转移为时尚之后，梁得所的《今代妇女》则回到以绘画继续作为文艺的指代。如果延伸到当下的AR/VR图像，出现的符号反而是能指与所指的合体，其意义反而指向能指本身。也就是说，当下的VR图像，在表达的深度上并没有递进。

媒介考古学热衷于时空的延展与深度的挖掘，因此在中西对比的方式下进行研读也是近代书刊形态研究的一种方式。中西方书刊形态从平行发展到产生交集即一百多年的时间，技术的作用不容小觑。比如，周瘦鹃曾经写道，在设计节日版式时他挖空心思地在版面中间围成一个心型框架。由于当时植字排版，因此难度甚大。周瘦鹃在排字房忙了一晚才终于成功。周瘦鹃是个很勤奋的编辑，但是当我在看到他用心排出的版面时却不敢恭维,因为这明显是割断了视觉流程的方法,让读者的阅读不那么顺畅。如果细究《小说月报》的版面,早期的版面也是如此。也就是说,技术的采用并没有推动阅读的进步。这一事实让我好奇究竟什么时候开始,视觉流程才真正影响编辑的版面意识?因为在读西方古典书籍时,我们会发现其视觉流程其实也与中国古典书籍一样是单一线性流动的,这种结果其实与技术的局限性与操作的主体相关:在中国传统作者是逐字竖列书写,而在誊录这一环节并没有艺术的编排,因此无法随意形成版面的焦点。真正关注版面空间的意义与阅读的流畅,是在点线面这样的抽象视觉元素得到充分讨论之后。那么技术的又一次采用,比如电子书,其视觉流程又与纸质书有什么不同?带着这一疑问,我又去研究了交互电子书中的视觉流程,发现了两种不同的引导方式,这两者虽都可以用格式塔原理来进行解释,但是实际操作却不相同。在研究完电子书之后又回到纸质书刊,再次探讨与发现中国传统视觉的引导方式,这一过程是很美妙的。

对比的方法还应用在其他方面。比如在我对先锋艺术史实的挖掘。一般纳入研究者视野的是 20 世纪 80 年代的艺术实践,但如果将这一主题向前追溯,便会发现在 20 世纪 20、30 年代,先锋艺术的史实已经发生,而且还有前后两期。在这"艺术介入生活"的实践中,借鉴西方的艺术实践,盘活艺术小传统、调整大传统成为一种方式。但这种方式却与 20 世纪 80 年代的艺术并不相同。

又比如对世界主义的重审。世界主义何以发生?以何种姿态发生?自然,我们免不了采用伽达默尔"视界融合"的态度对历史进行臆测与适配,但是以国际化的眼光来考察、衡量、指导乃至校正的方式,依然是我们脱离情境做出相对公允判断的前提。因此我小心地以书装为史实论证鲁迅为世界主义者,正是相对客观的方法:不因为鲁迅在政治上的偏向而臆断其思想倾向,亦驱除了狭隘民族主义者与国际主义政治话语的底色,更将其与自由主义者进行了身份的区分。

另一个思考方式是在列斐伏尔空间理论的启发之下产生的。许多有关于书刊设计的理论阐释认为书刊是建筑的拟态,是内在完满的宇宙,总之,它是内在充盈而自足的空间。刊物研究主要关注的是编辑与读者的互动,也就是内容是相互流动的,而形态却是封闭的。但是细究之下,情形却复杂得多。比如周瘦鹃的《半月》就很有意思,兼具了载体、内容(精神)与媒介三个价值,我称之为"复义空间":在载体媒介使用上,他的《半月》与其他同类的刊物形成丛簇群化效应,广告互载,作者互通,形式互袭;在内容(精神)空间开发中,《半月》卷首铜图与内文互见,并设置互动栏目与读者进行交流;在媒介空间开发中,他推出了交际花"f. f 小姐",给她作了个传,然后这个小姐就成了时尚的代言人,做起了皮鞋与年画片的推销广告。又如,周瘦鹃在刊中设计了一份读者优待券,集齐就能赠读他的私人读物《紫兰花片》。因此在纸媒中,周瘦鹃就已打通刊物空间与现实空间的界线,实现空间的延伸。这一方式,极似现在界面交互中的触点设计,一但触发,书刊的内空间与外空间就产生了交流。这一分析说明,纸质媒体在交互性中的呈现并非我们现在所想的那样贫乏。

近代书刊形态是一个巨大的宝库。如果承认文化具有高度复杂的多层,媒介的历史发展可以被展开为一个多重/多层的媒介套叠空间的话,那么通过艺术—媒介的眼光还能从历史中获得更多的发现,而这发现能够与在其他视阈的审视结合,使研究对象展现出特殊的风采。

书写既是个让人备觉遗憾的过程,同时也是一个让人不断学习与进步的过程。这里还是要感谢我的博士生导师任平先生,这个研究领域的确定确实得益于他的启发,我没有在纯粹的艺术文献中发掘而是发现了更有意思的疆界。

感谢编辑出版史研究的师辈与朋友,如李频教授、范军教授、吴永贵教授、张志强教授等,在他们的提醒下,我才有机会将点滴的历史晕染成图,书写成文。

这里还要感谢下我的家人,他们在我写作之中提供了技术支持与资料查询的工作。

2020 年 4 月于戌亥斋